H3C认证系列教程

U0387650

（第2版）

路由交换技术

详解与实践 第1卷（下册）

新华三技术有限公司 / 编著

清华大学出版社
北京

内 容 简 介

H3C 认证系列教程《路由交换技术详解与实践　第 1 卷》(上、下册)对路由交换基础技术进行了详细介绍,涵盖了当前构建中小型网络的主流技术。本书为下册,主要内容包含以太网交换技术、IP 路由技术、网络安全技术基础、网络优化和管理基础、网络技术发展 5 篇内容和 15 节课程实验。本书的特点是理论与实践紧密结合,依托 H3C 路由器和交换机等网络设备精心设计了大量实验,有助于读者迅速、全面地掌握相关的知识和技能。

本书是为 IT 技术领域的入门者编写的。对于大中专院校在校学生,本书是进入计算机网络技术领域的好教材;对于专业技术人员,本书是掌握计算机网络工程技术的好向导;对于普通 IT 技术爱好者,本书也不失为学习和了解 IT 技术的优秀参考书籍。

图书在版编目(CIP)数据

路由交换技术详解与实践.第 1 卷.下册/新华三技术有限公司编著.—2 版.—北京:清华大学出版社,2024.1

H3C 认证系列教程

ISBN 978-7-302-65215-1

Ⅰ.①路… Ⅱ.①新… Ⅲ.①计算机网络-路由选择-教材 ②计算机网络-信息交换机 教材 Ⅳ.①TN915.05

中国国家版本馆 CIP 数据核字(2024)第 011854 号

责任编辑:田在儒
封面设计:刘　键
责任校对:李　梅
责任印制:丛怀宇

出版发行:清华大学出版社
　　　　网　　　址:https://www.tup.com.cn,https://www.wqxuetang.com
　　　　地　　　址:北京清华大学学研大厦 A 座　　**邮　　编:**100084
　　　　社 总 机:010-83470000　　　　　　**邮　　购:**010-62786544
　　　　投稿与读者服务:010-62776969,c-service@tup.tsinghua.edu.cn
　　　　质量反馈:010-62772015,zhiliang@tup.tsinghua.edu.cn
印 装 者:涿州汇美亿浓印刷有限公司
经　　销:全国新华书店
开　　本:185mm×260mm　　**印　　张:**25　　　　**字　　数:**637 千字
版　　次:2017 年 8 月第 1 版　2024 年 1 月第 2 版　　**印　　次:**2024 年 1 月第 1 次印刷
定　　价:79.00 元

产品编号:097072-01

版 权 声 明

H3C 认证系列教程

路由交换技术详解与实践　第 1 卷(下册)(第 2 版)

新华三技术有限公司　编著

2024 年 1 月印刷

出版说明

伴随互联网上各项业务的快速发展,本身作为信息化技术一个分支的网络技术与人们的日常生活密不可分。在越来越多的人依托网络进行沟通的同时,网络本身也演变成了服务与需求的创造和消费平台。

如同人类不同国家语言的多样性一样,最初的计算机网络通信技术也呈现多样化发展。不过伴随互联网的成功应用,IP作为新的力量逐渐消除了多样性趋势。在大量开放式、自由的创新和讨论中,基于IP的网络通信技术被积累完善起来;同时由于业务易于实现、易于扩展、灵活方便,IP标准逐渐成为唯一的选择。

新华三技术有限公司(H3C)作为全球领先的数字化解决方案提供商,一直专注于IP网络通信设备的研发和制造。H3C的研发投入从公司成立开始,一直占公司营业收入的12%以上,截至2022年,H3C累计申请了13700多项专利。

另外,为了使广大网络产品使用者和IT技术爱好者能够更好地掌握H3C产品的使用方法和IP网络技术,H3C相关部门人员编写、整理了大量的技术资料,详细地介绍了相关知识。这些技术资料大部分是公开的,在H3C的官方网站上都能看到并下载。

2004年10月,H3C的前身——华为3Com公司出版了自己的第一本网络学院教材,开创了H3C网络学院教材正式出版的先河。在后续的几年间,H3C陆续出版了《IPv6技术》《路由交换技术详解与实践 第1卷》《路由交换技术详解与实践 第2卷》《路由交换技术详解与实践 第3卷》《路由交换技术详解与实践 第4卷》等认证培训系列书籍,极大地推动了IP技术在网络学院和业界的普及。

作为H3C网络学院技术和认证的继承者,H3C会适时推出新的H3C网络学院系列教程,以继续回馈广大IT技术爱好者。《路由交换技术详解与实践 第1卷》是H3C推出的第一本H3C网络学院系列教程,也是最重要的一本。

本书在第1版的基础上进行了内容更新,以更加贴近业界潮流和技术趋势。另外,本书中的所有实验、案例,都可以在H3C所开发的功能强大的图形化全真网络设备模拟软件(HCL)上配置和实践。

H3C希望通过这种形式,探索出一条理论和实践相结合的教育方法,顺应国家提倡的"学以致用、工学结合"的教育方向,培养更多的实用型IT技术人员。

新华三人才研学中心认证培训开发委员会

2024年1月

H3C认证简介

H3C 认证培训体系是国内第一家建立国际规范的、完整的网络技术认证体系，H3C 认证是中国第一个走向国际市场的 IT 厂商认证，在产品和教材上都具有完全的自主知识产权，具有很高的技术含量，并专注于客户技术和技能的提升，已成为当前权威的 IT 认证品牌之一。H3C 认证培训体系曾获得"十大影响力认证品牌""最具价值课程""高校网络技术教育杰出贡献奖""校企合作奖"等数项专业奖项。

截至 2022 年年底，已有 28 万人获得各类 H3C 认证证书。H3C 认证体系是基于新华三在 ICT 业界多年实践经验制定的技术人才标准，强调"专业务实，学以致用"，H3C 认证证书能有效证明证书获得者具备设计和实施数字化解决方案所需的 ICT 技术知识和实践技能，帮助证书获得者在竞争激烈的职业生涯中保持强有力的竞争实力。H3C 认证体系在各大院校以网络学院课程的形式存在，帮助网络学院学生进入 ICT 技术领域，获得相应的能力，以实现更好的就业。

按照技术应用场合的不同，同时充分考虑客户不同层次的需求，新华三人才研学中心为客户提供了从工程师到技术专家的技术认证和专题认证体系，以及从基础架构规划专家到解决方案架构官的架构认证体系。

前　言

党的二十大报告中强调"我们要坚持教育优先发展、科技自立自强、人才引领驱动,加快建设教育强国、科技强国、人才强国,坚技为党育人、为国育才,全面提高人才自主培养质量,着力造就拔尖创新人才,聚天下英才而用之。"

随着互联网技术的广泛普及和应用,通信及电子信息产业在全球迅猛发展起来,从而也带来了网络技术人才需求量的不断增加,网络技术教育和人才培养成为高等院校一项重要的战略任务。

为助力高校推进人才培养模式改革,促进人才培养与产业需求紧密衔接,深化产教融合、校企合作,H3C 依托自身处于业界前沿的技术积累及多年校企合作的成功经验,本着"专业务实,学以致用"的理念,联合高校教师将产业前沿技术以及项目实践与高校的教学、科研结合,共同推出适用于高校人才培养的"H3C 认证系列教程",本系列教程注重实践应用能力的培养,以满足国家对新型 IT 人才的迫切需求。

《路由交换技术详解与实践　第 1 卷》(上、下册)与 H3CNE-RS＋认证课程内容相对应,内容由浅入深、覆盖面广,包括大量与实践相关的内容,学员学习后可具备 H3CNE-RS＋的备考能力。

本书读者群大致分为以下 3 类。

- 本科、高职院校在校生:本书既可作为 H3C 网络学院的教科书,也可作为计算机类、电子信息类及相关专业学生的参考书。
- 公司职员:本书能够用于公司进行网络技术的培训,帮助员工理解和熟悉各类网络应用,提升工作效率。
- IT 技术爱好者:本书可以作为所有对 IT 技术感兴趣的爱好者学习 IT 技术的自学参考书籍。

《路由交换技术详解与实践　第 1 卷》(上、下册)内容涵盖当前构建中小型网络的主流技术。从最基本的线缆制作到复杂的网络配置都精心设计了相关实验,充分凸显了 H3C 网络学院教程的特点——专业务实、学以致用。通过对本书的学习,学员不仅能进行路由器、交换机等网络设备的配置,还可以全面理解网络与实际生活的联系及应用,掌握如何利用基本的网络技术设计和构建中小型网络。课程经过精心设计,结构合理、重点突出,学员可以在较短的学时内完成全部内容的学习,便于知识的连贯和理解,让学员迅速进入更高一级课程的学习中。依托新华三集团强大的研发和生产能力,教程涉及的技术都有其对应的产品支撑,能够帮助学员更好地理解和掌握知识与技能。教程技术内容都遵循国际标准,从而保证了良好的开放性和兼容性。

《路由交换技术详解与实践 第1卷》(上、下册)分为11篇,共44章,包含25个实验。每章后面都附有习题,帮助学员进行自测。

第1篇 计算机网络基础

第1章 计算机网络概述:本章主要讲述了计算机网络的基本定义、基本功能和发展过程,以及计算机网络中的一些基本概念,同时还介绍了计算机网络的类型和衡量计算机网络的性能指标,最后介绍了计算机网络的协议标准及标准化组织。

第2章 OSI参考模型与TCP/IP模型:本章首先讲述了OSI参考模型的层次结构、7层功能及其关系,两个系统如何通过OSI模型进行通信和数据封装的过程;然后讲述了TCP/IP参考模型的层次结构和各层的功能。

第3章 网络设备及其操作系统介绍:本章主要介绍了路由器与交换机的组成、主要作用和特点,以及H3C网络设备操作系统Comware的作用和特点。

第4章 网络设备操作基础:本章主要讲述了配置网络设备的基本方法、命令行的使用和网络设备的常用配置命令。

第5章 网络设备文件管理:本章主要讲述了H3C网络设备文件系统的作用与操作方法,包括配置文件的保存、擦除、备份与恢复,网络设备软件的升级,用FTP和TFTP传输系统文件的操作等。

第6章 网络设备基本调试:本章主要讲述了使用ping命令检查网络的连通性,使用tracert命令探查网络路径,以及使用debug等命令进行网络系统基本调试的方法。

第2篇 局域网技术基础

第7章 局域网技术概述:本章介绍了局域网的主要相关标准、局域网与OSI模型的对应关系、主要的局域网类型及其典型拓扑。

第8章 以太网技术:本章讲述了以太网的发展历程和相关技术标准,各种以太网技术的基本原理、以太网帧格式,以及以太网线缆的规范和连接方式。

第9章 WLAN基础:本章讲述了WLAN的发展历程、WLAN的频率范围和信道划分、WLAN的相关组织和标准,以及WLAN拓扑基本元素、设备和组网知识。

第3篇 广域网技术基础

第10章 广域网技术概述:本章介绍了常见广域网的连接方式、常用广域网协议的分类和特点,以及常见广域网架构。

第11章 PPP:本章讲述了PPP的基本原理及基础配置。

第12章 PPPoE:本章讲述了PPPoE协议的应用场景及基础配置。

第13章 SR技术基础:本章讲述了SR协议的产生背景、基本原理及应用场景。

第4篇 网络层协议原理

第14章 IP:本章讲述了IP地址的格式和分类、子网划分的方法、IP报文转发基本原理,以及VLSM和CIDR的基本概念。

第15章 ARP和RARP:本章讲述了ARP和RARP的基本原理,以及基本的IP包转发过程。

第16章 ICMP:本章首先讲述了ICMP基本原理,然后讲述了ping命令和tracert命令应用工作原理。

第17章 DHCP:本章主要讲述了DHCP的特点及其原理,并介绍了DHCP中继,最后介绍了如何在 H3C 路由器上配置 DHCP 服务。

第 18 章　IPv6 基础：本章介绍了 IPv6 的特点，IPv6 地址的表示方式、构成和分类，以及 IEEE EUI－64 格式转换原理；同时，讲述了邻居发现协议的作用、地址解析和地址自动配置的工作原理及 IPv6 地址的配置。

第 5 篇　传输层协议原理

第 19 章　TCP 基本原理：本章介绍了 TCP 的特点、TCP 封装、TCP/UDP 端口号的作用、TCP 的连接建立和断开过程，以及 TCP 的可靠传输和流量控制机制。

第 20 章　UDP 基本原理：本章介绍了 UDP 的特点、封装，以及 UDP 与 TCP 机制的主要区别。

第 6 篇　应用层协议原理

第 21 章　文件传输协议：本章讲述了 FTP 和 TFTP 的基本原理，包括其协议文件传输模式、数据传输模式，以及 FTP 和 TFTP 的相关配置方法。

第 22 章　DNS：本章介绍了 DNS 协议的基本原理及工作方式，以及在路由器上的配置。

第 23 章　其他应用层协议介绍：本章主要概述了 3 种较常用的应用（远程登录、电子邮件、互联网浏览）所使用的应用层协议、基本定义及工作原理。

第 7 篇　以太网交换技术

第 24 章　以太网交换基本原理：本章介绍了共享式以太网和交换式以太网的区别，最后重点讲述了交换机进行 MAC 地址学习从而构建 MAC 地址表的过程和对数据帧的转发原理。

第 25 章　配置 VLAN：本章介绍了 VLAN 技术产生的背景、VLAN 的类型及其相关配置、IEEE 802.1q 的帧格式、交换机端口的链路类型及其相关配置。

第 26 章　生成树协议：本章首先介绍了有关 STP 的一些基本概念，以及 STP 是如何通过实现冗余链路的闭塞和开启从而实现一棵动态的生成树，最后介绍了 RSTP 和 MSTP，以及如何在交换机上对生成树进行配置。

第 27 章　配置链路聚合：本章介绍了链路聚合的作用，链路聚合中负载分担的原理，以及如何在交换机上配置和维护链路聚合。

第 8 篇　IP 路由技术

第 28 章　IP 路由原理：本章介绍了路由的作用、路由的转发原理、路由表的构成和含义，以及在设备上查看路由表的方法。

第 29 章　直连路由和静态路由：本章介绍了直连路由和静态路由的基本概念、配置 VLAN 间路由的方法、静态默认路由和静态黑洞路由的配置与应用，以及如何用静态路由实现路由备份及负载分担的方法。

第 30 章　路由协议基础：本章讲述了可路由协议与路由协议的区别、路由协议的种类和特点、距离矢量路由协议工作原理、距离矢量路由协议环路产生原因和链路状态路由协议工作原理。

第 31 章　OSPF 基础：本章主要讲述了 OSPF 路由协议原理特性、配置方法和 OSPF 常见问题定位手段。

第 9 篇　网络安全技术基础

第 32 章　网络安全技术概述：本章介绍了网络安全技术概念和网络安全技术范围。

第 33 章　通过访问控制列表实现包过滤：本章介绍了 ACL 定义、分类及应用，ACL 包过滤工作原理，ACL 包过滤的配置方法和应用注意事项，以及 ASPF 的功能和基本原理。

第34章　网络地址转换：本章讲述了 NAT 技术出现的历史背景、NAT 的分类及其原理、如何配置常见的 NAT 应用，以及如何在实际网络中灵活选择适当的 NAT 技术。

第35章　AAA 和 RADIUS：本章介绍了 AAA 的架构、RADIUS 协议的认证流程和主要属性、如何在设备上配置 AAA 和 RADIUS，以及如何使配置设备的管理用户通过 RADIUS 认证。

第36章　交换机端口安全技术：本章首先讲述了 IEEE 802.1x 协议基本原理及其配置，随后介绍了端口隔离技术及其配置，最后介绍了端口绑定技术及其配置。

第37章　IPSec 基础：本章讲述了 IPSec 的功能和特点、IPSec 的体系构成、IPSec/IKE 的基本特点，以及如何进行 IPSec＋IKE 预共享密钥隧道的基本配置。

第38章　EAD 介绍：本章介绍了 EAD 的实现原理、EAD 方案中各元素的功能、iMC EAD 产品的功能和 iNode 智能客户端的功能。

第10篇　网络优化和管理基础

第39章　提高网络可靠性：本章对网络可靠性设计做了初步的探讨，并介绍了几种典型的提高网络可靠性的方法。

第40章　网络管理介绍：本章从网络管理技术概述出发，首先介绍了网络管理的基本概念和功能；其次介绍了网络管理系统的组成和实现，重点介绍 SNMP；为了使读者掌握网络管理的实际应用，在此基础上介绍了 H3C 的网络管理产品和应用；最后对网络管理的发展趋势进行了介绍。

第41章　堆叠技术介绍：本章介绍了堆叠技术的产生背景和应用，堆叠技术的工作原理、基本配置和排错方法。

第42章　网络故障排除基础：本章对网络故障进行了分类，介绍网络故障排除的步骤、常见的故障排除工具，并给出了一些故障排除的方法和建议。

第11篇　网络技术发展

第43章　虚拟化技术基础：本章对虚拟化技术的发展历程及应用场景进行了阐述，并对虚拟化技术的分类及各自的优缺点做了初步探讨。

第44章　SDN 与 NFV 概述：本章介绍了 SDN 的产生背景、基本概念、网络架构及其价值，在此基础上介绍了 NFV 的基本概念和标准架构，并简要分析了 SDN 与 NFV 的差异与关联。

各型设备、各版本软件的命令、操作、信息输出等均可能有所差别。若读者采用的设备型号、软件版本等与本书不同，可参考所用设备和版本的相关手册。

新华三人才研学中心

2024 年 1 月

目　　录

第 7 篇　以太网交换技术

第9篇 网络安全技术基础

第 11 篇　网络技术发展

附录　课程实验

第**7**篇
以太网交换技术

第24章

以太网交换基本原理

在局域网中,交换机是非常重要的网络设备,负责在主机之间快速转发数据帧。交换机与集线器的不同之处在于,交换机工作在数据链路层,能够根据数据帧中的 MAC 地址进行转发。本章介绍了共享式以太网和交换式以太网的区别,最后重点讲述了交换机进行 MAC 地址学习以构建 MAC 地址表的过程和对数据帧的转发原理。

24.1　本章目标

学习完本章,应该能够达到以下目标。

(1) 了解共享式以太网和交换式以太网的区别。

(2) 掌握交换机中 MAC 地址表的学习过程。

(3) 掌握交换机的过滤、转发原理。

(4) 掌握广播域的概念。

24.2　共享式与交换式以太网

24.2.1　共享式以太网

同轴电缆是以太网发展初期所使用的连接线缆,是物理层设备。通过同轴电缆连接起来的设备处于同一个冲突域中,即在每一个时刻,只能有一台终端主机在发送数据,其他终端处于侦听状态,不能够发送数据。这种情况称为域中所有设备共享同轴电缆的总线带宽。

集线器(hub)也是一个物理层设备,它提供网络设备之间的直接连接或多重连接,集线器功能简单、价格低廉,在早期的网络中随处可见。在集线器连接的网络中,每个时刻只能有一个端口在发送数据。它的功能是把从一个端口接收到的比特流从其他所有端口转发出去。因此,用集线器连接的所有站点也处于一个冲突域之中。当网络中有两个或多个站点同时进行数据传输时,将会产生冲突。

综上所述,hub 与同轴电缆都是典型的共享式以太网所使用的设备,工作在 OSI 模型的物理层。hub 和同轴电缆所连接的设备位于一个冲突域中,域中的设备共享带宽,设备间利用 CSMA/CD 机制来检测及避免冲突。

在这种共享式的以太网中,每个终端所使用的带宽大致相当于总线带宽/设备数量,所以接入的终端数量越多,每个终端获得的网络带宽越少。在如图 24-1 所示网络中,如果 hub 的带宽是 10Mbps,则每个终端所能使用的带宽约为 3.3Mbps;而且由于不可避免地会发生冲突导致重传,所以实际上每个终端所能使用的带宽还要更小一些。

另外,共享式以太网中,当所连接的设备数量较少时,冲突较少发生,通信质量可以得到较好的保证;但是当设备数量增加到一定程度时,将导致冲突不断,网络的吞吐量受到严重影

图 24-1　共享式以太网

响,数据可能频繁地由于冲突而被拒绝发送。

由于 hub 与同轴电缆工作在物理层,一个终端发出的报文(无论是单播、组播还是广播),其余终端都可以收到。这会导致如下两个问题。

(1) 终端主机会收到大量的不属于自己的报文,它需要对这些报文进行过滤,从而影响主机处理性能。

(2) 两个主机之间的通信数据会毫无保留地被第三方收到,造成一定的网络安全隐患。

24.2.2　交换式以太网

交换式以太网的出现有效地解决了共享式以太网的缺陷,它大大减小了冲突域的范围,增加了终端主机之间的带宽,过滤了一部分不需要转发的报文。

交换式以太网所使用的设备是网桥(bridge)和二层交换机,如图 24-2 所示。

图 24-2　交换式以太网

网桥是一种工作在数据链路层的设备,早期被用在网络中连接各个终端主机。对于终端主机来说,网桥好像是透明的,不需要由于网桥的存在而增加或改变配置,所以又称为透明网桥。网桥遵循的协议是 IEEE 802.1D,又称为透明桥接协议。

目前,在交换式以太网中经常使用的网络设备是二层交换机。二层交换机和网桥的工作原理相同,都是按照 IEEE 802.1D 标准设计的局域网连接设备。其区别在于交换机比网桥的端口更多、转发能力更强、特性更加丰富。

二层交换机也采用 CSMA/CD 机制来检测及避免冲突,但与 hub 不同的是,二层交换机各个端口会独立地进行冲突检测,发送和接收数据,互不干扰。所以,二层交换机中各个端口属于不同的冲突域,端口之间不会有竞争带宽的冲突发生。

由于二层交换机的端口处于不同的冲突域中,终端主机可以独占端口的带宽,所以交换式以太网的交换效率大大高于共享式以太网。

二层交换机也是具有多个端口的转发设备,在各个终端主机之间进行数据转发。但与 hub 不同的是,二层交换机的端口在检测到网络中的比特流后,它会首先把比特流还原成数据链路层的数据帧,再对数据帧进行相应的操作。同样,二层交换机端口在发送数据时,会把数据帧转成比特流,再从端口发送出去。

以太网数据帧遵循 IEEE 802.3 格式,其中包含了目的 MAC 地址(destination MAC address)和源 MAC 地址(source MAC address)。交换机根据源 MAC 地址进行地址学习、MAC 转发表的构建;再根据目的 MAC 地址进行数据帧的转发与过滤。

24.3 MAC 地址学习

为了转发报文,以太网交换机需要维护 MAC 地址表。MAC 地址表的表项中包含了与本交换机相连的终端主机的 MAC 地址、本交换机连接主机的端口等信息。

在交换机刚启动时,它的 MAC 地址表中没有表项,如图 24-3 所示。此时如果交换机的某个端口收到数据帧,它会把数据帧从所有其他端口转发出去。这样,交换机就能确保网络中其他所有的终端主机都能收到此数据帧。但是,这种广播式转发的效率低下,占用了太多的网络带宽,并不是理想的转发模式。

图 24-3 MAC 地址表初始状态

为了能够仅转发目标主机所需要的数据,交换机就需要知道终端主机的位置,也就是主机连接在交换机的哪个端口上。这就需要交换机进行 MAC 地址表的正确学习。

交换机通过记录端口接收数据帧中的源 MAC 地址和端口的对应关系来进行 MAC 地址表学习。

如图 24-4 所示,PCA 发出数据帧,其源地址是自己的地址 MAC_A,目的地址是 PCD 的地址 MAC_D。交换机在端口 G1/0/1 收到数据帧后,查看其中的源 MAC 地址,并添加到 MAC 地址表中,形成一条 MAC 地址表项。因为 MAC 地址表中没有 MAC_D 的相关记录,所以交换机把此数据帧从所有其他端口都发送出去。

图 24-4　PCA 的 MAC 地址学习

交换机在学习 MAC 地址时，同时给每条表项设定一个老化时间，如果在老化时间到期之前一直没有刷新，则表项会清空。交换机的 MAC 地址表空间是有限的，设定表项老化时间有助于回收长久不用的 MAC 表项空间。

同样地，当网络中其他 PC 发出数据帧时，交换机记录其中的源 MAC 地址，与接收到数据帧端口相关联起来，形成 MAC 地址表项，如图 24-5 所示。

图 24-5　其他 PC 的 MAC 地址学习

当网络中所有的主机的 MAC 地址在交换机中都有记录后，意味着 MAC 地址学习完成，也可以说交换机知道了所有主机的位置。

交换机在 MAC 地址学习时，需要遵循以下原则。

（1）一个 MAC 地址只能被一个端口学习。

（2）一个端口可学习多个 MAC 地址。

交换机进行 MAC 地址学习的目的是知道主机所处的位置，所以只要有一个端口能到达主机就可以，多个端口到达主机反而造成带宽浪费，所以系统设定 MAC 地址只与一个端口关联。如果一个主机从一个端口转移到另一个端口，交换机在新的端口学习到了此主机的 MAC 地址，则会删除原有表项。

一个端口上可关联多个 MAC 地址。比如，端口连接到一个 hub，hub 连接多个主机，则此端口会关联多个 MAC 地址。

24.4 数据帧的转发

MAC 地址表学习完成后,交换机根据 MAC 地址表项进行数据帧转发。在进行转发时,遵循以下规则。

(1) 对于已知单播数据帧(即帧目的 MAC 地址在交换机 MAC 地址表中有相应表项),则从帧目的 MAC 相对应的端口转发出去。

(2) 对于未知单播帧(即帧目的 MAC 地址在交换机 MAC 地址表中无相应表项)、组播帧、广播帧,则从除源端口外的其他端口转发出去。

在图 24-6 中,PCA 发出数据帧,其目的地址是 PCD 的地址 MAC_D。交换机在端口 G1/0/1 收到数据帧后,检索 MAC 地址表项,发现目的 MAC 地址 MAC_D 所对应的端口是 G1/0/4,就把此数据帧从 G1/0/4 转发,不在端口 G1/0/2 和 G1/0/3 转发,PCB 和 PCC 也不会收到目的到 PCD 的数据帧。

图 24-6 已知单播数据帧转发

与已知单播帧转发不同,交换机会从除源端口外的其他端口转发广播和组播帧,因为广播和组播的目的就是要让网络中其他的成员收到这些数据帧。

而由于 MAC 地址表中无相关表项,所以交换机也要把未知单播帧从其他端口转发出去,以使网络中其他主机能收到。

在图 24-7 中,PCA 发出数据帧,其目的地址 MAC_E。交换机在端口 G1/0/1 收到数据帧后,检索 MAC 地址表项,发现没有 MAC_E 的表项,所以就把此帧从除端口 G1/0/1 外的其他端口转发出去。

图 24-7 广播、组播和未知单播帧的转发

同理，如果 PCA 发出的是广播帧（目的 MAC 地址为 FF-FF-FF-FF-FF-FF）或组播帧，则交换机把此帧从除端口 G1/0/1 外的其他端口转发出去。

24.5　数据帧的过滤

为了杜绝不必要的帧转发，交换机对符合特定条件的帧进行过滤。无论是单播帧、组播帧还是广播帧，如果帧目的 MAC 地址在 MAC 地址表中有表项存在，且表项所关联的端口与接收到帧的端口相同时，则交换机对此帧进行过滤，即不转发此帧。

如图 24-8 所示，PCA 发出数据帧，其目的地址 MAC_B。交换机在端口 G1/0/1 收到数据帧后，检索 MAC 地址表项，发现 MAC_B 所关联的端口也是 G1/0/1，则交换机将此帧过滤。

图 24-8　数据帧的过滤

通常，帧过滤发生在一个端口学习到多个 MAC 地址的情况下。如图 24-8 所示，交换机端口 G1/0/1 连接有一个 hub，所以端口 G1/0/1 上会同时学习到 PCA 和 PCB 的 MAC 地址。此时，PCA 和 PCB 之间进行数据通信时，尽管这些帧能够到达交换机的 G1/0/1 端口，交换机也不会转发这些帧到其他端口，而是将其丢弃了。

24.6　广播域

广播帧是指目的 MAC 地址是 FF-FF-FF-FF-FF-FF 的数据帧，它的目的是要让本地网络中的所有设备都能收到。二层交换机需要把广播帧从除源端口之外的端口转发出去，所以二层交换机不能够隔离广播帧。

广播域是指广播帧能够到达的范围。如图 24-9 所示，PCA 发出的广播帧，所有的设备与终端主机都能够收到，则所有的终端主机处于同一个广播域中。

路由器或三层交换机是工作在网络层的设备，对网络层信息进行操作。路由器或三层交换机收到广播帧后，对帧进行解封装，取出其中的 IP 数据包，然后根据 IP 数据包中的 IP 地址进行路由。所以，路由器或三层交换机不会转发广播帧，广播在三层端口上被隔离。

如图 24-10 所示，PCA 发出的广播帧，PCB 能够收到，但 PCC 和 PCD 收不到，PCA 和 PCB 就属于同一个广播域。

广播域中的设备与终端主机数量越少，广播帧流量就越少，网络带宽的无谓消耗也越少。所以如果在一个网络中，因广播域太大，广播流量太多，而导致网络性能下降，则可以考虑在网络中使用三层交换机或路由器，可以减小广播域，减少网络带宽浪费，增加网络性能。

图 24-9　二层交换机与广播域

图 24-10　三层设备与广播域

24.7　本章总结

（1）共享式以太网中所有终端共享总线带宽,交换式以太网中每个终端处于独立的冲突域。

（2）交换机根据接收到的数据帧的源地址进行 MAC 地址表的学习。

（3）交换机根据 MAC 地址表对数据帧进行转发和过滤。

（4）路由器或三层交换机的三层接口属于独立的广播域。

24.8　习题和解答

24.8.1　习题

1. 以下关于冲突域、广播域的描述（　　　）是正确的。

　　A. 通过中继器连接的所有段都属于同一个冲突域

　　B. 通过桥连接的段分别属于不同的冲突域

    C. 通过中继器连接的所有段都属于同一个广播域

    D. 通过桥连接的段分别属于不同的广播域

2. 下列(　　)设备的不同物理端口属于不同的冲突域。

    A. 集线器   B. 中继器   C. 交换机   D. 路由器

3. 交换机通过记录端口接收数据帧中的(　　)和端口的对应关系来进行 MAC 地址表学习。

    A. 目的 MAC 地址   B. 源 MAC 地址   C. 目的 IP 地址   D. 源 IP 地址

4. 交换机从端口接收到一个数据帧后,根据数据帧中的(　　)查找 MAC 地址表来进行转发。

    A. 目的 MAC 地址   B. 源 MAC 地址   C. 目的 IP 地址   D. 源 IP 地址

5. 为了杜绝不必要的帧转发,交换机可以对符合特定条件的(　　)进行过滤。

    A. 单播帧   B. 广播帧   C. 组播帧   D. 任播帧

24.8.2　习题答案

1. ABC 2. CD 3. B 4. A 5. ABC

第25章

配 置 VLAN

VLAN(virtual local area network,虚拟局域网)技术的出现,主要为了解决交换机在进行局域网互联时无法限制广播的问题。这种技术可以把一个物理局域网划分成多个虚拟局域网——VLAN,每个 VLAN 就是一个广播域,VLAN 内的主机间通信就和在一个 LAN 内一样,而 VLAN 间的主机则不能直接互通,这样,广播数据帧被限制在一个 VLAN 内。

25.1 本章目标

学习完本章,应该能够达到以下目标。

(1) 了解 VLAN 技术产生的背景。

(2) 掌握 VLAN 的类型及其相关配置。

(3) 掌握 IEEE 802.1Q 的帧格式。

(4) 掌握交换机端口的链路类型及其相关配置。

25.2 VLAN 技术简介

在交换式以太网出现后,同一个交换机下不同的端口处于不同的冲突域中,交换式以太网的效率大大增加。但是,在交换式以太网中,由于交换机所有的端口都处于一个广播域内,导致一台计算机发出的广播帧,局域网中所有的计算机都能够接收到,使局域网中的有限网络资源被无用的广播信息所占用。

在图 25-1 中,4 台终端主机发出的广播帧在整个局域网中广播,假如每台主机的广播帧流量是 100Kbps,则 4 台主机达到 400Kbps;如果链路是 100Mbps 带宽,则广播帧占用带宽达到 0.4%。如果网络内主机达到 400 台,则广播流量将达到 40Mbps,占用带宽达到 40%,网络上

图 25-1 二层交换机无法隔离广播

到处充斥着广播流,网络带宽资源被极大地浪费。另外,过多的广播流量会造成网络设备及主机的 CPU 负担过重,系统反应变慢甚至死机。

如何降低广播域的范围,提升局域网的性能,是亟须解决的问题。

以太网处于 TCP/IP 协议栈的第二层,二层上的本地广播帧是不能被路由器转发的,终端主机发出的广播帧在接口被终止,如图 25-2 所示。为了降低广播报文的影响,可以使用路由器来减小以太网上广播域的范围,从而降低广播报文在网络中的比例,提高带宽利用率。

图 25-2　路由器隔离广播

但使用路由器不能解决同一交换机下的用户隔离,而且路由器的价格比交换机要高,使用路由器提高了局域网的部署成本。另外,大部分中低端路由器使用软件转发,转发性能不高,容易在网络中造成性能瓶颈。所以,在局域网中使用路由器来隔离广播是一个高成本、低性能的方案。

IEEE 协会专门设计规定了一种 802.1Q 的协议标准,这就是 VLAN 技术。它实现在二层交换机进行广播域的划分,完美地解决了路由器划分广播域存在的困难。

VLAN 技术可以把一个 LAN 划分为多个逻辑的 LAN——VLAN,每个 VLAN 是一个广播域,不同 VLAN 间的设备不能直接互通,只能通过路由器等三层设备而互通。这样,广播数据帧被限制在一个 VLAN 内,如图 25-3 所示。

图 25-3　VLAN 隔离广播

VLAN 的划分不受物理位置的限制。不在同一物理位置范围的主机可以属于同一个 VLAN；一个 VLAN 包含的用户可以连接在同一个交换机上，也可以跨越交换机，甚至可以跨越路由器。

如图 25-4 所示的大楼内有两台交换机，连接有两个工作组，工作组 1 和工作组 2。在使用 VLAN 技术后，一台交换机相连的 PCA 与另一台交换机相连的 PCC 属于工作组 1，处于同一个广播域内，可以进行本地通信；PCB 与 PCD 属于工作组 2，处于另一个广播域内，可以本地通信。这样就实现了跨交换机的广播域扩展。

图 25-4　VLAN 构建虚拟工作组

VLAN 技术的优点如下。

（1）有效控制广播域范围：广播域被限制在一个 VLAN 内，广播流量仅在 VLAN 中传播，节省了带宽，提高了网络处理能力。如果一台终端主机发出广播帧，交换机只会将此广播帧发送到所有属于该 VLAN 的其他端口，而不是所有的交换机的端口，从而控制了广播范围，节省了带宽。

（2）增强局域网的安全性：不同 VLAN 内的报文在传输时是相互隔离的，即一个 VLAN 内的用户不能和其他 VLAN 内的用户直接通信，如果不同 VLAN 要进行通信，则需要通过路由器或三层交换机等设备。

（3）灵活构建虚拟工作组：用 VLAN 可以划分不同的用户到不同的工作组，同一工作组的用户也不必局限于某一固定的物理范围，网络构建和维护更方便灵活。例如，在企业网中使用虚拟工作组后，同一个部门的就好像在同一个 LAN 上一样，很容易互相访问，交流信息。同时，所有的广播也都限制在该虚拟 VLAN 上，而不影响其他 VLAN 的人。一个人如果从一个办公地点换到另外一个地点，而他仍然在该部门，那么，该用户的配置无须改变；同时，如果一个人虽然办公地点没有变，但他更换了部门，那么，只需网络管理员更改一下该用户的配置即可。

（4）增强网络的健壮性：当网络规模增大时，部分网络出现问题往往会影响整个网络，在引入 VLAN 之后，可以将一些网络故障限制在一个 VLAN 之内。

目前，绝大多数以太网交换机都能够支持 VLAN。使用 VLAN 来构建局域网，组网方案灵活，配置管理简单，降低了管理维护的成本。同时，VLAN 可以减小广播域的范围，减少 LAN 内的广播流量，是高效率、低成本的方案。

25.3　VLAN 类型

VLAN 的主要目的就是划分广播域,那么在建设网络时,如何确定这些广播域呢?是根据物理端口、MAC 地址、协议还是子网呢? 其实到目前为止,上述参数都可以用来作为划分广播域的依据。下面逐一介绍几种 VLAN 的划分方法。

25.3.1　基于端口的 VLAN 划分

基于端口的 VLAN 是最简单、最有效的 VLAN 划分方法,它按照设备端口来定义 VLAN 成员。将指定端口加入指定 VLAN 中之后,该端口就可以转发指定 VLAN 的数据帧。

在图 25-5 中,交换机端口 GE1/0/1 和 GE1/0/2 被划分到 VLAN 10 中,端口 GE1/0/3 和 GE1/0/4 被划分到 VLAN 20 中,则 PCA 和 PCB 处于 VLAN 10 中,可以互通;PCC 和 PCD 处于 VLAN 20 中,可以互通。但 PCA 和 PCC 处于不同 VLAN,它们之间不能互通。

图 25-5　基于端口的 VLAN

基于端口的 VLAN 划分方法的优点是定义 VLAN 成员非常简单,只要指定交换机的端口即可;但是如果 VLAN 用户离开原来的接入端口,而连接到新的交换机端口,就必须重新指定新连接的端口所属的 VLAN ID。

25.3.2　基于协议的 VLAN 划分

基于协议的 VLAN 是根据端口接收到的报文所属的协议(簇)类型来给报文分配不同的 VLAN ID。可用来划分 VLAN 的协议簇有 IP、IPX。

交换机从端口接收到以太网帧后,会根据帧中所封装的协议类型来确定报文所属的 VLAN,然后将数据帧自动划分到指定的 VLAN 中传输。

在图 25-6 中,通过定义 VLAN 映射表,将 IP 协议与 VLAN 10 关联,将 IPX 协议与 VLAN 20 关联。这样,当 PCA 发出的帧到达交换机端口 GE1/0/1 后,交换机通过识别帧中的协议类型,就将 PCA 划分到 VLAN 10 中进行传输。PCA 与 PCB 同运行 IP 协议,则同属于一个 VLAN,可以进行本地通信;PCC 与 PCD 同运行 IPX 协议,同属于另一个 VLAN,可以进行本地通信。

图 25-6　基于协议的 VLAN

此特性主要应用于将网络中提供的协议类型与 VLAN 相绑定，方便管理和维护。实际当中的应用比较少，因为目前网络中绝大多数主机都运行 IP 协议，运行其他协议的主机很少。

25.3.3　基于子网的 VLAN 划分

基于 IP 子网的 VLAN 是根据报文源 IP 地址及子网掩码作为依据来进行划分的，如图 25-7 所示。设备从端口接收到报文后，根据报文中的源 IP 地址，找到与现有 VLAN 的对应关系，然后自动划分到指定 VLAN 中转发。此特性主要用于将指定网段或 IP 地址发出的数据在指定的 VLAN 中传送。

图 25-7　基于子网的 VLAN

这种 VLAN 划分方法管理配置灵活，网络用户自由移动位置而不需要重新配置主机或交换机，并且可以按照传输协议进行子网划分，从而实现针对具体应用服务来组织网络用户。但是，这种方法也有它不足的一面，因为为了判断用户属性，必须检查每一个数据包的网络层地址，这将耗费交换机不少的资源；并且同一个端口可能存在多个 VLAN 用户，这对广播的抑制效率有所下降。

从上述几种 VLAN 划分方法的优缺点综合来看，基于端口的 VLAN 划分是最普遍使用的方法之一，它也是目前所有交换机都支持的一种 VLAN 划分方法。

25.4   VLAN 技术原理

以太网交换机根据 MAC 地址表来转发数据帧。MAC 地址表中包含了端口和端口所连接终端主机 MAC 地址的映射关系。交换机从端口接收到以太网帧后,通过查看 MAC 地址表来决定从哪一个端口转发出去。如果端口收到的是广播帧,则交换机把广播帧从除源端口外的所有端口转发出去。

在 VLAN 技术中,通过给以太网帧附加一个标签(tag)来标记这个以太网帧能够在哪个 VLAN 中传播。这样,交换机在转发数据帧时,不仅要查找 MAC 地址来决定转发到哪个端口,还要检查端口上的 VLAN 标签是否匹配。

在图 25-8 中,交换机给主机 PCA 和 PCB 发来的以太网帧附加了 VLAN 10 的标签,给 PCC 和 PCD 发来的以太网帧附加了 VLAN 20 的标签,并在 MAC 地址表中增加关于 VLAN 标签的记录。这样,交换机在进行 MAC 地址表查找转发操作时,会查看 VLAN 标签是否匹配;如果不匹配,则交换机不会从端口转发出去。这样相当于用 VLAN 标签把 MAC 地址表里的表项区分开来,只有相同 VLAN 标签的端口之间能够互相转发数据帧。

图 25-8   VLAN 标签

25.4.1   VLAN 的帧格式

前面提到过,IEEE 802.1Q 协议标准规定了 VLAN 技术,它定义同一个物理链路上承载多个子网的数据流的方法。其主要内容如下。

（1）VLAN 的架构。

（2）VLAN 技术提供的服务。

（3）VLAN 技术涉及的协议和算法。

为了保证不同厂家生产的设备能够顺利互通,802.1Q 标准严格规定了统一的 VLAN 帧格式以及其他重要参数。在此重点介绍标准的 VLAN 帧格式。

如图 25-9 所示,在传统的以太网帧中添加了 4B 的 802.1Q 标签后,成为带有 VLAN 标签的帧(tagged frame)。而传统的不携带 802.1Q 标签的数据帧称为未打标签的帧(untagged frame)。

802.1Q 标签头包含了 2B 的标签协议标识(TPID)和 2B 的标签控制信息(TCI)。

TPID(tag protocol indentifier)是 IEEE 定义的新的类型,表明这是一个封装了 802.1Q

图 25-9　VLAN 帧格式

标签的帧。TPID 包含了一个固定的值 0x8100。

TCI(tag control information)包含的是帧的控制信息,它包含了下面的一些元素。

(1) priority:这 3 位指明数据帧的优先级。一共有 8 种优先级,即 0~7。

(2) CFI(canonical format indicator):CFI 值为 0 说明是规范格式,1 为非规范格式。它被用在令牌环/源路由 FDDI 介质访问方法中来指示封装帧中所带地址的比特次序信息。

(3) VLAN ID(VLAN identifier):共 12b,指明 VLAN 的编号。VLAN 编号一共 4096 个,每个支持 802.1Q 协议的交换机发送出来的数据帧都会包含这个域,以指明自己属于哪一个VLAN。

25.4.2　单交换机 VLAN 标签操作

交换机根据数据帧中的标签来判定数据帧属于哪一个 VLAN,那么标签是从哪里来的呢?VLAN 标签是由交换机端口在数据帧进入交换机时添加的。这样做的好处是,VLAN 对终端主机是透明的,终端主机不需要知道网络中 VLAN 是如何划分的,也不需要识别带有802.1Q 标签的以太网帧,所有的相关事情由交换机负责。

如图 25-10 所示,当终端主机发出的以太网帧到达交换机端口时,交换机根据相关的VLAN 配置而给进入端口的帧附加相应的 802.1Q 标签。默认情况下,所附加标签中的VLAN ID 等于端口所属 VLAN 的 ID。端口所属的 VLAN 称为端口默认 VLAN,又称为 PVID(port VLAN ID)。

图 25-10　标签的添加与剥离

18 路由交换技术详解与实践 第1卷（下册）（第2版）

同样，为保持 VLAN 技术对主机透明，交换机负责剥离出端口的以太网帧的 802.1Q 标签。这样，对于终端主机来说，它发出和接收到的都是普通的以太网帧。

只允许默认 VLAN 的以太网帧通过的端口称为 access 链路类型端口。access 端口在收到以太网帧后打 VLAN 标签，转发出端口时剥离 VLAN 标签，对终端主机透明，所以通常用来连接不需要识别 802.1Q 协议的设备，如终端主机、路由器等。

通常在单交换机 VLAN 环境中，所有端口都是 access 链路类型端口。如图 25-11 所示，交换机连接有 4 台 PC 机，PC 并不能识别带有 VLAN 标签的以太网帧。通过在交换机上设置与 PC 相连的端口属于 access 链路类型端口，并指定端口属于哪一个 VLAN，使交换机能够根据端口进行 VLAN 划分，不同 VLAN 间的端口属于不同广播域，从而隔离广播。

图 25-11　access 链路类型端口

25.4.3　跨交换机 VLAN 标签操作

VLAN 技术很重要的功能是在网络中构建虚拟工作组，划分不同的用户到不同的工作组，同一工作组的用户也不必局限于某一固定的物理范围。通过在网络中实施跨交换机 VLAN，能够实现虚拟工作组。

VLAN 跨越交换机时，需要交换机之间传递的以太网数据帧带有 802.1Q 标签。这样，数据帧所属的 VLAN 信息才不会丢失。

在图 25-12 中，PCA 和 PCB 所发出的数据帧到达 SWA 后，SWA 将这些数据帧分别打 VLAN 10 和 VLAN 20 的标签。SWA 的端口 GE1/0/24 负责对这些带 802.1Q 标签的数据帧进行转发，并不对其中的标签进行剥离。

图 25-12　跨交换机 VLAN 标签操作

1. trunk 链路类型端口

上述不对 VLAN 标签进行剥离操作的端口就是 trunk 链路类型端口。trunk 链路类型端口可以接收和发送多个 VLAN 的数据帧,且在接收和发送过程中不对帧中的标签进行任何操作。

不过,默认 VLAN(PVID)帧是一个例外。在发送帧时,trunk 端口要剥离默认 VLAN(PVID)帧中的标签;同样,交换机从 trunk 端口接收到不带标签的帧时,要打上默认 VLAN 标签。

如图 25-13 所示为 PCA 到 PCC、PCB 到 PCD 的标签操作流程。下面先分析从 PCA 到 PCC 的数据帧转发及标签操作过程。

图 25-13　trunk 链路类型端口

1) PCA 到 SWA

PCA 发出普通以太网帧,到达 SWA 的 GE1/0/1 端口。因为端口 GE1/0/1 被设置为 access 端口,且其属于 VLAN 10,也就是默认 VLAN 是 10,所以接收到的以太网帧被打上 VLAN 10 标签,然后根据 MAC 地址表在交换机内部转发。

2) SWA 到 SWB

SWA 的 GE1/0/24 端口被设置为 trunk 端口,且 PVID 被配置为 20。所以,带有 VLAN 10 标签的以太网帧能够在交换机内部转发到端口 GE1/0/24。且因为 PVID 是 20,与帧中的标签不同,所以交换机不对其进行标签剥离操作,只是从端口 GE1/0/24 转发出去。

3) SWB 到 PCC

SWB 收到帧后,从帧中的标签得知它属于 VLAN 10。因为端口设置为 trunk 端口,且 PVID 被配置为 20,所以交换机并不对帧进行剥离标签操作,只是根据 MAC 地址表进行内部转发。因为此帧带有 VLAN 10 标签,而端口 GE1/0/1 被设置为 access 端口,且其属于 VLAN 10,所以交换机将帧转发至端口 GE1/0/1,经剥离标签后到达 PCC。

再对 PCB 到 PCD 的数据帧转发及标签操作过程进行分析。

1) PCB 到 SWA

PCB 发出普通以太网帧,到达 SWA 的 GE1/0/2 端口。因为端口 GE1/0/2 被设置为 access 端口,且其属于 VLAN 20,也就是默认 VLAN 是 20,所以接收到的以太网帧被打上 VLAN 20 标签,然后在交换机内部转发。

2）SWA 到 SWB

SWA 的 GE1/0/24 端口被设置为 trunk 端口，且 PVID 被配置为 20。所以，带有 VLAN 20 标签的以太网帧能够在交换机内部转发到端口 GE1/0/24。且因为 PVID 是 20，与帧中的标签相同，所以交换机对其进行标签剥离操作，去掉标签后从端口 GE1/0/24 转发出去。

3）SWB 到 PCD

SWB 收到不带标签的以太网帧。因为端口设置为 trunk 端口，且 PVID 被配置为 20，所以交换机对接收到的帧添加 VLAN 20 的标签，再进行内部转发。因为此帧带有 VLAN 20 标签，而端口 GE1/0/2 被设置为 access 端口，且其属于 VLAN 20，所以交换机将帧转发至端口 GE1/0/2，经剥离标签后到达 PCD。

trunk 端口通常用于跨交换机 VLAN。通常在多交换机环境下，且需要配置跨交换机 VLAN 时，与 PC 相连的端口被设置为 access 端口；交换机之间互连的端口被设置为 trunk 端口。

2. hybrid 链路类型端口

除了 access 链路类型和 trunk 链路类型端口外，交换机还支持第三种链路类型端口，称为 hybrid 链路类型端口。hybrid 端口可以接收和发送多个 VLAN 的数据帧，同时还能够指定对任何 VLAN 帧进行剥离标签操作。

当网络中，大部分主机之间需要隔离，但这些隔离的主机又需要与另一台主机互通时，可以使用 hybrid 端口。

图 25-14 为 PCA 到 PCC、PCB 到 PCC 的标签操作流程。下面分析从 PCA 到 PCC 的数据帧转发及标签操作过程。

图 25-14　hybrid 链路类型端口

1）PCA 到 SWA

PCA 发出普通以太网帧，到达交换机的 GE1/0/1 端口。因为端口 GE1/0/1 被设置为 hybrid 端口，且其默认 VLAN 是 10，所以接收到的以太网帧被打上 VLAN 10 标签，然后根据 MAC 地址表在交换机内部转发。

2）SWA 到 PCC

SWA 的 GE1/0/24 端口被设置为 hybrid 端口，且允许 VLAN 10、VLAN 20、VLAN 30 的数据帧通过，但通过时要进行剥离标签操作(untag：10,20,30)。所以，带有 VLAN 10 标签的以太网帧能够被交换机从端口 GE1/0/24 转发出去，且被剥离标签。

3）PCC 到 SWA

PCC 对收到的帧进行回应。PCC 发出的是普通以太网帧，到达交换机的 GE1/0/24 端口。因为端口 GE1/0/24 被设置为 hybrid 端口,且其默认 VLAN 是 30,所以接收到的以太网帧被打上 VLAN 30 标签,然后根据 MAC 地址表在交换机内部转发。

4)SWA 到 PCA

SWA 的 GE1/0/1 端口被设置为 hybrid 端口,且允许 VLAN 10、VLAN 30 的数据帧通过,但通过时要进行剥离标签操作(untag:10,30)。所以,带有 VLAN 30 标签的以太网帧能够被交换机从端口 GE1/0/1 转发出去,且被剥离标签。

这样,PCA 与 PCC 之间的主机能够通信。

同理,根据上述原理进行分析,PCB 能够与 PCC 进行通信。

但 PCA 与 PCB 之间能否通信呢?答案是否定的。因为 PCA 发出的以太网帧到达连接 PCB 的端口时,端口上的设定(untag:20,30)表明只对 VLAN 20、VLAN 30 的数据帧转发且剥离标签,而不允许 VLAN 10 的帧通过,所以 PCA 与 PCB 不能互通。

25.5 配置 VLAN

25.5.1 创建 VLAN

默认情况下,交换机只有 VLAN 1,所有的端口都属于 VLAN 1 且是 access 链路类型端口。如果想在交换机上创建新的 VLAN,并指定属于这个 VLAN 的端口,其配置的基本步骤如下。

第 1 步:在系统视图下创建 VLAN 并进入 VLAN 视图。配置命令为:

`vlan vlan-id`

第 2 步:在 VLAN 视图下将指定端口加入 VLAN 中。配置命令为:

`port interface-list`

25.5.2 trunk 端口配置

trunk 端口能够允许多个 VLAN 的数据帧通过,通常用于在交换机之间互连。配置某个端口成为 trunk 端口的步骤如下。

第 1 步:在以太网端口视图下,指定端口链路类型为 trunk。配置命令为:

`port link-type trunk`

第 2 步:默认情况下,trunk 端口只允许默认 VLAN 即 VLAN 1 的数据帧通过。所以,需要在以太网端口视图下指定哪些 VLAN 帧能够通过当前 trunk 端口。配置命令为:

`port trunk permit vlan {vlan-id-list|all}`

第 3 步:必要时,可以在以太网端口视图下设定 trunk 端口的默认 VLAN。配置命令为:

`port trunk pvid vlan vlan-id`

注意:默认情况下,trunk 端口的默认 VLAN 是 VLAN 1。可以根据实际情况进行修改默认 VLAN,以保证两端交换机的默认 VLAN 相同为原则,否则会发生同一 VLAN 内的主机跨交换机不能够通信的情况。

25.5.3　hybrid 端口配置

在某些情况下,需要用到 hybrid 端口。hybrid 端口也能够允许多个 VLAN 帧通过,并且还可以指定哪些 VLAN 数据帧被剥离标签。配置某个端口成为 hybrid 端口的步骤如下。

第 1 步:在以太网端口视图下,指定端口链路类型为 hybrid。配置命令为:

```
port link - type hybrid
```

第 2 步:默认情况下,所有 hybrid 端口只允许 VLAN 1 通过。所以,需要在以太网端口视图下指定哪些 VLAN 数据帧能够通过 hybrid 端口,并指定是否剥离标签。配置命令为:

```
port hybrid vlan vlan - id - list{tagged|untagged}
```

第 3 步:在以太网端口视图下,设定 hybrid 端口的默认 VLAN。配置命令为:

```
port hybrid pvid vlan vlan - id
```

注意:trunk 端口不能直接被设置为 hybrid 端口,只能先设置为 access 端口,再设置为 hybrid 端口。

25.5.4　VLAN 配置示例

图 25-15 是 VLAN 的基本配置示例。图中 PCA 与 PCC 属于 VLAN 10,PCB 与 PCD 属于 VLAN 20,交换机之间使用 trunk 端口相连,端口的默认 VLAN 是 VLAN 1。

图 25-15　VLAN 配置示例图

配置 SWA:

```
[SWA]vlan 10
[SWA - vlan10]port GigabitEthernet1/0/1
[SWA]vlan 20
[SWA - vlan20]port GigabitEthernet1/0/2
[SWA]interface GigabitEthernet1/0/24
[SWA - GigabitEthernet1/0/24]port link - type trunk
[SWA - GigabitEthernet1/0/24]port trunk permit vlan 10 20
```

配置 SWB:

```
[SWB]vlan 10
[SWB - vlan10]port GigabitEthernet1/0/1
[SWB]vlan 20
[SWB - vlan20]port GigabitEthernet1/0/2
[SWB]interface GigabitEthernet1/0/24
```

```
[SWB - GigabitEthernet1/0/24]port link - type trunk
[SWB - GigabitEthernet1/0/24]port trunk permit vlan 10 20
```

配置完成后，PCA 与 PCC 能够互通，PCB 与 PCD 能够互通；但 PCA 与 PCB，PCC 与 PCD 之间不能够互通。

在任意视图下，可以使用 display vlan 命令来查看交换机当前启用的 VLAN。其输出信息如下。

```
< SWA > display vlan
Total VLANs: 3
The VLANs include:
1(default), 10, 20
```

由输出中可以看到，目前交换机上有 VLAN 1、VLAN 10、VLAN 20 存在，VLAN 1 是默认 VLAN。

如果要查看某个具体 VLAN 所包含的端口，可以使用 display vlan vlan-id 命令。其输出信息如下。

```
< SWA > display vlan 20
VLAN ID: 20
VLAN type: Static
Route interface: Not configured
Description: VLAN 0020
Name: VLAN 0020
Tagged Ports:
    GigabitEthernet1/0/24
Untagged Ports:
    GigabitEthernet1/0/2
```

由输出中可以看到，VLAN 20 中包含了 GigabitEthernet1/0/2 和 GigabitEthernet1/0/24 两个端口。端口 GigabitEthernet1/0/24 是 tagged 的端口，即 VLAN 20 数据帧可以携带标签通过此端口；而端口 GigabitEthernet1/0/2 是 untagged 的端口，即 VLAN 20 数据帧到此端口时要进行标签剥离操作。

如果要查看具体端口的 VLAN 信息，可以使用 display interface 命令。其输出信息如下：

```
< SWA > display interface GigabitEthernet 1/0/1
...
PVID: 10
Mdi type: automdix
Port link - type: access
  Tagged VLAN ID : none
  Untagged VLAN ID : 10
Port priority: 0
...
```

由输出可知，端口 GigabitEthernet1/0/1 的端口链路类型为 access，默认 VLAN（PVID）是 VLAN 10。

如果端口 GigabitEthernet1/0/1 是 trunk 或 hybrid 端口，则输出中还会显示哪些 VLAN 帧是携带标签通过，哪些 VLAN 帧需要剥离标签。

25.6　本章总结

（1）VLAN 的作用是限制局域网中广播传送的范围。

（2）通过对以太网帧进行打标签操作，交换机区分不同 VLAN 的数据帧。

（3）交换机的端口链路类型分为 access、trunk 和 hybrid。

25.7　习题和解答

25.7.1　习题

1. VLAN 技术的优点是（　　）。

    A. 增强通信的安全性　　　　　　　　B. 增强网络的健壮性

    C. 建立虚拟工作组　　　　　　　　　D. 限制广播域范围

2. VLAN 编号最大是（　　）。

    A. 1024　　　　　　B. 2048　　　　　　C. 4096　　　　　　D. 无限制

3. access 端口在收到以太网帧后，需要进行（　　）操作；把以太网帧从端口转发出去时，需要进行（　　）操作。

    A. 添加 VLAN 标签；添加 VLAN 标签

    B. 添加 VLAN 标签；剥离 VLAN 标签

    C. 剥离 VLAN 标签；剥离 VLAN 标签

    D. 剥离 VLAN 标签；添加 VLAN 标签

4. 两个交换机之间互连，交换机上的 PC 属于相同的 VLAN。如果要想使 PC 间能够相互通信，则通常情况下，需要设置交换机连接到 PC 的端口是（　　），设置交换机之间相连的端口是（　　）。

    A. access 端口；access 端口　　　　　B. access 端口；trunk 端口

    C. trunk 端口；trunk 端口　　　　　　D. trunk 端口；access 端口

5. 默认情况下，交换机上所有端口属于 VLAN（　　）。

    A. 0　　　　　　　　B. 1　　　　　　　　C. 1024　　　　　　D. 4095

25.7.2　习题答案

1. ABCD　2. C　3. B　4. B　5. B

第26章

生成树协议

一个局域网通常由多台交换机互连而成,为了避免广播风暴,需要保证在网络中不存在路径回环,也就是说所有链路应该组成一棵无回环的树,交换机上的 STP(spanning tree protocol,生成树协议)就实现了这样的功能。在本章中,首先会学习有关 STP 的一些基本概念,以及 STP 是如何通过实现冗余链路的闭塞和开启从而实现一棵动态的生成树;最后还会介绍一下 RSTP(rapid spanning tree protocol,快速生成树协议)和 MSTP(multiple spanning tree protocol,多生成树协议),以及如何在交换机上对生成树进行配置。

26.1　本章目标

学习完本章,应该能够达到以下目标。

(1) 了解 STP 产生的背景。

(2) 掌握 STP 基本工作原理。

(3) 掌握 RSTP 和 MSTP 基本原理。

(4) 掌握 STP 的配置。

26.2　STP 产生背景

透明网桥拓展了局域网的连接能力,使只能在小范围 LAN(同一冲突域)上操作的站点能够在更大范围的 LAN(多个冲突域)环境中工作。同时,它还能自主学习站点的地址信息,从而有效控制网络中的数据帧数量。但是,透明网桥在转发数据帧时,尽管它能够按照 MAC 地址表进行正确的转发,但它不会对以太网数据帧做任何修改,也没有记录任何关于该数据帧的转发记录。所以由于某种原因(如网络环路),交换机再次接收到该数据帧时,它仍然毫无记录地将数据帧按照 MAC 地址表转发到指定端口。这样,数据帧有可能在环路中不断循环和增生,造成网络带宽被大量重复帧占据,导致网络拥塞。特别是在遇到广播帧时,更容易在存在环路的网络中形成广播风暴。

图 26-1 是一个由于环路造成数据帧循环和增生的例子。

(1) 开始,假定 PCA 还没有发送过任何帧,因此,网桥 SWA、SWB 和 SWC 的地址表中都没有 PCA 的地址记录。

(2) 当 PCA 发送了一个帧,最初 3 个网桥都接收了这个帧,记录 PCA 的地址在物理段 A 上,并将这个帧转发到物理段 B 上。

(3) 网桥 SWA 会将此帧转发到物理段 B 上,从而 SWB 和 SWC 将会再次接收到这个帧,因为 SWA 对于 SWB 和 SWC 来说是透明的,这个帧就好像是 PCA 在物理段 B 上发送的一样,于是 SWB 和 SWC 记录 PCA 在物理段 B 上,将这个新帧转发到物理段 A 上。

图 26-1   环路造成数据帧循环和增生

（4）同样的道理，SWB 会将最初的帧转发到物理段 B 上，那么 SWA 和 SWC 都接收到这个帧。SWC 认为 PCA 仍然在物理段 B 上，而 SWA 又发现 PCA 已经转移到物理段 B 上了，然后 SWA 和 SWC 都会转发新帧到物理段 A 上。如此下去，帧就在环路中不断循环，更糟糕的是每次成功的帧发送都会导致网络中出现两个新帧。

那么应该怎样来解决这个问题呢？首先可能想到的是保证网络不存在物理上的环路。但是，当网络变得复杂时，要保证没有任何环路是很困难的，并且在许多可靠性要求高的网络，为了能够提供不间断的网络服务，采用物理环路的冗余备份就是最常用的手段了。所以，保证网络不存在环路是不现实的。

IEEE 提供了一个很好的解决办法，那就是 802.1D 协议标准中规定的 STP，它能够通过阻断网络中存在的冗余链路来消除网络可能存在的路径环路，并且在当前活动 (active) 路径发生故障时，激活被阻断的冗余备份链路来恢复网络的连通性，保障业务的不间断服务。

在图 26-2 中给出了一个应用生成树的桥接网络的例子，其中字符 ROOT 所标识的网桥是生成树的树根，实线是活动的链路，也就是生成树的枝条，而虚线则是被阻断的冗余链路，只有在活动链路断开时才会被激活。

图 26-2   生成树网络

26.3　STP

STP 是由 IEEE 协会制定的,用于在局域网中消除数据链路层物理环路的协议,其标准名称为 802.1D。运行该协议的设备通过彼此交互信息发现网络中的环路,并有选择地对某些端口进行阻塞,最终将环路网络结构修剪成无环路的树型网络结构,从而防止报文在环路网络中不断增生和无限循环,避免设备由于重复接收相同的报文造成的报文处理能力下降的问题发生。

26.3.1　桥协议数据单元

STP 采用的协议报文是 BPDU(bridge protocol data unit,桥协议数据单元),BPDU 中包含了足够的信息来完成生成树的计算。

BPDU 分为以下两类。

(1) 配置 BPDU(configuration BPDU):用来进行生成树计算和维护生成树拓扑的报文。

(2) TCN BPDU(topology change notification BPDU):当拓扑结构发生变化时,用来通知相关设备网络拓扑结构发生变化的报文。

STP 协议的配置 BPDU 报文携带了如下几个重要信息。

(1) 根桥 ID(root ID):由根桥的优先级和 MAC 地址组成。通过比较 BPDU 中的根桥 ID,STP 最终决定谁是根桥。

(2) 根路径开销(root path cost):到根桥的最小路径开销。如果是根桥,其根路径开销为 0;如果是非根桥,则为到达根桥的最短路径上所有路径开销的和。

(3) 指定桥 ID(designated bridge ID):生成或转发 BPDU 的桥 ID,由桥优先级和桥 MAC 组成。

(4) 指定端口 ID(designated port ID):发送 BPDU 的端口 ID,由端口优先级和端口索引号组成。

各台设备的各个端口在初始时会生成以自己为根桥的配置消息,根路径开销为 0,指定桥 ID 为自身设备 ID,指定端口为本端口。各台设备都向外发送自己的配置消息,同时也会收到其他设备发送的配置消息。通过比较这些配置消息,交换机进行生成树计算,选举根桥,决定端口角色。最终,生成树计算的结果如下。

(1) 对于整个 STP 网络,唯一的一个根桥被选举出来。

(2) 对于所有的非根桥,选举出根端口和指定端口,负责流量转发。

网络收敛后,根桥会按照一定的时间间隔产生并向外发送配置 BPDU,BPDU 报文携带有(root ID、root path cost、designated bridge ID、designated port ID)等信息,然后传播到整个网络。其他网桥收到 BPDU 报文后,根据报文中携带的信息而进行计算,确定端口角色,然后向下游网桥发出更新后的 BPDU 报文。BPDU 交互示例如图 26-3 所示。

图 26-3　BPDU 交互

26.3.2　根桥选举

树形的网络结构,必须要有树根,于是 STP 引入了根桥(root bridge)的概念。

网络中每台设备都有自己的桥 ID,桥 ID 由桥优先级(bridge priority)和桥 MAC 地址(bridge Mac address)两部分组成。因为桥 MAC 地址在网络中是唯一的,所以能够保证桥 ID 在网络中也是唯一的。在进行桥 ID 比较时,先比较优先级,优先级值小者为优;在优先级相等的情况下,再用 MAC 地址来进行比较,MAC 地址小者为优。

网络初始化时,网络中所有的 STP 设备都认为自己是"根桥"。设备之间通过交换配置 BPDU 而比较桥 ID,网络中桥 ID 最小的设备被选为根桥。根桥会按照一定的时间间隔产生并向外发送配置 BPDU,其他的设备对该配置 BPDU 进行转发,从而保证拓扑的稳定。

在图 26-4 中,3 台交换机参与 STP 根桥选举。SWA 的桥 ID 为 0.0000-0000-0000,SWB 的桥 ID 为 16.0000-0000-0001,SWC 的桥 ID 为 0.0000-0000-0002。3 台交换机之间进行桥 ID 比较。因为 SWA 与 SWC 的桥优先级最小,所以排除 SWB;而比较 SWA 与 SWC 之间的 MAC 地址,发现 SWA 的 MAC 地址比 SWC 的 MAC 地址小,所以 SWA 被选举为根桥。

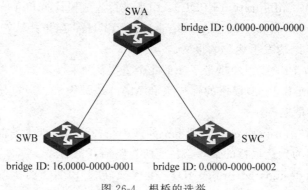

图 26-4　根桥的选举

因为桥的 MAC 地址在网络中是唯一的,所以网络中总能够选举出根桥。

26.3.3　确定端口角色

STP 的作用是通过阻断冗余链路使一个有回路的桥接网络修剪成一个无回路的树型拓扑结构。它通过将环路上的某些端口置为阻塞状态,不允许数据帧通过而做到这一点。下面是确定哪些端口是阻塞状态的过程。

(1) 根桥上的所有端口为指定端口(designated port,DP)。

(2) 为每个非根桥选择根路径开销最小的那个端口作为根端口(root port,RP),该端口到根桥的路径是此网桥到根桥的最佳路径。

(3) 为每个物理段选出根路径开销最小的那个网桥作为指定桥(designated bridge),该指定桥到该物理段的端口作为指定端口,负责所在物理段上的数据转发。

(4) 既不是指定端口,也不是根端口的端口,而是 alternate 端口,置于阻塞状态,不转发普通以太网帧。

图 26-5 是一个 STP 确定端口角色的示例。

1. SWA 端口角色的确定

在图 26-5 中,STP 经过交互 BPDU 配置报文,选举出 SWA 为根桥。因为根桥是 STP 网络中数据转发的中心点,所以根桥上的所有端口都是指定端口,处于转

图 26-5　端口角色确定

发状态,向它的下游网桥转发数据。

注意:此处的上游网桥、下游网桥是根据 BPDU 报文转发的流向来定义的。数据报文的转发并没有上游、下游之分。

2. SWB 端口角色的确定

从拓扑可知,SWB 上有两个端口能够收到根桥 SWA 发来的 BPDU,也就是说,SWB 上有两个端口能够到达根桥。STP 必须判定哪个端口离根桥最近,它通过比较到达根桥的开销(cost)来做到这一点。在图 26-5 中,端口 GE0/1 到达根桥的开销是 10,而端口 GE0/2 到达根桥的开销是 20+30=50,很明显,端口 GE0/1 到达根桥开销小,也就是端口 GE0/1 离根桥最近,所以 STP 确定端口 GE0/1 是 SWB 上的根端口,端口处于转发状态。

对于非根桥来说,只需要一个端口为根端口。因为很明显,如果非根桥有两个端口为根端口,处于转发状态;而根桥上所有端口肯定都是指定端口,也处于转发状态,环路就形成了。这有悖于 STP 阻塞交换网络环路的初衷,所以端口 GE0/2 不能成为根端口。

在 SWB 和 SWC 之间存在着物理段(物理链路)。在实际网络中,这条物理段有可能通过 hub 或不支持 STP 的交换机连接到终端主机,所以 STP 必须考虑如何将数据转发到这条物理段上。那么是由 SWB 还是由 SWC 来负责向这条物理段转发数据呢?这取决于哪一个网桥离根桥近,离根桥最近的网桥负责向这个网段转发数据。

所以,通过交互 BPDU,STP 发现 SWB 离根桥近(因为 SWB 到根桥的开销是 10,小于 SWC 到根桥的开销 20),所以 STP 确定 SWB 是 SWB 和 SWC 之间物理段的指定桥,而端口 GE0/2 也就是指定端口,处于转发状态。

3. SWC 端口角色的确定

因为 SWC 与 SWB 同为非根桥,所以 SWC 确定端口的过程与 SWB 类似。端口 GE0/2 离根桥近,所以被确定为根端口。

在 STP 协议中,一个物理段上只需要确定一个指定端口。如果一个物理段上有两个指定端口,都处于转发状态,则会在图 26-5 的拓扑环境中产生环路。由于 SWB 与 SWC 之间物理段已经确定好了指定端口(SWB 的端口 GE0/2),所以 SWC 的端口 GE0/1 不能成为指定端口。端口 GE0/1 不能成为根端口(因为端口 GE0/2 已经是根端口,一个桥只能有一个根端口),也不能成为指定端口,则端口 GE0/1 处于阻塞状态。

26.3.4 根路径开销

根路径开销是 STP 中用来判定到达根桥的距离的参数。STP 在进行根路径开销计算时,是将所接收 BPDU 中的 root path cost 值加上自己接收端口的链路开销值。对根桥来说,其根路径开销为 0;对非根桥来说,根路径开销为到达根桥的最短径上所有路径开销的和。

通常情况下,链路的开销与物理带宽成反比。带宽越大,表明链路通过能力越强,则路径开销越小。

IEEE 802.1D 和 802.1t 定义了不同速率和工作模式下的以太网链路(端口)开销,H3C 则根据实际的网络运行状况优化了开销的数值定义,制定了私有标准。上述 3 种标准的常用定义如表 26-1 所示。其他细节定义参照相关标准文档及设备手册。

表 26-1 链路开销标准

链路速率	802.1D—1998	802.1t	私有标准
0	65535	200000000	200000
10Mbps	100	2000000	2000
100Mbps	19	200000	200
1000Mbps	4	20000	20
10Gbps	2	2000	2

H3C 交换机默认采用私有标准定义的链路开销。交换机端口的链路开销可手工设置,以影响生成树的路由选择。

图 26-6 是根路径开销计算示例。因为 SWA 是根桥,所以它所发出的 BPDU 报文中所携带的 root path cost 值为 0。SWB 从端口 GE0/1 收到 BPDU 报文后,将 BPDU 中的 root path cost 值与端口 cost(千兆以太网链路的默认值是 20)相加,得出 20,则 SWB 的端口 GE0/1 到根的 root path cost 值为 20。然后更新自己的 BPDU,从另一个端口 GE0/2 转发出去。

图 26-6 根路径开销计算

同理,SWC 从端口 GE0/1 收到 SWB 发出的 BPDU 报文后,将 BPDU 中的 root path cost 值 20 与端口 cost 值 2000 相加,得出 2020。则 SWC 的端口 GE0/1 到根的 root path cost 值为 2020。同样,可以计算出,SWB 的端口 GE0/2 到根的 root path cost 值为 2200,SWC 的端口 GE0/2 到根的 root path cost 值为 200。

26.3.5 桥 ID 的作用

在前面的示例中,交换机根据根路径开销来确定了端口角色。但在某些网络拓扑中,根路径开销是相同的,这时 STP 需要根据桥 ID 来决定端口角色。

当一个非根桥上有多个端口经过不同的上游桥到达根桥,且这些路径的根路径开销相同时,STP 会比较各端口的上游指定桥 ID,所连接到上游指定桥 ID 最小的端口被选举为根端口。当一个物理段有多个网桥到根桥的路径开销相同,进行指定桥选举时,也比较这些网桥的桥 ID,桥 ID 最小的桥被选举为指定桥,指定桥上的端口为指定端口。

在图 26-7 中,SWD 有两个端口能到达根,且根路径开销是相同的。但因 SWB 的桥 ID 小于 SWC 的桥 ID,所以连接 SWB 的端口为根端口。同样,SWB 被选举为 SWB 和 SWC 之间物理段的指定桥,SWB 上的端口为指定端口。

因为桥 ID 是唯一的,所以通过比较桥 ID 可以对经过多个桥到达根桥的路径好坏进行最终判定。

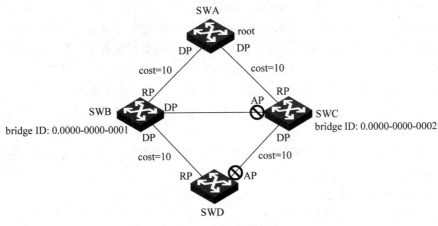

图 26-7 桥 ID 作用

26.3.6 端口 ID 的作用

在根路径开销和上游指定桥 ID 都相同的情况下,STP 根据端口 ID 来决定端口角色。

如果非根桥上多个端口经过相同的上游桥到达根,且根路径开销相同,则 STP 会比较端口所连上游桥的端口 ID,所连接到上游指定端口 ID 最小的端被选举为根端口。

端口 ID 由端口索引号和端口优先级两部分组成。在进行比较时,先比较端口优先级,优先级小的端口优先;当优先级相同时,再比较端口索引号,索引号小的端口优先。

在图 26-8 中,SWB 上的两个端口连接到 SWA,这两个端口的根路径开销相同,上游指定桥 ID 也相同,STP 根据上游指定端口 ID 来判定。由于在默认情况下,端口优先级相同,所以只能比较端口索引号,因此,连接 SWA 上端口 G0/1 的端口为根端口。

图 26-8 端口 ID 作用

通常情况下,端口索引号无法改变,用户可通过设置端口优先级来影响生成树的路由选择。比如,如果想让 SWB 的端口 G0/1 成为阻塞状态,则在 SWA 上调整端口 G0/2 的优先级大于 G0/1 即可。

26.3.7 端口状态

前面讨论了 STP 如何确定端口角色。被确定为根端口或指定端口后,端口就可以处于转发状态,否则就是阻塞状态。

　　事实上,在 802.1D 的协议中,端口共有 5 种状态。

　　(1) disabled:表示该端口处于失效状态,不接收和发送任何报文。这种状态可以是由于端口的物理状态(比如端口物理层没有 up)导致的,也可能是管理者手工将端口关闭。

　　(2) blocking:处于这个状态的端口不能够参与转发数据报文,但是可以接收 BPDU 配置消息,并交给 CPU 进行处理。不过不能发送配置消息,也不能进行地址学习。

　　(3) listening:处于这个状态的端口也不参与数据转发,不进行地址学习;但是可以接收并发送 BPDU 配置消息。

　　(4) learning:处于这个状态的端口同样不能转发数据,但是开始地址学习,并可以接收、处理和发送 BPDU 配置消息。

　　(5) forwarding:一旦端口进入该状态,就可以转发任何数据了,同时也进行地址学习和 BPDU 配置消息的接收、处理和发送。

　　以上 5 种状态中,listening 和 learning 是不稳定的中间状态,它们主要的作用是使 BPDU 消息有一个充分时间在网络中传播,杜绝由于 BPDU 丢失而造成的 STP 计算错误,导致环路的可能。

　　在一定条件下,端口状态之间是可以互相迁移的,如图 26-9 所示。

　　当一个端口由于拓扑发生改变不再是根端口或指定端口了,就会立刻迁移到 blocking 状态。

　　当一个端口被选为根端口或指定端口,就会从 blocking 状态迁移到一个中间状态 listening 状态;经历 forward delay 时间,迁移到下一个中间状态 learning 状态;再经历一个 forward delay 时间,迁移到 forwarding 状态。

　　从 listening 状态迁移到 learning 状态,或者从 learning 状态迁移到 forwarding 状态,都需要经过 forward delay 时间,通过这种延时迁移的方式,能够保证当网络的拓扑发生改变时,新的配置消息能够传遍整个网络,从而避免由于网络未收敛而造成临时环路。

　　在 802.1D 中,默认的 forward delay 时间是 15s。所以,当一个端口被选为根端口或指定端口后,至少要经过两倍的 forward delay 时间,即 30s 才能够转发数据。

```
┌──────────────┐
│   blocking   │
└──────┬───────┘
       │
┌──────▼───────┐
│   listening  │
└──────┬───────┘
       │ forward delay时间
┌──────▼───────┐
│   learning   │
└──────┬───────┘
       │ forward delay时间
┌──────▼───────┐
│  forwarding  │
└──────────────┘
```

图 26-9　端口状态迁移图

　　在实际的应用中,STP 也有很多不足之处。最主要的缺点是端口从阻塞状态到转发状态需要两倍的 forward delay 时间,导致网络的连通性至少要几十秒的时间之后才能恢复。如果网络中的拓扑结构变化频繁,网络会频繁地失去连通性,这样用户就会无法忍受,如图 26-10 所示。

图 26-10　生成树的不足

为了在拓扑变化后网络尽快恢复连通性,交换机在 STP 的基础上发展出 RSTP。

26.4　RSTP

RSTP 是 STP 的优化版。IEEE 802.1w 定义了 RSTP,并最终合并入了 802.1D—2004。RSTP 是从 STP 算法的基础上发展而来,承袭了它的基本思想,也是通过配置消息来传递生成树信息,并进行生成树计算。

RSTP 能够完成生成树的所有功能,不同之处就在于:在某些情况下,当一个端口被选为根端口或指定端口后,RSTP 减小了端口从阻塞到转发的时延,尽可能快地恢复网络连通性,提供更好的用户服务。

在 IEEE 802.1w 中,RSTP 从 3 个方面实现"快速"功能。

1. 端口被选为根端口

如图 26-11 所示,交换机上原来有两个端口能够到达根桥,其中 cost 值为 10 的端口 G0/1 被选为根端口,另外一个为备用端口(处于阻塞状态)。如果 cost 值变为 30 后,STP 重新计算,选择原来处于阻塞状态的端口 G0/2 为根端口。此时,故障恢复的时间就是根端口的切换时间,无须延时,无须传递 BPDU,只是一个 CPU 处理的延时,约几毫秒。

图 26-11　RSTP 改进 1

2. 指定端口是非边缘端口

此时情况较复杂。"非边缘"的意思是这个端口连接着其他的交换机,而不是只连接到终端设备。此时,如果交换机之间是点对点链路,则交换机需要发送握手报文到其他交换机进行协商,只有对端返回一个赞同报文后,端口才能进入转发状态。

在图 26-12 中,SWA 的端口 G0/1 原来处于阻塞状态。STP 重新选择该端口作为指定端口后,因为 G0/1 连接有下游网桥 SWB,它并不知道下游有没有环路,所以会发一个握手报文,目的是询问下游网桥是否同意这个端口进入转发状态。SWB 收到握手报文后,发现自己没有端口连接到其他网桥,也就是说,这个网桥是边缘网桥,不会有环路产生。则 SWB 回应一个赞同报文,表明同意 SWA 的端口 G0/1 进入转发状态。

不过,RSTP 规定只有在点对点链路上,网桥才可以发起握手请求。因为非点对点链路意味着可能连接多个下游

图 26-12　RSTP 改进 2

网桥,并不是所有网桥都能够回应赞同报文。如果只有其中一个下游网桥回应赞同报文,上游网桥端口就处于转发状态,则可能导致环路。

可见点对点链路对 RSTP 的性能有很大的影响,下面列举了点对点链路的几种情况。

(1) 该端口是一个链路聚合端口。(参考相关章节的描述)

(2) 该端口支持自协商功能,并通过协商工作在全双工模式。(参考相关章节的描述)

(3) 管理者将该端口配置为一个全双工模式的端口。

如果是非点对点链路,则恢复时间与 STP 无异,是两倍的 forward delay 时间,默认情况下是 30s。

在 RSTP 握手协商时,总体收敛时间取决于网络直径,也就是网络中任意两点间的最大网桥数量。最坏的情况是,握手从网络的一边开始扩散到网络的另一边,比如,网络直径为 7 的情况,最多可能要经过 6 次握手,网络的连通性才能被恢复。

3. 指定端口是边缘端口

"边缘端口"是指那些直接和终端设备相连,不再连接任何交换机的端口。这些端口不需要参与生成树计算,端口可以无时延地快速进入转发状态。此时不会造成任何的环路。

在图 26-13 中,SWA 的 G0/1 原来连接有网桥,现连接到终端主机。这些端口为边缘指定端口,端口 G0/1 可马上进入转发状态。

图 26-13 RSTP 改进 3

那么网桥是如何判定是边缘指定端口还是非边缘指定端口呢？事实上,网桥无法判定,只有管理员可以指定。

26.5 MSTP

STP 使用生成树算法,能够在交换网络中避免环路造成的故障,并实现冗余路径的备份功能。RSTP 则进一步提高了交换网络拓扑变化时的收敛速度。

然而当前的交换网络往往工作在多 VLAN 环境下。在 802.1Q 封装的 trunk 链路上,同时存在多个 VLAN,每个 VLAN 实质上是一个独立的二层交换网络。为了给所有的 VLAN 提供环路避免和冗余备份功能,就必须为所有的 VLAN 都提供生成树计算。

传统 STP/RSTP 采用的方法是使用统一的生成树。所有的 VLAN 共享一棵生成树 (common spanning tree,CST),其拓扑结构也是一致的。因此,在一条 trunk 链路上,所有的 VLAN 要么全部处于转发状态,要么全部处于阻塞状态。

在如图 26-14 所示的情况下,SWB 到 SWA 的端口被阻塞,则从 PCA 到服务器的所有数据都需要经过 SWB 至 SWC 至 SWA 的路径传递。SWB 至 SWA 之间的带宽完全浪费了。

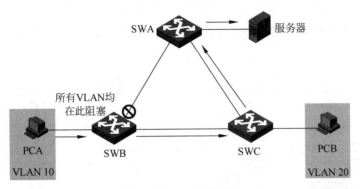

图 26-14　STP 的不足

IEEE 802.1s 定义的 MSTP 可以实现 VLAN 级负载均衡。MSTP 后来被合并入 802.1Q—2003 标准。

通过 MSTP 可以在网络中定义多个生成树实例,每个实例对应多个 VLAN,每个实例维护自己的独立生成树。这样既避免了为每个 VLAN 维护一棵生成树的巨大资源消耗,又可以使不同的 VLAN 具有完全不同的生成树拓扑,不同 VLAN 在同一端口上可以具有不同的状态,从而可以实现 VLAN 一级的负载分担。

在图 26-15 中,PCA 属于 VLAN 10,VLAN 10 绑定到实例 A 中;SWB 至 SWA 之间的链路在实例 A 中是连通的,所以 PCA 到服务器的数据帧就经过 SWB 至 SWA 之间的路径传递。同理,PCB 属于 VLAN 20,VLAN 20 绑定到实例 B 中;PCB 到服务器的数据帧就经过 SWC 至 SWA 之间的路径传递。可以看出,此网络通过 MSTP 而实现不同 VLAN 的数据流有不同的转发路径。

图 26-15　MSTP 实现负载分担

26.6　三种生成树协议的比较

STP 可以在交换网络中形成一棵无环路的树,解决环路故障并实现冗余备份。

RSTP 在 STP 功能基础上,通过使根端口快速进入转发状态、采用握手机制和设置边缘端口等方法,提供了更快的收敛速度。

MSTP 则可以在大规模、多 VLAN 环境下形成多个生成树实例,从而高效地提供多 VLAN 负载均衡。

MSTP 同时兼容 STP、RSTP。STP、RSTP 两种协议报文都可以被运行 MSTP 的设备识别并应用于生成树计算。

另外,RSTP/MSTP 与 STP 的端口状态也有所不同,从 STP 的 5 种变成 3 种,其对应关系如表 26-2 所示。

表 26-2　STP 与 RSTP/MSTP 端口状态

STP 端口状态	RSTP/MSTP 端口状态
disabled	discarding
blocking	discarding
listening	discarding
learning	learning
forwarding	forwarding

可以看到,在 RSTP/MSTP 中,取消了 listening 这个中间状态,并且把 disabled、blocking、listening 3 种状态合并为一种 discarding,减少状态数量,简化生成树计算,加快收敛速度。其端口状态及相关迁移时间如图 26-16 所示。

图 26-16　STP 与 RSTP/MSTP 端口状态迁移

RSTP/MSTP 具有更快的收敛速度,简化的端口状态迁移;MSTP 能够实现不同 VLAN 间数据流的负载分担。所以,在可能的情况下,网络中尽量使用 MSTP 来避免环路。

26.7　生成树协议的基本配置

26.7.1　STP 基本配置

交换机的生成树功能在默认情况下是处于关闭状态的。如果组网中需要通过环路设计来提供网络的冗余容错的能力,而同时又需要防止路径回环的产生,就需要用到生成树的概念,可以在系统视图下开启生成树功能。

[Switch] stp enable

如果不需要生成树,则可以在系统视图下关闭生成树功能。

[Switch] stp disable

如果用户在系统视图下启用了生成树,那么所有端口都默认参与生成树计算。如果用户可以确定某些端口连接的部分不存在回路,则可以通过一条在端口视图下的命令关闭特定端口上的生成树功能。

```
[Switch Gigabit GigabitEthernet1/0/1] stp disable
```

MSTP 和 RSTP 能够互相识别对方的协议报文,可以互相兼容。而 STP 无法识别 MSTP 的报文,MSTP 为了实现和 STP 设备的混合组网,同时完全兼容 RSTP,设定了 3 种工作模式:STP 兼容模式、RSTP 模式、MSTP 模式。交换机默认工作在 MSTP 模式下,可以通过以下命令在系统视图下设置工作模式。

```
[Switch] stp mode{stp|rstp|mstp}
```

26.7.2 配置优化 STP

在默认情况下,所有交换机的优先级是相同的。此时,STP 只能根据 MAC 地址选择根桥,MAC 地址最小的桥为根桥。但实际上,这个 MAC 地址最小的桥并不一定就是最佳的根桥。

可以通过配置网桥的优先级来指定根桥。优先级越小,该网桥就越有可能成为根。配置命令为:

```
[Switch] stp [instance instance-id] priority priority
```

在 MSTP 多实例情况下,用 **instance** *instance-id* 参数来指定交换机在每个实例中的优先级。

在 RSTP/MSTP 模式下,可以设置某些直接与用户终端相连的端口为边缘端口。这样当网络拓扑变化时,这些端口可以实现快速迁移到转发状态,而不需要等待延迟时间。因此,如果管理员确定某端口直接与终端相连,可以配置其为边缘端口,这可以极大地加快生成树的收敛速度。

在端口视图下配置某端口为边缘端口。

```
[Switch GigabitEthernet1/0/1] stp edged-port enable
```

26.7.3 STP 配置示例

图 26-17 为一个启用 STP 防止环路及实现链路冗余的组网。交换机 SWA 和 SWB 是核心交换机,之间通过两条并行链路互连备份;SWC 是接入交换机,接入用户连接到 SWC 的 GE1/0/1 端口上。很显然,为了提高网络的性能,应该使交换机 SWA 位于转发路径的中心位置(即生成树的根)。同时,为了增加可靠性,应该使 SWB 作为根的备份。

可以通过下面配置使网络能够满足设计需求。

第 1 步:在所有的交换机上启动 STP,命令如下。

```
[SWA] stp global enable
[SWB] stp global enable
[SWC] stp global enable
```

第 2 步:配置 SWA 的优先级为 0(默认值为 32768),使其作为整个桥接网络的根桥;配置 SWB 的优先级为 4096,使其作为根桥的备份,命令如下。

图 26-17　STP 配置示例

```
[SWA] stp priority 0
[SWB] stp priority 4096
```

第 3 步：设置 SWC 的端口 GE1/0/1 为边缘端口，以使其在网络拓扑变化时，能够无时延地从阻塞状态迁移到转发状态，命令如下。

```
[SWC - GigabitEthernet1/0/1] stp edged - port
```

26.7.4　STP 显示与维护

默认情况下，交换机未开启 STP 协议。此时，如果执行命令查看 STP 全局状态，则有如下输出。

```
< SWA > display stp
  Protocol status            : Disabled
  Protocol Std.              : IEEE 802.1s
  Version                    : 3
...
```

开启 STP 以后，再执行命令查看 STP 全局状态，则有如下输出。

```
[SWA] display stp
------------------[CIST Global Info][Mode MSTP]-------------------
Bridge ID                  : 32768.70ba - ef6a - 73d1
Bridge times               : Hello 2s MaxAge 20s FwdDelay 15s MaxHops 20
Root ID/ERPC               : 32768.70ba - ef6a - 6eb0, 40
RegRoot ID/IRPC            : 32768.70ba - ef6a - 73d1, 0
RootPort ID                : 128.12
BPDU - Protection          : Disabled
Bridge Config -
Digest - Snooping          : Disabled
TC or TCN received         : 0
Time since last TC         : 0 days 0h:0m:12s
...
```

从以上信息可知，目前交换机运行在 MSTP 模式下。MSTP 所生成的树称为 CIST

（common and internal spanning tree，公共和内部生成树），所以显示信息中的 CIST bridge：32768.000f-e23e-f9b0 就表示交换机的桥 ID 是 32768.000f-e23e-f9b0；交换机的根桥 ID（CIST root ID）也是 32768.000f-e23e-f9b0。桥 ID 和根桥 ID 相同，表明交换机认为自己就是根桥。

如果想查看生成树中各端口的角色和状态，则用如下命令。

```
[SWA]display stp brief
MSTID     Port                   Role     STP State      Protection
    0     GigabitEthernet1/0/1   DESI     FORWARDING     NONE
    0     GigabitEthernet1/0/2   DESI     FORWARDING     NONE
    ...
```

在 MSTP 中可配置多个实例进行负载分担。上面的 MSTID 就表示实例的 ID。在默认情况下，交换机仅有一个实例，ID 值是 0；且所有 VLAN 都绑定到实例 0，所有端口角色和状态都在实例 0 中计算。上面 GigabitEthernet1/0/1 和 GigabitEthernet1/0/2 端口角色都是指定端口（DESI），所以都处于转发状态（forwarding）。

26.8　本章总结

（1）STP 产生的原因是为了消除路径回环的影响。

（2）STP 通过选举根桥和阻塞冗余端口来消除环路。

（3）相比 STP，RSTP 具有更快的收敛速度；相比 RSTP，MSTP 可支持多生成树实例以实现基于 VLAN 的负载分担。

26.9　习题和解答

26.9.1　习题

1. 以下（　　）信息是在 STP 的配置 BPDU 中携带的。

    A. 根桥 ID（root ID）　　　　　　　　　B. 根路径开销（root path cost）

    C. 指定桥 ID（designated bridge ID）　　D. 指定端口 ID（designated port ID）

2. STP 进行桥 ID 比较时，先比较优先级，优先级值（　　）为优；在优先级相等的情况下，再用 MAC 地址来进行比较，MAC 地址（　　）为优。

    A. 小者；小者　　　　　　　　　　　　B. 小者；大者

    C. 大者；大者　　　　　　　　　　　　D. 大者；小者

3. 在 802.1D 的协议中，端口共有 5 种状态。其中处于下列（　　）状态的端口能够发送 BPDU 配置消息。

    A. Learning　　　　　B. Listening　　　　　C. Blocking　　　　　D. Forwarding

4. 交换机从两个不同的端口收到 BPDU，则其会按照（　　）的顺序来比较 BPDU，从而决定哪个端口是根端口。

    A. 根桥 ID、根路径开销、指定桥 ID、指定端口 ID

    B. 根桥 ID、指定桥 ID、根路径开销、指定端口 ID

    C. 根桥 ID、指定桥 ID、指定端口 ID、根路径开销

    D. 根路径开销、根桥 ID、指定桥 ID、指定端口 ID

5. 在一个交换网络中,存在多个 VLAN。管理员想在交换机间实现数据流转发的负载均衡,则应该选用( )。

    A. STP   B. RSTP   C. MSTP   D. 以上三者均可

26.9.2 习题答案

1. ABCD   2. A   3. ABD   4. A   5. C

第27章

配置链路聚合

在组建局域网的过程中,连通性是最基本的要求。在保证连通性的基础上,有时还要求网络具有高带宽、高可靠性等特点。链路聚合(link aggregation)技术是在局域网中最常见的高带宽和高可靠性技术。

本章介绍了链路聚合的作用,链路聚合中负载分担的原理,以及如何在交换机上配置和维护链路聚合。

27.1　本章目标

学习完本章,应该能够达到以下目标。

(1) 了解链路聚合的作用。

(2) 掌握链路聚合的分类。

(3) 掌握链路聚合的基本配置。

27.2　链路聚合简介

链路聚合是以太网交换机所实现的一种非常重要的高可靠性技术。通过链路聚合,多个物理以太网链路聚合在一起形成一个逻辑上的聚合端口组。使用链路聚合服务的上层实体把同一聚合组内的多条物理链路视为一条逻辑链路,数据通过聚合端口组进行传输。如图 27-1 所示,链路聚合具有以下优点。

图 27-1　链路聚合作用

(1) 增加链路带宽:通过把数据流分散在聚合组中各个成员端口,实现端口间的流量负载分担,从而有效地增加了交换机间的链路带宽。

(2) 提供链路可靠性:聚合组可以实时监控同一聚合组内各个成员端口的状态,从而实现成员端口之间彼此动态备份。如果某个端口故障,聚合组及时把数据流从其他端口传输。

链路聚合后，上层实体把同一聚合组内的多条物理链路视为一条逻辑链路，系统根据一定的算法，把不同的数据流分布到各成员端口上，从而实现基于流的负载分担。

系统通过算法进行负载分担时，可以采用数据流报文中一个或多个字段来进行计算（即采用不同的负载分担模式）。通常，对于二层数据流，系统根据 MAC 地址（源 MAC 地址及目的 MAC 地址）来进行负载分担计算；对于三层数据流，则根据 IP 地址（源 IP 地址及目的 IP 地址）进行负载分担计算。

假定在图 27-2 中，系统根据流中的 MAC 地址进行负载分担计算。因为 PCA 和 PCB 的 MAC 地址不同，系统会认为从 PCA 发出的流和从 PCB 发出的流是不同的，则根据算法可能会把这两条流分别从聚合组中的两个成员端口向外发送。同理，返回的数据流在 SWB 上也可能会被分布到两条链路上传输，从而实现了负载分担。

图 27-2　链路聚合的负载分担

27.3　链路聚合的分类

按照聚合方式的不同，链路聚合可以分为以下两大类。

1. 静态聚合

在静态聚合方式下，双方设备不需要启用聚合协议，双方不进行聚合组中成员端口状态的交互。

如果一方设备不支持聚合协议或双方设备所支持的聚合协议不兼容，则可以使用静态聚合方式来实现聚合。

2. 动态聚合

在动态聚合方式下，双方系统使用 LACP(link aggregation control protocol，链路聚合控制协议)来协商链路信息，交互聚合组中成员端口状态。

LACP 是一种基于 IEEE 802.3ad 标准的、能够实现链路动态聚合与解聚合的协议。LACP 通过 LACPDU(link aggregation control protocol data unit，链路聚合控制协议数据单元)与对端交互信息。

使能某端口的 LACP 协议后，该端口将通过发送 LACPDU 向对端通告自己的系统 LACP 优先级、系统 MAC、端口的 LACP 优先级、端口号和操作 key。对端接收到 LACPDU 后，将其中的信息与其他端口所收到的信息进行比较，以选择能够处于 selected 状态的端口，从而双方可以对端口处于 selected 状态达成一致。

操作 key 是在链路聚合时，聚合控制根据端口的配置（即速率、双工模式、up/down 状态、基本配置等信息）自动生成的一个配置组合。在聚合组中，处于 selected 状态的端口有相同的操作 key。

27.4 链路聚合的基本配置

27.4.1 配置静态链路聚合

静态聚合的优点是没有聚合协议报文占用带宽,对双方的聚合协议没有兼容性要求。在小型局域网中,最常用的链路聚合方式是静态聚合。配置静态聚合的步骤如下。

第1步:在系统视图下创建聚合端口。配置命令为:

`interface bridge - aggregation` *interface - number*

第2步:在接口视图下把物理端口加入创建的聚合组中。配置命令为:

`port link - aggregation group` *number*

27.4.2 链路聚合配置示例

在图 27-3 中,交换机 SWA 使用端口 GE1/0/1、GE1/0/2 和 GE1/0/3 连接到 SWB 的端口 GE1/0/1、GE1/0/2 和 GE1/0/3。在交换机上启用链路聚合以实现增加带宽和可靠性的需求。

配置 SWA:

```
[SWA] interface bridge - aggregation 1
[SWA] interface GigabitEthernet 1/0/1
[SWA - GigabitEthernet1/0/1] port link - aggregation group 1
[SWA] interface GigabitEthernet 1/0/2
[SWA - GigabitEthernet1/0/2] port link - aggregation group 1
[SWA] interface GigabitEthernet 1/0/3
[SWA - GigabitEthernet1/0/3] port link - aggregation group 1
```

配置 SWB:

```
[SWB] interface bridge - aggregation 1
[SWB] interface GigabitEthernet 1/0/1
[SWB - GigabitEthernet1/0/1] port link - aggregation group 1
[SWB] interface GigabitEthernet 1/0/2
[SWB - GigabitEthernet1/0/2] port link - aggregation group 1
[SWB] interface GigabitEthernet 1/0/3
[SWB - GigabitEthernet1/0/3] port link - aggregation group 1
```

图 27-3 静态链路聚合配置示例

27.4.3 链路聚合显示与维护

在任意视图下,可以用 display link-aggregation summary 查看链路聚合的状态,如下所示。

```
< Switch > display link - aggregation summary

Aggregation Interface Type:
BAGG -- Bridge - Aggregation, RAGG -- Route - Aggregation
Aggregation Mode: S -- Static, D -- Dynamic
Loadsharing Type: Shar -- Loadsharing, NonS -- Non - Loadsharing
Actor System ID: 0x8000, 000f - e267 - 6c6a
```

AGG Interface	AGG Mode	Partner ID	Select Ports	Unselect Ports	Share Type
BAGG1	S	none	3	0	Shar

以上输出信息表示,这个聚合端口的 ID 是 1,聚合方式为静态聚合,组中包含了 3 个 selected 端口,处于激活状态并工作在负载分担模式下。

注意:处于 selected 状态的端口可以参与转发数据流。unselected 状态表示端口目前未被选中,不参与数据流转发。比如,端口在物理层 down 的情况下,就是 unselect ports。

27.5　本章总结

(1) 链路聚合可以实现链路备份、增加链路带宽及其数据的负载。

(2) 链路聚合按照聚合方式不同分为静态聚合和动态聚合。

27.6　习题和解答

27.6.1　习题

1. 链路聚合的优点有( )。

    A. 增加链路带宽　　　　　　　　　　B. 提供链路可靠性

    C. 降低组网成本　　　　　　　　　　D. 减少维护工作量

2. 在下面( )方式中,双方交换机需要使用链路聚合协议。

    A. 静态聚合　　　　B. 动态聚合　　　　C. 手工聚合　　　　D. 协议聚合

3. 在交换机上创建聚合端口的配置命令为( )。

    A. [SWA] interface bridge-aggregation 1

    B. [SWA-GigabitEthernet1/0/1] interface bridge-aggregation 1

    C. [SWA] port link-aggregation group 1

    D. [SWA-GigabitEthernet1/0/1] port link-aggregation group 1

4. 将交换机的端口加入聚合端口的配置命令为( )。

    A. [SWA] interface bridge-aggregation 1

    B. [SWA-GigabitEthernet1/0/1] interface bridge-aggregation 1

    C. [SWA] port link-aggregation group 1

    D. [SWA-GigabitEthernet1/0/1] port link-aggregation group 1

5. 如果两台交换机间需要使用链路聚合,但其中某一台交换机不支持 LACP,则需要使用以下( )方式。

    A. 静态聚合　　　　B. 动态聚合　　　　C. 手工聚合　　　　D. 协议聚合

27.6.2　习题答案

1. AB　2. B　3. A　4. D　5. A

第 **8** 篇
IP路由技术

第28章

IP路由原理

路由器是能够将数据报文在不同逻辑网段间转发的网络设备。路由(route)是指导路由器如何进行数据报文发送的路径信息。每条路由都包含有目的地址、下一跳、出接口、到目的地的代价等要素,路由器根据自己的路由表对 IP 报文进行转发操作。

每一台路由器都有路由表(routing table),路由便存储在路由表中。

路由环路是由错误的路由导致的,它会造成 IP 报文在网络中循环转发,浪费网络带宽。

28.1　本章目标

学习完本章,应该能够达到以下目标。

(1) 描述路由的作用。

(2) 掌握路由转发原理。

(3) 掌握路由表的构成及含义。

(4) 在设备上查看路由表。

28.2　什么是路由

路由器提供了将异构网络互联起来的机制,实现将一个数据包从一个网络发送到另一个网络。路由就是指导 IP 数据包发送的路径信息。

在互联网中,进行路由选择要使用路由器,路由器只是根据所收到的数据报头的目的地址选择一个合适的路径(通过某一个网络),将数据包传送到下一个路由器,路径上最后的路由器负责将数据包送交目的主机。数据包在网络上的传输就好像是体育运动中的接力赛一样,每一个路由器只负责将数据包在本站通过最优的路径转发,通过多个路由器一站一站地接力将数据包通过最优路径转发到目的地。当然也有一些例外的情况,由于一些路由策略的实施,数据包通过的路径并不一定是最优的。

路由器的特点是逐跳转发。在如图 28-1 所示网络中,RTA 收到 PC 发往服务器的数据包后,将数据包转发给 RTB,RTA 并不负责指导 RTB 如何转发数据包。所以,RTB 必须自己将数据包转发给 RTC,RTC 再转发给 RTD,以此类推。这就是路由的逐跳性,即路由只指导本地的转发行为,不会影响其他设备转发行为,设备之间的转发是相互独立的。

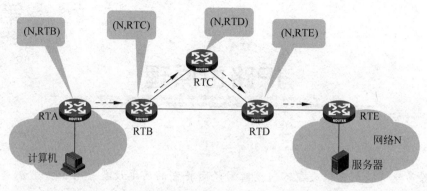

图 28-1　路由报文示意图

28.3　路由表

路由器转发数据包的依据是路由表,如表 28-1 所示。每个路由器中都保存着一张路由表,表中每条路由项都指明数据包到某子网或某主机应通过路由器的哪个物理端口发送,然后就可到达该路径的下一个路由器,或者不再经过别的路由器而传送到直接相连的网络中的目的主机。

表 28-1　路由表构成

目的地址/网络掩码	下一跳地址	出接口	度量值
0.0.0.0/0	20.0.0.2	G0/2	10
10.0.0.0/24	10.0.0.1	G0/1	0
20.0.0.0/24	20.0.0.1	G0/2	0
20.0.0.1/32	127.0.0.1	InLoop0	0
40.0.0.0/24	20.0.0.2	G0/2	1
40.0.0.0/8	30.0.0.2	G0/3	3
50.0.0.0/24	40.0.0.2	G0/2	0

路由表中包含了下列要素。

(1) 目的地址/网络掩码(destination/mask):用来标识 IP 数据报文的目的地址或目的网络。将目的地址和网络掩码"逻辑与"后可得到目的主机或路由器所在网段的地址。例如,目的地址为 8.0.0.0,掩码为 255.0.0.0 的主机或路由器所在网段的地址为 8.0.0.0。掩码由若干个连续"1"构成,既可以用点分十进制表示,也可以用掩码中连续"1"的个数来表示。

(2) 出接口(interface):指明 IP 包将从该路由器哪个接口转发。

(3) 下一跳地址(next-hop):更接近目的网络的下一个路由器地址。如果只配置了出接口,则下一跳 IP 地址是出接口的地址。

(4) 度量值(metric):说明 IP 包需要花费多大的代价才能到达目标。主要作用是当网络存在到达目的网络的多个路径时,路由器可依据度量值而选择一条较优的路径发送 IP 报文,从而保证 IP 报文能更快更好地到达目的。

根据掩码长度的不同,可以把路由表中路由项分为以下几个类型。

(1) 主机路由:掩码长度是 32b 的路由,表明此路由匹配单一 IP 地址。

(2) 子网路由:掩码长度小于 32b 但大于 0b,表明此路由匹配一个子网。

（3）默认路由：掩码长度为 0b，表明此路由匹配全部 IP 地址。

28.4 路由器单跳操作

路由器是通过匹配路由表里的路由项来实现数据包的转发。如图 28-2 所示，当路由器收到一个数据包的时候，将数据包的目的 IP 地址提取出来，然后与路由表中路由项包含的目的地址进行比较。如果与某路由项中的目的地址相同，则认为与此路由项匹配；如果没有路由项能够匹配，则丢弃该数据包。

图 28-2　路由器单跳操作流程图

路由器查看所匹配的路由项的下一跳地址是否在直连链路上，如果在直连链路上，则路由器根据此下一跳转发；如果不在直连链路上，则路由器还需要在路由表中再查找此下一跳地址所匹配的路由项。

在确定了最终的下一跳地址后，路由器将此报文送往对应的接口，接口进行相应的地址解析，解析出此地址所对应的链路层地址，然后对 IP 数据包进行数据封装并转发。

当路由表中存在多个路由项可以同时匹配目的 IP 地址时，路由查找进程会选择其中掩码最长的路由项用于转发，此为最长匹配原则。

在图 28-3 中，路由器接收到目的地址为 40.0.0.2 的数据包，经查找整个路由表，发现与路由 40.0.0.0/24 和 40.0.0.0/8 都能匹配。但根据最长匹配的原则，路由器会选择路由项40.0.0.0/24，根据该路由项转发数据包。

由以上过程可知，路由表中路由项数量越多，所需查找及匹配的次数则越多。所以一般路由器都有相应的算法来优化查找速度，加快转发。

如果所匹配的路由项的下一跳地址不在直连链路上，路由器还需要对路由表进行迭代查找，找出最终的下一跳来。

如图 28-4 所示，路由器接收到目的地址为 50.0.0.2 的数据包后，经查找路由表，发现与路由表中的路由项 50.0.0.0/24 能匹配。但此路由项的下一跳 40.0.0.2 不在直连链路上，所以路由器还需要在路由表中查找到达 40.0.0.2 的下一跳。经过查找，到达 40.0.0.2 的下一跳是 20.0.0.2，此地址在直连链路上，则路由器按照该路由项转发数据包。

图 28-3　最长匹配转发

图 28-4　路由表迭代查找

如果路由表中没有路由项能够匹配数据包,则丢弃该数据包。但是,如果在路由表中有默认路由存在,则路由器按照默认路由来转发数据包。默认路由又称为缺省路由,其目的地址/掩码为 0.0.0.0/0。

如图 28-5 所示,路由器收到目的地址为 30.0.0.2 的数据包后,查找路由表,发现没有子网或主机路由匹配此地址,所以按照默认路由转发。

默认路由能够匹配所有 IP 地址。但因为它的掩码最短,所以只有在没有其他路由匹配数据包的情况下,系统才会按照默认路由转发。

图 28-5 默认路由转发

28.5 路由的来源

路由的来源主要有以下 3 种。

1. 直连(direct)路由

直连路由不需要配置,当接口存在 IP 地址并且状态正常时,由路由进程自动生成。它的特点是开销小、配置简单、不需要人工维护,但只能发现本接口所属网段的路由。

2. 手工配置的静态(static)路由

由管理员手工配置而成的路由称为静态路由。通过静态路由的配置可建立一个互通的网络,但这种配置问题在于:当一个网络故障发生后,静态路由不会自动修正,必须有管理员的介入。静态路由无开销、配置简单、适合简单拓扑结构的网络。

3. 动态路由协议(routing protocol)发现的路由

当网络拓扑结构十分复杂时,手工配置静态路由工作量大而且容易出现错误,这时就可用动态路由协议(如 RIP、OSPF 等),让其自动发现和修改路由,避免人工维护。动态路由协议开销大、配置复杂。

28.6 路由的度量

路由度量值(metric)表示到达这条路由所指目的地址的代价,又称为路由权值。各路由协议定义度量值的方法不同,通常会考虑以下因素:

(1) 跳数;

(2) 链路带宽;

(3) 链路延迟;

(4) 链路使用率;

(5) 链路可信度;

(6) 链路 MTU。

不同的动态路由协议会选择其中的一种或几种因素来计算度量值。在常用的路由协议里，RIP 使用"跳数"来计算度量值，跳数越小，其路由度量值也就越小；而 OSPF 使用"链路带宽"来计算度量值，链路带宽越大，路由度量值也就越小。度量值通常只对动态路由协议有意义，静态路由协议的度量值统一规定为 0。

　　路由度量值只在同一种路由协议内有比较意义，不同的路由协议之间的路由度量值没有可比性，也不存在换算关系。

28.7　路由优先级

　　路由优先级（preference）代表了路由协议的可信度。

　　在计算路由信息的时候，因为不同路由协议所考虑的因素不同，所以计算出的路径也可能会不同。具体表现就是到相同的目的地址，不同的路由协议（包括静态路由协议）所生成路由的下一跳可能会不同。在这种情况下，路由器会选择哪一条路由作为转发报文的依据呢？此时，就取决于路由优先级，具有较高优先级（数值越小表明优先级越高）的路由协议发现的路由将成为最优路由，并被加入路由表中。

　　不同厂家的路由器对于各种路由协议优先级的规定各不相同。H3C 路由器的默认优先级如表 28-2 所示。

表 28-2　路由协议及默认时的路由优先级

路由协议或路由种类	相应路由的优先级
DIRECT	0
OSPF	10
IS-IS	15
STATIC	60
RIP	100
OSPF ASE	150
OSPF NSSA	150
IBGP	255
EBGP	255
UNKNOWN	255

　　除了直连路由（direct）外，各动态路由协议的优先级都可根据用户需求，手工进行配置。另外，每条静态路由的优先级都可以不相同。

28.8　路由环路

　　路由环路会使数据转发形成死循环，不能到达目的地。

　　如图 28-6 所示，RTA 收到目的为 11.4.0.0 的数据包后，查看路由表，发现其下一跳是 S0/0 接口，于是转发给 RTB；RTB 发现下一跳是 S1/0，于是又转发给 RTC；RTC 中路由表的下一跳指向 RTA，所以 RTC 又将数据包转发回 RTA。如此在 3 台路由器间循环转发，直到数据包中 TTL 字段值为 0 后丢弃。这将导致巨大的资源浪费。

　　路由环路的主要生成原因是配置了错误的静态路由或网络规划错误。比如，在两台路由器上配置到相同目的地址的路由表项，下一跳互相指向对方，就会造成路由环路。另外，某些动态路由协议在特定环境下或配置不当，也有可能产生环路。

图 28-6　路由环路

28.9　查看设备的路由表

查看设备路由表的目的是查找所需的路由信息,验证所做的路由配置。最常用的命令是查看 IP 路由表摘要信息。在任意视图下,用如下命令来进行查看。

`display ip routing - table`

以下是查看路由表输出示例。

```
[Router]display ip routing - table
Destinations : 9        Routes : 9

Destination/Mask        Proto    Pre Cost        NextHop            Interface
0.0.0.0/0               Static   60  0           0.0.0.0            GE0/1
0.0.0.0/32              Direct   0   0           127.0.0.1          InLoop0
127.0.0.0/8             Direct   0   0           127.0.0.1          InLoop0
127.0.0.0/32            Direct   0   0           127.0.0.1          InLoop0
127.0.0.1/32            Direct   0   0           127.0.0.1          InLoop0
127.255.255.255/32      Direct   0   0           127.0.0.1          InLoop0
224.0.0.0/4             Direct   0   0           0.0.0.0            NULL0
224.0.0.0/24            Direct   0   0           0.0.0.0            NULL0
255.255.255.255/32      Direct   0   0           127.0.0.1          InLoop0
```

由以上的路由表输出可知,目前设备上共有 9 条路由;其中有一条是默认路由 0.0.0.0/0。路由信息中的各字段含义如表 28-3 所示。

表 28-3　display ip routing-table 命令显示信息描述表

字　　　段	描　　　述
destinantions	目的地址个数
routes	路由条数
destination/mask	目的地址/掩码长度
proto	发现该路由的路由协议
pre	路由的优先级
cost	路由的度量值
nexthop	此路由的下一跳地址
interface	出接口,即到该目的网段的数据包将从此接口发出

如果想查看某一条具体的路由，可以在任意视图下用如下命令来查看。

display ip routing‑table *ip‑address* [*mask*|*mask‑length*]

比如，用命令 display ip routing-table 11.1.1.1 就可以查看匹配目标地址 11.1.1.1 的所有路由项。以下是输出示例。

```
[Router]display ip routing‑table 11.1.1.1
Routing Table : Public
Summary Count : 4

Destination/Mask        Proto  Pre Cost        NextHop          Interface
0.0.0.0/0               Static 60  0           0.0.0.0          NULL0
11.0.0.0/8              Static 60  0           0.0.0.0          NULL0
11.1.0.0/16            Static 60  0           0.0.0.0          NULL0
11.1.1.0/24            Static 60  0           0.0.0.0          NULL0
```

有时候，如果想了解路由表的综合统计信息，如总路由数量、RIP 路由数量、OSPF 路由数量、激活路由数量等，可以在任意视图下用如下命令来查看：

display ip routing‑table statistics

以下是 display ip routing-table statistics 命令输出示例。

```
[Router]display ip routing‑table statistics
Proto      route      active      added      deleted      freed
DIRECT     24         4           25         1            0
STATIC     4          1           4          0            0
RIP        0          0           0          0            0
OSPF       0          0           0          0            0
IS‑IS      0          0           0          0            0
BGP        0          0           0          0            0
Total      28         5           29         1            0
```

输出信息中的各字段含义如表 28-4 所示。

表 28-4　display ip routing-table statistics 命令显示信息描述表

字　　段	描　　述
proto	路由协议，O_ASE 表示 OSPF ASE 路由；O_NSSA 表示 OSPF NSSA 路由；AGGRE 表示聚合路由
route	总的路由数目
active	活跃的、正在使用的路由数目
added	路由器启动后或在上一次清除路由表后，路由表中添加的路由数目
deleted	标记为删除的路由数目（此类路由在等待一段时间后会被释放）
freed	被释放（即被彻底从路由表中删除）的路由数目
total	各种类型路由的综合信息总和

28.10　本章总结

（1）路由的作用是指导 IP 报文转发。

（2）路由表主要表项有目的地址/掩码、下一跳、出接口等。

（3）路由的来源。

（4）路由的度量值、优先级。

（5）路由环路的产生原因。

（6）在设备上查看路由表信息。

28.11　习题和解答

28.11.1　习题

1. 路由表中的要素包括(　　　)。

    A. 目的地址/子网掩码　　　　　　　　B. 下一跳地址

    C. 出接口　　　　　　　　　　　　　　D. 度量值

2. 路由的来源有(　　　)。

    A. 数据链路层协议发现的路由　　　　　B. 管理员手工配置的路由

    C. 路由协议动态发现的路由　　　　　　D. 根据IP报文计算出的路由

3. 下列(　　　)因素是路由协议定义度量值时可能需要考虑的。

    A. 带宽　　　　　　　B. MTU　　　　　C. 时延　　　　　　D. 可信度

4. 静态路由的默认优先级是(　　　)。

    A. 0　　　　　　　　　B. 1　　　　　　　C. 60　　　　　　　D. 100

5. 路由器根据IP报文中的(　　　)进行路由表项查找,并选择其中(　　　)的路由项用于指导报文转发。

    A. 源IP地址；掩码最长　　　　　　　　B. 目的IP地址；掩码最长

    C. 源IP地址；掩码最短　　　　　　　　D. 目的IP地址；掩码最短

28.11.2　习题答案

1. ABCD　2. ABC　3. ABCD　4. C　5. B

第29章

直连路由和静态路由

对路由器而言,不需要任何路由配置,即可获得其直连网段的路由。路由器最初始的功能就是在若干局域网直接提供路由功能,VLAN 间路由就是这一功能的直接体现。理解直连路由和 VLAN 间路由是理解各种复杂网络路由的基础,也是构建小型网络的基础。

静态路由是一种由管理员手工配置的路由,适用于拓扑简单的网络。恰当地设置和使用静态路由可以有效地改进网络的性能。

29.1　本章目标

学习完本章,应该能够达到以下目标。

(1) 配置直连路由和静态路由。

(2) 配置 VLAN 间路由。

(3) 掌握静态默认路由和静态黑洞路由的配置与应用。

(4) 用静态路由实现路由备份及负载分担。

29.2　直连路由

直连路由是指路由器接口直接相连的网段的路由。直连路由不需要特别的配置,只需要在路由器的接口上配置 IP 地址即可。但路由器会根据接口的状态决定是否使用此路由。如果接口的物理层和链路层状态均为 up,路由器即认为接口工作正常,该接口所属网段的路由即可生效并以直连路由出现在路由表中;如果接口状态为 down,路由器则认为接口工作不正常,不能通过该接口到达其地址所属网段,也就不能以直连路由出现在路由表中。

在路由表中,字段 proto 显示为 direct 的是直连路由,如下所示。

```
< Router > display ip routing - table
Destinations : 8      Routes : 8


Destination/Mask        Proto    Pre Cost         NextHop          Interface
0.0.0.0/32              Direct   0   0            127.0.0.1        InLoop0
127.0.0.0/8             Direct   0   0            127.0.0.1        InLoop0
127.0.0.0/32            Direct   0   0            127.0.0.1        InLoop0
127.0.0.1/32            Direct   0   0            127.0.0.1        InLoop0
127.255.255.255/32      Direct   0   0            127.0.0.1        InLoop0
224.0.0.0/4             Direct   0   0            0.0.0.0          NULL0
224.0.0.0/24            Direct   0   0            0.0.0.0          NULL0
255.255.255.255/32      Direct   0   0            127.0.0.1        InLoop0
```

直连路由的优先级为 0,即最高优先级;开销(cost)也为 0,表明是直接相连。优先级和开销不能更改。

基本的局域网间路由如图 29-1 所示。其中路由器 RTA 的 3 个以太口分别连接 3 个局域网段,只需要在 RTA 上为其 3 个以太口配置 IP 地址,即可为 10.1.1.0/24、10.1.2.0/24 和 10.1.3.0/24 网段提供路由服务。

图 29-1　局域网间路由

但需要注意的是,终端主机需要配置相应的网关,网关地址是相连路由器以太网口的 IP地址。

29.3　VLAN 间路由

29.3.1　不适当的 VLAN 间路由方式

在引入 VLAN 后,每个交换机被划分成多个 VLAN,而每个 VLAN 对应一个 IP 网段。VLAN 隔离广播域,不同的 VLAN 之间是二层隔离,即不同 VLAN 的主机发出的数据帧被交换机内部隔离了。

但是,人们建设网络的最终目的是要实现网络的互联互通,VLAN 技术是用于隔离广播报文、提高网络带宽的有效利用率而设计的,而并不是为了不让网络之间互通。所以,要有相应的解决方案来使不同 VLAN 之间能够通信。

将二层交换机与路由器结合起来,使用 VLAN 间路由技术能够使不同 VLAN 之间互通。

如图 29-2 所示,路由器分别使用 3 个以太网接口连接到交换机的 3 个不同 VLAN 中,主机的 IP 网关配置成路由器接口的 IP 地址。由路由器把 3 个 VLAN 连接起来,这就是 VLAN间路由。

因为主机与其网关处于同一个 VLAN 中,所以主机发出的数据帧能够到达网关,也就是相应的路由器接口。路由器接口将数据帧解封装,得到其中的 IP 报文后,查找路由表,转发到另外一个接口。另外一个接口连接到另外一个 VLAN,经过封装过程,将 IP 报文封装成数据帧,在另一个 VLAN 中发送。

但上述的 VLAN 路由实现对路由器的接口数量要求较高,有多少个 VLAN,就需要路由器上有多少个接口,接口与 VLAN 之间一一对应。显然,当交换机上 VLAN 数量较多时,路由器的接口数量较难满足要求。

图 29-2　VLAN 间路由

29.3.2　用 802.1Q 和子接口实现 VLAN 间路由

为了避免物理端口的浪费,简化连接方式,可以使用 802.1Q 封装和子接口,通过一条物理链路实现 VLAN 间路由。这种方式也被形象地称为"单臂路由"。

交换机的端口链路类型有 access 和 trunk,其中 access 链路仅允许一个 VLAN 的数据帧通过,而 trunk 链路能够允许多个 VLAN 的数据帧通过。"单臂路由"正是利用 trunk 链路允许多个 VLAN 的数据帧通过而实现的。

如图 29-3 所示,主机 A、主机 B 和主机 C 分别属于 VLAN1、VLAN2 和 VLAN3。交换机通过 802.1Q 封装的 trunk 链路连接到路由器的千兆以太口 G0/0 上。在路由器上则为 G0/0 配置了子接口,每个子接口配置了属于相应 VLAN 网段的 IP 地址,并且配置了相应的 VLAN 标签值,以允许对应的 VLAN 数据帧通过。

图 29-3　子接口实现 VLAN 间路由

当主机 B 向主机 C 发送 IP 包时,该 IP 包首先被封装成带有 VLAN 标签的以太帧,帧中的 VLAN 标签值为 2,然后通过 trunk 链路发送给路由器。路由器收到此帧后,因为子接口 G0/0.2 所配置的 VLAN 标签值是 2,所以把相关数据帧交给子接口 G0/0.2 处理。路由器查找路由表,发现主机 C 处于子接口 G0/0.3 所在网段,因而将此数据包封装成以太网帧从子接口 G0/0.3 发出,帧中携带的 VLAN 标签为 3,表示此为 VLAN3 数据。此帧到达交换机后,交换机即可将其转发给主机 C。

当主机 B 向主机 A 发送 IP 包时,该 IP 包首先被封装成带有 VLAN 标签的以太帧,帧中的 VLAN 标签值为 2,然后通过 trunk 链路发送给路由器。路由器收到此帧后,因为子接口 G0/0.2 所配置的 VLAN 标签值是 2,所以把相关数据帧交给子接口 G0/0.2 处理。路由器查找路由表,发现主机 A 处于接口 G0/0 所在网段,因而将此数据包封装成帧从接口 G0/0 发出,发送时不加 802.1Q 标记。由于交换机默认 PVID 值为 1,此帧到达交换机后,交换机认为此为 VLAN1 数据,即可将其转发给主机 A。

在这种 VLAN 间路由方式下,无论交换机上有多少个 VLAN,路由器只需要一个物理接口就可以了,从而大大节省了物理端口和线缆的浪费。在配置这种 VLAN 路由时,要注意因 trunk 链路需承载所有 VLAN 间路由数据,因此,通常应选择带宽较高的链路作为交换机和路由器相连的链路。

29.3.3 用三层交换机实现 VLAN 间路由

采用"单臂路由"方式进行 VLAN 间路由时,数据帧需要在 trunk 链路上往返发送,从而引入了一定的转发延迟。同时,路由器是软件转发 IP 报文的,如果 VLAN 间路由数据量较大,会消耗路由器大量的 CPU 和内存资源,造成转发性能的瓶颈。

三层交换机通过内置的三层路由转发引擎在 VLAN 间进行路由转发,从而解决上述问题。

图 29-4 为三层交换机的内部示意图。三层交换机的系统为每个 VLAN 创建一个虚拟的三层 VLAN 接口,这个接口像路由器接口一样工作,接收和转发 IP 报文。三层 VLAN 接口连接到三层路由转发引擎上,通过转发引擎在三层 VLAN 接口间转发数据。

图 29-4 三层交换机实现 VLAN 间路由

对于管理员来说,只需要为三层 VLAN 接口配置相应的 IP 地址,即可实现 VLAN 间路由功能。

由于硬件实现的三层路由转发引擎速度高、吞吐量大，而且避免了外部物理连接带来的延迟和不稳定性，因此，三层交换机的路由转发性能高于路由器实现的 VLAN 间路由。

29.4　静态路由

29.4.1　静态路由概述

　　静态路由（static routing）是一种特殊的路由，由网络管理员采用手工方法在路由器中配置而成。在早期的网络中，网络的规模不大，路由器的数量很少，路由表也相对较小，通常采用手工的方法对每台路由器的路由表进行配置，即静态路由。这种方法适合于在规模较小、路由表也相对简单的网络中使用。它较简单、容易实现，沿用了很长一段时间。

　　但随着网络规模的增长，在大规模的网络中路由器的数量很多，路由表的表项较多，较为复杂。在这样的网络中，对路由表进行手工配置除了配置繁杂外，还有一个更明显的问题就是不能自动适应网络拓扑结构的变化。对于大规模网络而言，如果网络拓扑结构改变或网络链路发生故障，那么路由器上指导数据转发的路由表就应该发生相应变化。如果还是采用静态路由，用手工的方法配置及修改路由表，对管理员会形成很大压力。

　　但在小规模的网络中，静态路由也有它的一些优点。

　　（1）手工配置，可以精确控制路由选择，改进网络的性能。

　　（2）不需要动态路由协议参与，这将会减少路由器的开销，为重要的应用保证带宽。

29.4.2　静态路由配置

　　静态路由的配置在系统视图下进行，命令为：

ip route-static *dest − address*{*mask − length* | *mask*}{*interface − type interface − number*[*next − hop − address*] | *next − hop − address*}[**preference** *preference − value*]

　　其中各参数的解释如下。

　　（1）*dest-address*：静态路由的目的 IP 地址，点分十进制格式。当目的 IP 地址和掩码均为 0.0.0.0 时，配置的是默认路由，即当查找路由表失败后，根据默认路由进行数据包的转发。

　　（2）*mask-length*：掩码长度，取值范围为 0～32。由于掩码要求"1"必须是连续的，所以通过掩码长度能够得知具体的掩码。比如，掩码长度为 24，则掩码为 255.255.255.0。

　　（3）*mask*：IP 地址的掩码，点分十进制格式。掩码和目的地址一起来标识目的网络。把目的地址和网络掩码"逻辑与"，即可得到目的网络。比如，目的地址为 129.102.8.10，掩码为 255.255.0.0，则目的网络为 129.102.0.0。

　　（4）*interface-type interface-number*：指定静态路由的出接口类型和接口号。要注意对于接口类型为非点对点的接口（包括 NBMA 类型接口或广播类型接口，如以太网接口、virtual-template、VLAN 接口等），不能够指定出接口，必须指定下一跳地址。

　　（5）*next-hop-address*：指定路由的下一跳的 IP 地址，点分十进制格式。

　　（6）**preference** *preference-value*：指定静态路由的优先级，取值范围 1～255，默认值为 60。

　　在配置静态路由时，可指定发送接口 *interface-type interfacce-name*，如 Serial2/0；也可指定下一跳地址 *next-hop-address*，如 10.0.0.2。一般情况下，配置静态路由时都会指定路由的下一跳，系统自己会根据下一跳地址查找到出接口。但如果在某些情况下无法知道下一跳地址，如拨号线路在拨通前是可能不知道对方甚至自己的 IP 地址的，在此种情况下，必须指定路由的出接口。

另外,如果出接口是广播类型接口(如以太网接口、VLAN 接口等),则不能够指定出接口,必须指定下一跳地址。

29.4.3 静态路由配置示例

在图 29-5 中,在 PC 与 server 之间有 4 台路由器,通过配置静态路由,使 PC 能够与 server 通信。以下为各路由器上的相关配置。

图 29-5 静态路由配置示例

配置 RTA。

```
[RTA] ip route - static 10.3.0.0 255.255.255.0 10.2.0.2
[RTA] ip route - static 10.4.0.0 255.255.255.0 10.2.0.2
[RTA] ip route - static 10.5.0.0 255.255.255.0 10.2.0.2
```

配置 RTB。

```
[RTB] ip route - static 10.1.0.0 255.255.255.0 10.2.0.1
[RTB] ip route - static 10.4.0.0 255.255.255.0 10.3.0.2
[RTB] ip route - static 10.5.0.0 255.255.255.0 10.3.0.2
```

配置 RTC。

```
[RTC] ip route - static 10.1.0.0 255.255.255.0 10.3.0.1
[RTC] ip route - static 10.2.0.0 255.255.255.0 10.3.0.1
[RTC] ip route - static 10.5.0.0 255.255.255.0 10.4.0.2
```

配置 RTD。

```
[RTD] ip route - static 10.1.0.0 255.255.255.0 10.4.0.1
[RTD] ip route - static 10.2.0.0 255.255.255.0 10.4.0.1
[RTD] ip route - static 10.3.0.0 255.255.255.0 10.4.0.1
```

在网络中配置静态路由时,要注意如下两点。

(1) 因为路由器是逐跳转发的,所以在配置静态路由时,需要注意在所有路由器上配置到达所有网段的路由,否则可能会造成某些路由器缺少路由而丢弃报文。

(2) 在 IP 转发过程中,路由器通过下一跳 IP 地址找到对应的链路层地址,然后在出接口上对 IP 报文进行链路层封装。所以,在配置静态路由时,需要注意下一跳地址应该是直连链路上可达的地址,否则路由器无法解析出对应的链路层地址。

29.5 静态默认路由的配置

默认路由是指在没有找到匹配的路由表项时才使用的路由。在路由表中,默认路由以到网络 0.0.0.0/0 的路由形式出现,用 0.0.0.0 作为目的网络号,用 0.0.0.0 作为子网掩码。每个 IP 地址与 0.0.0.0 进行二进制"与"操作后的结果都得 0，与目的网络号 0.0.0.0 相等，也就是说，用 0.0.0.0/0 作为目的网络的路由记录符合所有的网络。

路由器在查询路由表进行数据包转发时，采用的是深度优先原则，即尽量让包含的主机范围小，也就是子网掩码位数长的路由记录先做转发。默认路由所包含的主机数量是最多的，因为它的子网掩码为 0。所以会被最后考虑，路由器会将在路由表中查询不到的数据包用默认路由做转发。

在路由器上合理配置默认路由能够减少路由表中表项数量，节省路由表空间，加快路由匹配速度。

默认路由可以手工配置，也可以由某些动态路由协议生成，如 OSPF、IS-IS 和 RIP。

默认路由经常应用在末端（stub）网络中。末端网络是指仅有一个出口连接外部的网络，如图 29-5 中 PC 和 server 所在的网络。图 29-5 中 PC 通过 RTA 来到达外部网络，所有的数据包由 RTA 进行转发。在上一节中，在 RTA 上配置了 3 条静态路由，其下一跳都是 10.2.0.2。所以可以配置 1 条默认路由来代替这 3 条静态路由。

配置 RTA。

```
[RTA] ip route - static 0.0.0.0 0.0.0.0 10.2.0.2
```

这样就达到了减少路由表中表项数量的目的。

同理，在其他路由器上也可以配置默认路由。

配置 RTB。

```
[RTB] ip route - static 10.1.0.0 255.255.255.0 10.2.0.1
[RTB] ip route - static 0.0.0.0 0.0.0.0 10.3.0.2
```

配置 RTC。

```
[RTC] ip route - static 0.0.0.0 0.0.0.0 10.3.0.1
[RTC] ip route - static 10.5.0.0 255.255.255.0 10.4.0.2
```

配置 RTD。

```
[RTD] ip route - static 0.0.0.0 0.0.0.0 10.4.0.1
```

可以看到，默认路由在网络中是非常有用的，而且几乎可以应用在所有的情况下。所以，目前在 Internet 上，大约 99.99% 的路由器上都配置有一条默认路由。

29.6　用静态路由实现路由备份和负载分担

通过对静态路由优先级（preference）进行配置，可以灵活应用路由管理策略。如在配置到达网络目的地的多条路由时，若指定相同优先级，则可实现负载分担；若指定不同优先级，则可实现路由备份。

在图 29-6 中，某企业网络使用一台出口路由器连接到不同的 ISP。若想实现负载分担，则可配置两条默认静态路由，下一跳指向两个不同接口，使用默认的优先级，命令如下：

图 29-6　路由备份和负载分担应用

```
[RTA] ip route - static 0.0.0.0 0.0.0.0 serial0/0
[RTA] ip route - static 0.0.0.0 0.0.0.0 serial0/1
```

在配置完成后,网络内访问 ISP 的数据报文被从路由器的两个接口 S0/0 和 S0/1 轮流转发到 ISP。这样可以提高路由器到 ISP 的链路带宽利用率。在两条链路带宽相同的情况下,流量会大致按照 1∶1 的比例从两个接口收发,从而可以完全利用路由器到 ISP 的全部带宽。

通常,负载分担应用在几条链路带宽相同或相近的场合,可以增加网络间的带宽利用率。但如果链路间的带宽不同,则可以使用路由备份的方式。

若想实现路由备份,则将其中一条路由的优先级改变。若想让连接到 ISP 甲的线路为主线路,则可以提高到达 ISP 甲的静态路由优先级,命令如下:

```
[RTA] ip route - static 0.0.0.0 0.0.0.0 serial0/0 preference 10
[RTA] ip route - static 0.0.0.0 0.0.0.0 serial0/1
```

因为到 ISP 甲的路由优先级为 10,高于到 ISP 乙的路由优先级,所以数据包被优先转发到 ISP 甲。如果网络产生故障,如 Serial0/0 物理接口断开,即意味着路由表中下一跳失效,路由器会自动选择下一跳为 Serial0/1 的路由,数据包被转发到 ISP 乙。

路由备份方式可以充分利用主链路的带宽,不会受到从链路带宽的限制。在负载分担模式下,如果其中某条链路的带宽较小,则成为网络传输的瓶颈,在数据流量较大,分配到较小带宽链路的数据超出其传输能力的时候,会造成部分数据拥塞而丢失。备份方式则不会受到此影响。所以,在链路带宽相近时,可以使用负载分担模式;而在链路带宽相差较大时,使用路由备份方式。

29.7　静态黑洞路由的应用

在配置静态路由时,对应接口可以配置为 NULL 0。NULL 接口是一个特别的接口,无法在 NULL 接口上配置 IP 地址,路由器会提示配置非法。一个没有 IP 地址的接口能够做什么用呢?此接口单独使用没有意义,但是在一些网络中正确使用能够避免路由环路。

图 29-7 是一种常见的网络规划方案。RTD 作为汇聚层设备,下面连接有很多台接入层的路由器,RTA、RTB、RTC 等。接入层路由器都配置有默认路由,指向 RTD。相应地,RTD 配置有目的地址为 10.0.0.0/24、10.0.1.0/24、10.0.2.0/24 的静态路由,回指到 RTA、RTB、RTC 等。同时,为了节省路由表空间,RTD 上配置有一条默认路由指向 RTE。由于这些接入层路由器所连接的网段是连续的,可以聚合成一条 10.0.0.0/16 的路由,于是在路由器 RTE 上配置到 10.0.0.0/16 的静态路由,指向 RTD。

图 29-7　静态黑洞路由应用

上述网络在正常情况下可以很好地运行,但如果出现如下意外情况时,就会产生路由环路。假设 RTC 到 RTD 之间的链路由于故障中断,所以在 RTD 上去往 10.0.2.0/24 的指向

RTC 的路由失效。此时，如果 RTA 所连接网络中的一个用户发送报文，目的地址为 10.0.2.1，则 RTA 将此报文发送到 RTD，由于 RTD 上 10.0.2.0/24 的路由失效，所以选择默认路由，将报文发送给 RTE，RTE 查询路由表后发现该条路由匹配 10.0.0.0/16，于是又将该报文发送给 RTD。同理，RTD 会再次将报文发给 RTE，此时，在 RTD 和 RTE 上就会产生路由环路。

　　解决上述问题的最佳方案就是，在 RTD 上配置一条黑洞路由：

```
ip route - static 10.0.0.0 255.255.0.0 null 0
```

　　这样，如果再发生上述情况，RTD 就会查找路由表，并将报文发送到 NULL 0 接口（实际上就是丢弃此报文），从而避免环路的产生。

29.8　本章总结

（1）直连路由和 VLAN 间路由的配置。
（2）静态路由的配置。
（3）静态默认路由的配置。
（4）利用静态路由实现路由备份或负载分担。
（5）黑洞路由的合理应用。

29.9　习题和解答

29.9.1　习题

1. 直连路由的优先级为（　　）。
　　A. 0　　　　　　　B. 1　　　　　　　C. 60　　　　　　　D. 100
2. 相比于在路由器上使用 802.1Q 封装和子接口来实现 VLAN 间路由，使用三层交换机实现 VLAN 间路由的优点有（　　）。
　　A. 路由转发引擎速度高，吞吐量大
　　B. 交换机内部转发时延低
　　C. 在相同数据吞吐量的情况下，交换机的成本比路由器低
　　D. 交换机比路由器易于使用
3. 相比于动态路由，静态路由的优点有（　　）。
　　A. 无协议开销　　　　　　　　　B. 不占用链路带宽
　　C. 维护简单容易　　　　　　　　D. 可自动适应网络拓扑变化
4. 默认路由的优点有（　　）。
　　A. 减少路由表表项数量　　　　　B. 节省路由表空间
　　C. 加快路由表查找速度　　　　　D. 降低产生路由环路的可能性
5. 在路由器上配置到目的网络 10.1.0.0/24 的静态路由命令为（　　）。
　　A. ［RTA］ip route-static 10.1.0.0 255.255.255.0
　　B. ［RTA-Ethernet1/0/1］ip route-static 10.1.0.0 255.255.255.0
　　C. ［RTA］ip route-static 10.1.0.0 255.255.255.0 10.2.0.1
　　D. ［RTA-Ethernet1/0/1］ip route-static 10.1.0.0 255.255.255.0 10.2.0.1

29.9.2　习题答案

1. A　2. ABC　3. AB　4. AB　5. C

第30章

路由协议基础

路由可以静态配置,也可以通过路由协议来自动生成。路由协议能够自动发现和计算路由,并在拓扑变化时自动更新,不需要人工维护,所以适用于复杂的网络中。

30.1 本章目标

学习完本章,应该能够达到以下目标。

(1) 描述可路由协议与路由协议的区别。

(2) 掌握路由协议的种类和特点。

(3) 掌握距离矢量路由协议工作原理。

(4) 了解距离矢量路由协议环路产生原因。

(5) 了解链路状态路由协议工作原理。

30.2 路由协议概述

30.2.1 路由协议与可路由协议

路由协议(routing protocol)简单来说就是用来计算、维护路由信息的协议。路由协议通常采用一定的算法以产生路由,并有一定的方法确定路由的有效性来维护路由。

与路由协议相对应的是可路由协议。可路由协议(routed protocol)又称为被路由协议,指可以被路由器在不同逻辑网段间路由的协议,如 IP 协议、IPX/SPX 协议等。可路由协议通常工作在 OSI 模型的网络层,定义了数据包内各字段的格式和用途,其中包括网络地址,路由器可根据数据包内的网络地址对数据包进行转发。

在使用路由协议后,各路由器间会通过相互连接的网络,动态地相互交换所知道的路由信息。通过这种机制,网络上的路由器会知道网络中其他网段的信息,动态地生成、维护相应的路由表。如果存在到目标网络有多条路径,而且其中的一个路由器由于故障而无法工作时,到远程网络的路由可以自动重新配置。

如图 30-1 所示,为了从网络 N1 到达 N2,可在路由器 RTA 上配置静态路由指向路由器 RTD,通过路由器 RTD 最后到达 N2。如果路由器 RTD 出了故障,就必须由网络管理员手动修改路由表,由路由器 RTB 到达 N2,来保证网络畅通。如果运行了动态路由协议,情况就不一样了,当路由器 RTD 出故障后,路由器之间会通过动态路由协议来自动地发现另外一条到达目标网络的路径,并修改路由表,指导数据由路由器 RTB 转发。

总的来说,路由表的维护不再由管理员手工进行,由路由协议来自动管理。采用路由协议管理路由表在大规模的网络中是十分有效的,它可以大大地减小管理员的工作量。每个路由器上的路由表都是由动态路由协议通过相互间协商自动生成的,管理员不需要再去操心每台

图 30-1　路由协议自动发现路径

路由器上的路由表,而只需要简单地在每台路由器上运行动态路由协议,其他的工作都由动态路由协议自动去完成。

另外,采用动态路由协议后,网络对拓扑结构变化的响应速度会大大提高。无论是网络正常的增减,还是异常的网络链路损坏,相邻的路由器都会检测到它的变化,会把拓扑的变化通知网络中其他的路由器,使它们的路由表也产生相应的变化。这样的过程比手工对路由的修改要快得多、准确得多。

由于有这些特点的存在,在当今的网络中,动态路由是人们主要选择的方案。在路由器少于 10 台的网络中,可能会采用静态路由。如果网络规模进一步增大,人们一定会采用动态路由协议来管理路由表。

30.2.2　路由协议基本原理

为了能够在路由器之间交换路由信息,需要路由器运行相同的路由协议。

每种路由协议都有自己的语言(相应的路由协议报文),如果两台路由器都实现了某种路由协议并已经启动该协议,则具备了相互通信的基础。各种路由协议的共同目的是计算与维护路由。通常情况下,各种动态路由协议的工作过程包含以下几个阶段。

(1) 邻居发现阶段:运行了某种路由协议的路由器会主动把自己介绍给网段内的其他路由器。具体方式既可以是广播发送路由协议消息,也可以是单播将路由协议报文发送给指定邻居路由器。

(2) 交换路由信息阶段:在发现邻居后,每台路由器将自己已知的路由相关信息发给相邻的路由器,相邻路由器又发送给下一台路由器。这样,经过一段时间,最终每台路由器都会收到网络中所有的路由信息。

(3) 计算路由阶段:每一台路由器都会运行某种算法,计算出最终的路由来(实际上需要计算的是该条路由的下一跳和度量值)。

(4) 维护路由阶段:为了能够感知突然发生的网络故障(设备故障或线路中断等),路由协议规定两台路由器之间的协议报文应该周期性地发送。如果路由器有一段时间收不到邻居发来的协议报文,则认为邻居失效了。

30.2.3　路由协议与 IP 的关系

在 TCP/IP 网络中,常用的路由协议有 RIP、OSPF 和 BGP。各路由协议都需要使用 IP

来进行协议报文的承载,但其细节有所不同,如图 30-2 所示。

RIP 是最早的路由协议,其设计思想是为小型网络中提供简单易用的动态路由。RIP 协议报文采用 UDP 封装,端口号是 520。由于 UDP 是不可靠的传输层协议,所以,RIP 需要周期性的广播协议报文来确保邻居收到路由信息。

OSPF 是目前应用最广泛的路由协议,可以为大中型网络提供分层次的、可靠的路由服务。OSPF 直接采用 IP 来进行承载,所有的协议报文都由 IP 封装后进行传输,协

BGP	RIP	OSPF
TCP	UDP	
IP		raw IP
链路层		
物理层		

图 30-2 路由协议使用的底层协议示意图

议号是 89。IP 是尽力而为的网络层协议,本身是不可靠的,所以为了保证协议报文传输的可靠性,OSPF 采用了复杂的确认机制来保证传输可靠。

与其他协议不同,BGP 采用 TCP 来保证协议传输的可靠性,TCP 端口号是 179。TCP 本身有三方握手的确认机制,运行 BGP 的路由器首先建立可靠的 TCP 连接,然后通过 TCP 连接来交互 BGP 协议报文。这样,BGP 协议不需要自己设计可靠的传输机制,降低了协议报文的复杂度和开销。

30.2.4 路由协议的分类

现在的 Internet 网络规模已经很大,无论哪种路由协议都不能完成全网的路由计算,所以现在的网络被分成了很多个自治系统(autonomous system,AS)。自治系统是一组共享相似路由策略并在单一管理域中运行的路由器集合。一个 AS 可以是一些运行单一 IGP 的路由器集合,也可以是一些运行不同路由协议但都属于同一个组织机构的路由器集合。不管是哪种情况,外部世界都将整个 AS 看作是一个实体。在自治系统之内的路由更新被认为是可知、可信、可靠的。在进行路由计算时,先在自治系统之内,然后在自治系统之间。这样,当自治系统内部的网络发生变化时,只会影响到自治系统之内的路由器,而不会影响网络中的其他部分,隔离了网络拓扑结构的变化。

每个自治系统都有一个唯一的自治系统编号,这个编号是由因特网授权的管理机构 IANA 分配的。它的基本思想就是希望通过不同的编号来区分不同的自治系统。这样,当网络管理员不希望自己的通信数据通过某个自治系统时,这种编号方式就十分有用了。例如,该网络管理员的网络完全可以访问某个自治系统,但由于它可能是由竞争对手在管理,或是缺乏足够的安全机制,因此,可能需要回避它。通过采用路由协议和自治系统编号,路由器就可以确定彼此间的路径和路由信息的交换方法。

自治系统的编号范围是 $1 \sim 65535$,其中 $1 \sim 64511$ 是注册的因特网编号,$64512 \sim 65535$ 是专用网络编号。

1. IGP 与 EGP

按照工作范围的不同,路由协议可以分为 IGP 和 EGP,如图 30-3 所示。

(1) IGP(interior gateway protocols)内部网关协议。IGP 是指在同一个自治系统内交换路由信息的路由协议。RIP、OSPF 和 IS-IS 属于 IGP。IGP 的主要目的是发现和计算自治系统内的路由信息。

(2) EGP(exterior gateway protocols)外部网关协议。与 IGP 不同,EGP 用于连接不同的自治系统,并在不同的自治系统间交换路由信息。EGP 的主要目的是使用路由策略和路由过滤等手段控制路由信息在自治系统间的传播。BGP(border gateway protocols,边界网关协

图 30-3 自治系统与路由协议

议)属于 EGP。

2. 距离矢量路由协议与链路状态路由协议

按照路由的寻径算法和交换路由信息的方式,路由协议可以分为距离矢量(distance-vector,D-V)路由协议和链路状态(link-state)路由协议。典型的距离矢量路由协议为 RIP,典型的链路状态路由协议为 OSPF。

距离矢量路由协议基于贝尔曼-福特算法。采用这种算法的路由器通常以一定的时间间隔向相邻的路由器发送路由更新。邻居路由器根据收到的路由更新来更新自己的路由,然后再继续向外发送更新后的路由。

链路状态路由协议基于 Dijkstra 算法,又称为最短路径优先算法。最短路径优先算法提供比 D-V 算法更大的扩展性和更快的收敛速度,但是它的算法耗费更多的路由器内存和 CPU 处理能力。Dijkstra 算法关心网络中链路或接口的状态(up 或 down、IP 地址、掩码),每个路由器将自己已知的链路状态向该区域的其他路由器通告,这些通告称为链路状态通告。通过这种方式区域内的每台路由器都建立了一个本区域的完整的链路状态数据库。然后,路由器根据收集到的链路状态信息来创建它自己的网络拓扑图,形成一个到各个目的网段的加权有向图。

链路状态算法使用增量更新的机制,只有当链路的状态发生了变化时才发送路由更新信息。

30.2.5 路由协议的性能指标

路由协议的性能指标主要体现在以下几个方面。

(1) 协议计算的正确性:主要指路由协议所采用的算法会不会产生错误的路由而导致自环。不同的路由协议所采用的算法不同,所以其正确性也不相同。总体来说,链路状态算法协议如 OSPF,在算法上杜绝了产生路由环的可能性,所以此项指标上占优。

(2) 路由收敛速度:路由收敛是指全网中路由器的路由表达到一致。收敛速度快,意味着在网络拓扑发生变化时,路由器能够更快地感知并及时更新相应的路由信息。OSPF、BGP 等协议的收敛速度要快于 RIP。

(3) 协议所占用的系统开销:路由器在运行路由协议时,需要消耗系统资源,如 CPU、内存等。因为工作原理的不同,各路由协议对系统资源的需求也不同。例如,OSPF 路由计算所需系统资源要大于 RIP。

（4）协议自身的安全性：协议安全性是指在协议设计时有没有考虑防止攻击。OSPF、RIPv2 有相应的防止协议攻击的认证方法,而 RIPv1 没有。

（5）协议适用网络规模：不同路由协议所适用的网络规模、拓扑不同。因为 RIP 在设计时有 16 跳的限制,所以应该应用在较小规模网络中;而 OSPF 可以应用在多达几百台路由器的大规模网络中;BGP 能够管理全世界所有的路由器,其所能管理的网络规模大小只受系统资源的限制。

30.3　距离矢量路由协议原理

30.3.1　距离矢量路由协议算法

距离矢量路由协议基于贝尔曼-福特算法。这种算法关心的是到目的网段的距离(有多远)和方向(从哪个接口转发数据)。

在贝尔曼-福特算法中,路由器需要向相邻的路由器发送它们的整个路由表。路由器在从相邻路由器接收到的信息的基础之上建立自己的路由表,然后,将信息传递到它的相邻路由器。这种路由学习、传递的过程称为路由更新。

在贝尔曼-福特算法中,路由更新的规则如下。

（1）对本路由表中已有的路由项,当发送路由更新的邻居相同时,不论路由更新中携带的路由项度量值增大还是减少,都更新该路由项。

（2）对本路由表中不存在的路由项,当度量值小于无穷大时,在路由表中增加该路由项。

路由更新会在每个路由器上进行,一级一级地传递下去,最后,全网所有的路由器都知道了全网所有的网络信息,并在路由器中有对应的路由表项,称为路由收敛完成。

典型的距离矢量路由协议为 RIP。

30.3.2　距离矢量路由协议路由更新过程

距离矢量路由协议初始化过程的开始阶段,路由表中首先会生成自己网段的直连路由。

在图 30-4 中,与路由器 RTA 直连的网段有 10.1.0.0 和 10.2.0.0,所以,RTA 的路由表中在开始时就只有两条直连路由 10.1.0.0 和 10.2.0.0。RTB 和 RTC 也只有直连路由。

图 30-4　路由更新过程(1)

路由器会定期把自己整个路由表传送给相邻的路由器，让其他路由器知道自己的网络情况。比如，路由器 RTA 会告诉路由器 RTB "从我这里通过 S0/0 接口能到达 10.1.0.0 网络，度量值为 0"。路由器 RTB 原来并不知道到 10.1.0.0 网络如何到达，现在 RTA 告诉它了，也就是通过路由协议学习到了，所以，就把它添加到自己的路由表中。在添加过程中，因为原来的度量值为 0，而此路由经过了更长的距离，所以 RTB 就会在原来度量值的基础上再增加一些，表示需要经过更长距离才能够到达目的地址。因为 RTA 告诉了 RTB 这条路由，也就是RTB 认为经过 RTA 才可以到达目的地址，所以 RTA 被用来作为这条路由的下一跳地址。值得注意一点，对于此过程中度量值增加一项，一些以距离矢量为算法的具体路由协议在实现上略有不同，但效果一样。例如，RIP 在添加时，度量值的增加是在对方发送路由信息的时候就已经完成。

　　3 台路由器相互发送更新信息。在第一次更新后，路由表的情况如图 30-5 所示。

图 30-5　路由更新过程（2）

　　通过更新，RTA 知道了网络 10.3.0.0 存在，且开销值为 1。为简单起见，路由度量值的计算采用最简单的跳数，即要到达目的地经过的路由器的个数。同样，RTB 和 RTC 也从更新信息中了解到了其他网络的情况，加入自己的路由表中，并生成相应的下一跳和度量值。

　　在下一个更新周期，路由信息会继续在各路由器间传递，如图 30-6 所示。

　　因为路由器发送整个路由表，包括学习来的路由，所以路由信息会一跳一跳地扩散到更远的地方。10.1.0.0 的路由信息经过 RTB，再传送到 RTC。在传到 RTC 上后，RTC 认为到达它需要经过两台路由器，路由度量值变成 2。

　　经过一段时间的更新，网络中的每台路由器都知道了不与它直接相连的网络的存在，有了关于它们的路由记录，实现了全网连通，路由收敛完成了。而所有这些工作都不需要管理员手工干预，这正是在网络中应用路由协议带来的好处：减少了配置的复杂性。

　　但也可以看到，在经过了若干个更新周期后，路由信息才被传递到每台路由器上，网络才能达到平衡，也就是说距离矢量算法的收敛速度相对较慢。如果网络直径很长，路由要从一端传到另外一端所需花费的时间会很长。

　　当网络拓扑发生变化，如链路故障、新增加子网等，与变化所在地直连的路由器首先感知到变化，于是更新自己的路由表。在更新周期到来后，向邻居路由器发送路由更新。邻居路由器收到更新后,根据更新规则更新本地路由表;然后,再发送路由更新给自己的邻居路由器。以上拓扑的扩散过程是逐跳进行的,每台路由器仅负责通知自己的邻居。所以,拓扑发生变化的扩散过程需要一定的时间。

图 30-6　路由更新过程(3)

在图 30-7 中,RTA 收到路由更新后,等待更新周期到来后向 RTB 发送路由更新;RTB 再向下一个邻居路由器发送,扩散时间取决于网络中路由器的数量和更新周期的长短。如果网络较大、更新周期长,则拓扑变化需要较长的时间才能通告到全网路由器。

图 30-7　拓扑变化扩散

30.3.3　距离矢量路由协议环路产生

距离矢量路由协议中,每个路由器实际上都不了解整个网络拓扑,它们只知道与自己直接相连的网络情况,并信任邻居发送给自己的路由信息,把从邻居得到的路由信息进行矢量叠加后转发给其他的邻居。由此,距离矢量路由协议学习到的路由是"传闻"路由,也就是说,路由表中的路由项是从邻居得来的,并不是自己计算出来的。

由于贝尔曼-福特算法具有以上特点,在网络故障时可能会引起路由表信息与实际网络拓扑结构不一致,而发生路由环路现象。下面举例说明距离矢量路由协议如何产生路由环路。

1. 单路径网络中路由环路的产生

如图 30-6 所示,在网络 10.4.0.0 发生故障之前,所有的路由器都具有正确一致的路由表,网络是收敛的。为简单起见,图 30-6 中的路由度量值使用跳数来计算。RTC 与网络 10.4.0.0 直连，所以 RTC 路由表中表项 10.4.0.0 的跳数是 0。RTB 通过 RTC 学习到路由项 10.4.0.0，其跳数为 1，接口为 S1/0。RTA 通过 RTB 学习到路由项 10.4.0.0，所以跳数为 2。

如图 30-8 所示，当网络 10.4.0.0 发生故障，直连路由器 RTC 最先收到故障信息，RTC 把网络 10.4.0.0 从路由表中删除，并等待更新周期到来后发送路由更新给相邻路由器。

图 30-8　单路径网络中环路产生过程(1)

根据距离矢量路由协议的工作原理，所有路由器都要周期性发送路由更新信息。所以，在 RTB 的路由更新周期到来后，RTB 发送路由更新，更新中包含了自己的所有路由。

RTC 接收到 RTB 发出的路由更新后，发现路由更新中有路由项 10.4.0.0，而自己路由表中没有 10.4.0.0，就把这条路由项增加到路由表中，并修改其接口为 S0/0（因为是从 S0/0 收到更新消息），跳数为 2。这样，RTC 的路由表中就记录了一条错误路由（经过 RTB，可去往网络 10.4.0.0，跳数为 2），如图 30-9 所示。

图 30-9　单路径网络中环路产生过程(2)

这样，RTB 认为可以通过 RTC 去往网络 10.4.0.0，RTC 认为可以通过 RTB 去往网络 10.4.0.0，就形成了环路。

2. 多路径网络中路由环路的产生

在多路径网络环境中,环路的生成过程与单路径有所不同,下面举例来说明。

如图 30-10 所示,一个环形网络达成收敛,各路由器的路由表项均正确。因为某种原因,RTC 的接口 G1/0 产生故障。

图 30-10　多路径网络中环路产生过程(1)

在 RTC 的接口产生故障后,RTC 会向邻居路由器 RTB 和 RTA 发送更新消息,告知 RTA 和 RTB 网络 10.4.0.0 经由 RTC 不再可达。但是,假设 RTB 已经收到 RTC 的更新,而在 RTC 的这个更新到达 RTA 之前,RTA 的更新周期恰巧到来,RTA 会向 RTB 发送路由更新,其中含有路由项 10.4.0.0,跳数为 2。RTB 收到 RTC 的路由更新后已经删除了 10.4.0.0 网段的路由,所以会以此路由更新为准,向自己的路由表中加入路由项 10.4.0.0,下一跳指向 RTA,跳数为 2,如图 30-11 所示。

图 30-11　多路径网络中环路产生过程(2)

在 RTB 的更新周期到来后,RTB 会向 RTC 发送路由更新,RTC 据此更新自己的路由表,改变路由项 10.4.0.0 的下一跳指向 RTB,跳数为 3,如图 30-12 所示。至此路由环路形成。

图 30-12　多路径网络中环路产生过程（3）

　　与此同时，RTC 也会向 RTA 发送路由更新，RTA 更新自己的路由项 10.4.0.0，下一跳指向 RTC，跳数为 4。如此反复循环，每个路由器中路由项 10.4.0.0 的跳数不断增大，网络无法收敛。

　　由于协议算法的限制，距离矢量路由协议会产生路由环路。为了避免环路，具体的路由协议会有一些相应的特性来减少产生路由环路的机会。比如，RIP 采用水平分割来避免在单路径网络中产生路由环路。具体的环路避免措施不在本章范围内，在具体路由协议原理中进行详细介绍。

30.4　链路状态路由协议原理

　　链路状态路由协议基于 Dijkstra 算法，又称为最短路径优先算法。Dijkstra 算法对路由的计算方法和距离矢量路由协议有本质的差别。在距离矢量路由协议中，所有的路由表项学习完全依靠邻居，交换的是整个路由表项。而在 Dijkstra 算法中，路由器关心网络中链路或接口的状态（up 或 down、IP 地址、掩码），然后将自己已知的链路状态向该区域的其他路由器通告，这些通告称为链路状态通告。通过这种方式，区域内的每台路由器都能建立一个本区域的完整的链路状态数据库。然后路由器根据收集到的链路状态信息来创建它自己的网络拓扑图，形成一个到各个目的网段的加权有向图。

　　如图 30-13 所示的是一个由 RTA、RTB、RTC、RTD 4 台路由器组成的网络。路由器经过链路连接在一起，链路旁边的数字表示链路开销值，如 RTC 到 RTD 之间的链路开销值为 3。

　　每台路由器都根据自己周围的网络拓扑结构生成一条 LSA（链路状态通告），并通过相互之间发送协议报文将这条 LSA 发送给网络中其他的所有路由器。这样每台路由器都收到了其他路由器的 LSA，所有的 LSA 放在一起形成 LSDB（链路状态数据库）。显然，4 台路由器的 LSDB 都是相同的，如图 30-14 所示。

　　由于一条 LSA 是对一台路由器周围网络拓扑结构的描述，那么 LSDB 则是对整个网络的拓扑结构的描述。路由器很容易将 LSDB 转换成一张带权的有向图，这张图便是对整个网络拓扑结构的真实反映。显然，4 台路由器得到的是一张完全相同的图，如图 30-15 所示。

图 30-13　网络的拓扑结构

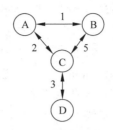

图 30-14 每台路由器的链路状态数据库　　　　图 30-15 带权有向图

接下来每台路由器在图 30-16 中以自己为根节点,使用相应的算法计算出一棵最小生成树,由这棵树得到了到网络中各个节点的路由表。显然,4 台路由器各自得到的路由表是不同的。这样,每台路由器都计算出了到其他路由器的路由,如图 30-16 所示。

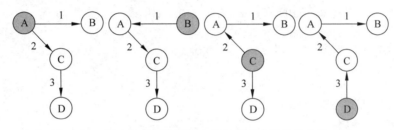

图 30-16 每台路由器分别以自己为根节点计算最小生成树

链路状态路由协议通过交换包含了链路状态信息的 LSA 而得到网络拓扑,再根据网络拓扑计算路由。这种路由的计算方法对路由器的硬件相对要求较高。由于路由信息不是在路由器间逐跳传播,而是根据 LSDB 计算出来的,所以从算法上可以保证没有路由环路。当网络中发生拓扑变化时,路由器发送与拓扑变化相关的 LSA,其他路由器收到 LSA 后,更新自己的LSDB,再重新计算路由。这样就避免了类似距离矢量路由协议在邻居间传播全部路由表的行为,所以占用链路带宽较小。

由于链路状态路由协议无环路、占用带宽小,且还有支持分层网络等优点,所以得到了广泛的应用。

30.5 本章总结

(1)路由协议与可路由协议的区别。
(2)路由协议的分类。
(3)距离矢量型路由协议的工作原理。
(4)距离矢量路由协议的环路产生原因。
(5)链路状态路由协议的工作原理。

30.6 习题和解答

30.6.1 习题

1. 下列( )是可路由协议。
　A. RIP　　　　　　B. OSPF　　　　　　C. IP　　　　　　D. IPX
2. 动态路由协议的工作过程包括以下( )阶段。

　　A. 邻居发现　　　　　B. 路由交换　　　　　C. 路由计算　　　　　D. 路由维护

3. (　　　)属于 IGP,(　　　)属于 EGP。

　　A. RIP　　　　　　　B. OSPF　　　　　　　C. BGP　　　　　　　　D. IS-IS

4. 相比于距离矢量路由协议,链路状态路由协议的优点有(　　　)。

　　A. 协议算法本身无环路　　　　　　　B. 协议交互占用带宽小

　　C. 收敛速度快　　　　　　　　　　　D. 配置维护简单

5. 距离矢量路由协议基于贝尔曼-福特算法。这种算法所关心的要素有(　　　)。

　　A. 到目的网段的距离　　　　　　　　B. 到目的网段的方向

　　C. 到目的网段的链路带宽开销　　　　D. 到目的网段的链路延迟

30.6.2　习题答案

1. CD　2. ABCD　3. ABD；C　4. ABC　5. AB

第31章

OSPF 基 础

RIP 路由协议由于其自身算法的限制,不可避免地会引入路由环路,且有最大跳数限制,所以在规划网络时,其多用于构建中小型网络。但随着网络规模的日益扩大,一些小型企业网的规模几乎等同于十几年前的中型企业网,并且对于网络的安全性和可靠性提出了更高的要求,RIP 路由协议显然已经不能完全满足这样的需求。

在这种背景下,OSPF(open shortest path first,开放最短路径优先)路由协议以其众多的优势脱颖而出。它解决了很多 RIP 路由协议无法解决的问题,因而得到了广泛的应用。

31.1　本章目标

学习完本章,应该能够达到以下目标。

(1) 掌握 OSPF 路由协议原理。

(2) 掌握 OSPF 路由协议特性。

(3) 能够配置 OSPF 协议。

(4) 掌握 OSPF 常见问题定位手段。

31.2　OSPF 基本原理

31.2.1　什么是 OSPF

OSPF 是由 IETF(Internet engineering task force,因特网工程任务组)开发的基于链路状态(link state)的自治系统内部路由协议,用来替代存在一些问题的 RIP。目前通用的 OSPF 协议第二版由 RFC2328 定义。

与距离矢量路由协议不同,链路状态路由协议使用 Dijkstra 的最短路径优先算法(shortest path first,SPF)计算和选择路由。这类路由协议关心网络中链路或接口的状态(up、down、IP 地址、掩码、带宽、利用率和时延等),每个路由器将其已知的链路状态向该区域的其他路由器通告,通过这种方式,网络上的每台路由器对网络结构都会有相同的认识。随后,路由器以其为依据,使用 SPF 算法计算和选择路由。

OSPF 协议在有组播发送能力的链路层上以组播地址发送协议包,既达到了节约资源的目的,又最大限度地减少了对其他网络设备的干扰。

OSPF 将协议包直接封装在 IP 包中,协议号 89。由于 IP 协议本身是无连接的,所以 OSPF 传输的可靠性需要协议本身来保证。因此,OSPF 协议定义了一些机制保证协议包安全可靠地传输。

总体来说,OSPF 协议比 RIP 具有更大的扩展性、快速收敛性和安全可靠性。而且,它采用路由增量更新的机制在保证全区域路由同步的同时,尽可能地减少了对网络资源的浪费。

但是 OSPF 的算法耗费更多的路由器内存和 CPU 处理能力，在大型网络里，路由器本身承受的压力会很大。因此，OSPF 协议适合企业中小型网络构建。

31.2.2　OSPF 协议工作过程概述

如图 31-1 所示，OSPF 协议的 4 个主要工作过程如下。

图 31-1　OSPF 协议工作过程

1. 寻找邻居

不同于 RIP，OSPF 协议运行后，并不立即向网络广播路由信息，而是先寻找网络中可以与自己交互链路状态信息的周边路由器。可以交互链路状态信息的路由器互为邻居（neighbor）。

2. 建立邻接关系

邻接关系（adjacency）可以想象为一条点到点的虚链路，它是在一些邻居路由器之间构成的。只有建立了可靠邻接关系的路由器才相互传递链路状态信息。

3. 链路状态信息传递

OSPF 路由器将建立描述网络链路状况的 LSA（link state advertisement，链路状态公告），建立邻接关系的 OSPF 路由器之间将交互 LSA，最终形成包含网络完整链路状态信息的 LSDB（link state database，链路状态数据库）。

4. 计算路由

获得了完整的 LSDB 后，OSPF 区域内的每个路由器将会对该区域的网络结构有相同的认识，随后各路由器将依据 LSDB 的信息用 SPF 算法独立计算出路由。

31.2.3　寻找邻居

OSPF 路由器周期性地从其启动 OSPF 协议的每一个接口以组播地址 224.0.0.5 发送 hello 包，以寻找邻居。hello 包里携带有一些参数，比如，始发路由器的 router ID（路由器 ID）、始发路由器接口的区域 ID（area ID）、始发路由器接口的地址掩码、选定的 DR 路由器、路由器优先级等信息。

如图 31-2 所示,当两台路由器共享一条公共数据链路,并且相互成功协商它们各自 hello 包中所指定的某些参数时,它们就能成为邻居。而邻居地址一般为启动 OSPF 协议并向外发送 hello 包的路由器接口地址。

图 31-2 OSPF 协议邻居建立过程

路由器通过记录彼此的邻居状态来确认是否与对方建立了邻接关系。路由器初次接收到某路由器的 hello 包时,仅将该路由器作为邻居候选人,将其状态记录为 init 状态;只有在相互成功协商 hello 包中所指定的某些参数后,才将该路由器确定为邻居,将其状态修改为 2-way 状态。当双方的链路状态信息交互成功后,邻居状态将变迁为 full 状态,这表明邻居路由器之间的链路状态信息已经同步。

一台路由器可以有很多邻居,也可以同时成为几台其他路由器的邻居。邻居状态和维护邻居路由器的一些必要的信息都被记录在一张邻居表内,为了跟踪和识别每台邻居路由器,OSPF 协议定义了 router ID。

router ID 在 OSPF 区域内唯一标识一台路由器的 IP 地址。一台路由器可能有多个接口启动 OSPF,这些接口分别处于不同的网段,它们各自使用自己的接口 IP 地址作为邻居地址与网络里其他路由器建立邻居关系,但网络里的所有其他路由器只会使用 router ID 来标识这台路由器。

31.2.4　建立邻接关系

可以将邻接关系比喻为一条点到点的虚连接,那么可以想象,在广播型网络的 OSPF 路由器之间的邻接关系是很复杂的。

如图 31-3 所示,OSPF 区域内有 5 台路由器,它们彼此互为邻居并都建立邻接关系,那么总共会有 10 个邻接关系;如果是 10 台路由器,那么就有 45 个邻接关系;如果有 n 台路由器,那么就有 $n(n-1)/2$ 个邻接关系。邻接关系需要消耗较多的资源来维持,而且邻接路由器之间要两两交互链路状态信息,这也会造成网络资源和路由器处理能力的巨大浪费。

图 31-3　OSPF 协议邻接关系建立过程

为了解决这个问题,OSPF 要求在广播型网络里选举一台 DR(designated router,指定路由器)。DR 负责用 LSA 描述该网络类型及该网络内的其他路由器,同时也负责管理它们之间的链路状态信息交互过程。

DR 选定后,该广播型网络内的所有路由器只与 DR 建立邻接关系,与 DR 互相交换链路状态信息以实现 OSPF 区域内路由器链路状态信息同步。值得注意的是,一台路由器可以有多个接口启动 OSPF,这些接口可以分别处于不同的网段里,这就意味着,这台路由器可能是其中一个网段的指定路由器,而不是其他网段的指定路由器,或者可能同时是多个网段的指定路由器。换句话说,DR 是一个 OSPF 路由器接口的特性,不是整台路由器的特性;DR 是某个网段的 DR,而不是全网的 DR。

如果 DR 失效,所有的邻接关系都会消失,此时,必须重新选取一台新的 DR,网络上的所有路由器也要重新建立新的邻接关系并重新同步全网的链路状态信息。当这种问题发生时,网络将在一个较长时间内无法有效地传送链路状态信息和数据包。

为加快收敛速度,OSPF 在选举 DR 的同时,还会再选举一个 BDR(backup designated router,备份指定路由器)。网络上所有的路由器将与 DR 和 BDR 同时形成邻接关系,如果 DR 失效,则 BDR 将立即成为新的 DR。

采用选举 DR 和 BDR 的方法,广播型网络内的邻接关系减少为 $2(n-2)+1$ 条,即 5 台路由器的邻接关系为 7 条,10 台路由器为 17 条。

注意：邻居与邻接关系并不是一个概念。在广播型网络里,OSPF 区域内的路由器可以互为邻居,但只与 DR 和 BDR 建立邻接关系。

在 OSPF 的某些网络类型里,建立邻接关系时并不需要进行 DR 和 BDR 选举。本书未讨论全部细节,而只关注广播型网络(如以太网)的邻接关系的建立。

在初始阶段,OSPF 路由器会在 hello 包里将 DR 和 BDR 指定为 0.0.0.0。当路由器接收到邻居的 hello 包后,检查 hello 包携带的路由器优先级(router priority)、DR 和 BDR 等字段,然后列出所有具备 DR 和 BDR 资格的路由器(优先级不为 0 的路由器均具备选举资格)。

路由器优先级取值范围 0～255。在具备选举资格的路由器中,优先级最高的将被宣告为 BDR,优先级相同则 router ID 大的优先。在 BDR 选举成功后,进行 DR 选举。如果同时有一台或多台路由器宣称自己为 DR,则优先级最高的将被宣告为 DR,优先级相同,则 router ID 大的优先。如果网络里没有路由器宣称自己为 DR,则将已有的 BDR 推举为 DR,然后执行一次选举过程选出新的 BDR。在 DR 和 BDR 选举成功后,OSPF 路由器会将 DR 和 BDR 的 IP 地址设置到 hello 包的 DR 和 BDR 字段上,表明该 OSPF 区域内的 DR 和 BDR 已经有效。

如图 31-4 所示,优先级为 5 的 RTA 被选举为 DR,优先级为 3 的 RTB 被选举为 BDR,其他有选举资格的路由器作为 DRother。

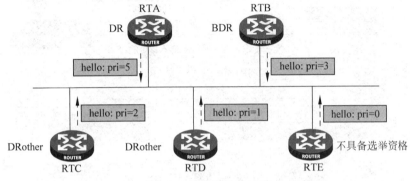

图 31-4 DR 的选举过程

虽然路由器的优先级可以影响选举过程,但它不能强制更改已经有效的 DR 和 BDR。当一台 OSPF 路由器加入一个 OSPF 区域时,如果该区域内尚未选举出 DR 和 BDR,则该路由器参与 DR 和 BDR 的选举;如果该区域内已有有效的 DR 和 BDR,即使该路由器的优先级很高,也只能接受已经存在的 DR 和 BDR。因此,在广播型网络里,最先初始化的具有 DR 选举资格的两台路由器将成为 DR 和 BDR。

一旦 DR 和 BDR 选举成功,其他路由器(DRother)只与 DR 和 BDR 之间建立邻接关系。此后,所有路由器继续组播 hello 包(组播地址为 224.0.0.5)来寻找新的邻居和维持旧邻居关系,而 DRother 路由器只与 DR 和 BDR 交互链路状态信息,故 DRother 与 DR、DRother 与 BDR 之间的邻居状态可以达到 full 状态,而 DRother 之间的邻居状态只能停留在 2-way 状态。

31.2.5 链路状态信息传递

建立邻接关系的 OSPF 路由器之间通过发布 LSA 来交互链路状态信息。通过获得对方的 LSA,同步 OSPF 区域内的链路状态信息后,各路由器将形成相同的 LSDB。

LSA 通告描述了路由器所有的链路信息(或接口)和链路状态信息。这些链路可以是到一个末梢网络(指没有和其他路由器相连的网络)的链路,也可以是到其他 OSPF 路由器的链路或是到外部网络的链路等。

为避免网络资源浪费,OSPF 路由器采取路由增量更新的机制发布 LSA,即只发布邻居缺失的链路状态给邻居。如图 31-5 所示,当网络变更时,路由器立即向已经建立邻接关系的邻居发送 LSA 摘要信息;而如果网络未发生变化,OSPF 路由器每隔 30min 向已经建立邻接关系的邻居发送一次 LSA 的摘要信息。摘要信息仅对该路由器的链路状态进行简单的描述,并不是具体的链路信息。邻居接收到 LSA 摘要信息后，比较自身链路状态信息，如果发现对方具有自己不具备的链路信息，则向对方请求该链路信息，否则不做任何动作。当 OSPF 路由器接收到邻居发来的请求某个 LSA 的包后，将立即向邻居提供它所需要的 LSA，邻居在接收到 LSA 后，会立即给对方发送确认包进行确认。

图 31-5　链路状态信息传递过程

综上可见，OSPF 协议在发布 LSA 时进行了 4 次握手，这种方式不仅有效避免了类似 RIP 发送全部路由带来的网络资源浪费的问题，还保证了路由器之间信息传递的可靠性，提高了收敛速度。

OSPF 协议具备超时重传机制。在 LSA 更新阶段，如果发送的包在规定时间内没有收到对方的回应，则认为包丢失，重新发送包。

为避免网络时延大造成路由器超时重传，OSPF 协议为每个包编写从小到大的序列号，当路由器接收到重复序列号的包时，只响应第一个包。

同时，由于 LSA 更新时携带掩码，OSPF 支持 VLSM（variable-length subnet mask，变长子网掩码），能准确反映实际网络情况。

31.2.6　路由计算

OSFP 路由计算通过以下步骤完成。

第 1 步：评估一台路由器到另一台路由器所需要的开销（cost）。

OSPF 协议是根据路由器的每一个接口指定的度量值来决定最短路径的，这里的度量值指的就是接口指定的开销。一条路由的开销是指沿着到达目的网络的路径上所有路由器出接口的开销总和。

cost值与接口带宽密切相关。H3C路由器的接口开销是根据公式100/带宽(Mbps)计算得到的,它可以作为评估路由器之间网络资源的参考值。此外,用户也可以通过命令ospf cost手工指定路由器接口的cost值。

第2步:同步OSPF区域内每台路由器的LSDB。

OSPF路由器通过交换LSA实现LSDB的同步。LSA不但携带了网络连接状况信息,而且携带了各接口的cost信息。

由于一条LSA是对一台路由器或一个网段拓扑结构的描述,整个LSDB就形成了对整个网络拓扑结构的描述。LSDB实质上是一张带权的有向图,这张图便是对整个网络拓扑结构的真实反映。显然,OSPF区域内所有路由器得到的是一张完全相同的图。

第3步:使用SPF计算出路由。

如图31-6所示,OSPF路由器用SPF算法以自身为根节点计算出一棵最短路径树,在这棵树上,由根到各节点的累计开销最小,即由根到各节点的路径在整个网络中都是最优的,这样也就获得了由根去往各个节点的路由。在计算完成后,路由器将路由加入OSPF路由表。当SPF算法发现有两条到达目标网络的路径的cost值相同,就会将这两条路径都将加入OSPF路由表,形成等价路由。

(a) 网络的拓扑结构 (b) 每台路由器的LSDB (c) 由LSDB得到的带权有向图

(d) 每台路由器分别以自己为根节点计算最小生成树

图31-6 OSPF协议路由计算过程

从OSPF协议的工作过程,能清晰地看出OSPF具备如下的优势。

(1) OSPF区域内的路由器对整个网络拓扑结构有相同的认识,在此基础上计算的路由不可能产生环路。

(2) 当网络结构变更时,所有路由器能迅速地获得变更后的网络拓扑结构,网络收敛速度快。

(3) 由于引入了router ID的概念,OSPF区域内的每台路由器的行为都能很好地被跟踪。

(4) 使用SPF算法计算路由,路由选择与网络能力直接联系起来,路由选择更合理。

(5) OSPF采用多种手段保证信息传递的可靠性、准确性,确保每台路由器网络信息同步。同时,避免了不必要的网络资源浪费。

综合起来看,OSPF 的确解决了 RIP 的一些固有缺陷,成为企业网络中最常用的路由协议之一。

31.2.7　OSPF 分区域管理

OSPF 协议使用了多个数据库和复杂的算法,这势必会耗费路由器更多的内存和 CPU 资源。当网络的规模不断扩大时,这些对路由器的性能要求就会显得过多,甚至会达到路由器的性能极限。另外,hello 包和 LSA 更新包也随着网络规模的扩大给网络带来难以承受的负担。为减少这些不利的影响,OSPF 协议提出分区域管理的解决方法,如图 31-7 所示。

图 31-7　OSPF 协议区域划分图

OSPF 将一个大的自治系统划分为几个小的区域(area),路由器仅需要与其所在区域的其他路由器建立邻接关系并共享相同的链路状态数据库,而不需要考虑其他区域的路由器。在这种情况下,原来庞大的数据链路状态数据库被划分为几个小数据库,并分别在每个区域里进行维护,从而降低了对路由器内存和 CPU 的消耗。同时,hello 包和 LSA 更新包也被控制在一个区域内,更有利于网络资源的利用。

为区分各个区域,每个区域都用一个 32b 的区域 ID(area ID)来标识。区域 ID 可以表示为一个十进制数字,也可以表示为一个点分十进制的数字,例如,配置区域 0 等同于配置区域 0.0.0.0。

在划分区域以后,OSPF 自治系统内的通信将划分为 3 种类型。

(1) 区域内通信——在同一个区域内的路由器之间的通信。

(2) 区域间通信——不同区域的路由器之间的通信。

(3) 区域外部通信——OSPF 域内路由器与另一个自治系统内的路由器之间的通信。

为完成上述的通信,OSPF 需要对本自治系统内的各区域及路由器进行任务分工。

在 OSPF 划分区域后,为有效管理区域间通信,需要有一个区域作为所有区域的枢纽,负责汇总每一个区域的网络拓扑路由到其他所有的区域,所有的区域间通信都必须通过该区域,这个区域称为骨干区域(backbone area)。协议规定区域 0 是骨干区域保留的区域 ID 号。

　　所有非骨干区域都必须与骨干区域相连,非骨干区域之间不能直接交换数据包,它们之间的路由传递只能通过区域0完成。区域ID仅是对区域的标识,与它内部的路由器IP地址分配无关。

　　至少有一个接口与骨干区域相连的路由器称为骨干路由器(backbone router)。连接一个或多个区域到骨干区域的路由器称为区域边界路由器(area border routers,ABR),这些路由器一般会成为域间通信的路由网关。

　　OSPF自治系统要与其他的自治系统通信,必然需要有OSPF区域内的路由器与其他自治系统相连,这种路由器称为自治系统边界路由器(autonomous system boundary router,ASBR)。自治系统边界路由器可以是位于OSPF自治系统内的任何一台路由器。

　　所有接口都属于同一个区域的路由器叫作内部路由器(internal router),它只负责区域内通信或同时承担自治系统边界路由器的任务。

　　划分区域后,仅在同一个区域的OSPF路由器能建立邻居关系和邻接关系。为保证区域间能正常通信,区域边界路由器需要同时加入两个及以上的区域,负责向它连接的区域发布其他区域的LSA通告,以实现OSPF自治系统内的链路状态同步、路由信息同步。因此,在进行OSPF区域划分时,会要求区域边界路由器的性能更强一些。

　　如图31-8所示,区域1和区域10.0.0.1只向区域0(骨干区域)发布自己区域的LSA,而区域0则必须负责将其自身LSA向其他区域发布,并且负责在非骨干区域之间传递路由信息。为进一步减少区域间LSA的数量,OSPF区域边界路由器可以执行路由聚合,即区域边界路由器只发布一个包含某一区域内大多数路由或所有路由的网段路由。如在区域10.0.0.1内,所有路由器的IP地址都在20.1.0.0/16网段范围内,那么可以在连接区域0和区域10.0.0.1的区域边界路由器上配置路由聚合,让其在向区域0发布区域10.0.0.1的LSA时,只描述20.1.0.0/16网段即可,不需要具体描述区域10.0.0.1内的20.1.2.0/24、20.1.0.0/24等网段的LSA。这样不仅大大减少了区域间传递的LSA的数量,还能降低整个OSPF自治系统内路由器维护LSDB数据库的资源要求,降低SPF算法计算的复杂度。

图31-8　OSPF协议区域LSA发布

31.3 配置 OSPF

31.3.1 OSPF 基本配置命令

OSPF 协议的一般配置步骤如下。

第 1 步：启动 OSPF 进程。命令为：

`[Router]ospf` [*process - id*]

在系统视图下，使用命令 **ospf** *process-id* 可以启动 OSPF 进程并进入此进程的配置视图。参数 *process-id* 为进程号。一台路由器上可以同时启动多个 OSPF 进程，系统用进程号区分它们。用 **undo ospf** *process-id* 命令，则可以关闭指定的 OSPF 进程并删除其配置。

第 2 步：配置 OSPF 区域。命令为：

`[Router - ospf - 1]area` *area - id*

OSFP 路由器至少必须属于一个区域，故在 OSPF 进程启动后，应首先划分区域。

在 OSPF 视图下，用命令 **area** *area-id* 配置一个区域并进入此区域视图；用 **undo area** *area-id* 命令删除一个区域。

参数 *area-id* 标识 OSPF 区域 ID，既可以是一个十进制数字，也可以是一个形如 IP 地址的点分十进制的数字。路由器允许用户使用这两种方式进行配置，但仅以点分十进制数字的方式显示用户配置的区域。例如，当用户配置为 **area** 256 时，路由器显示出用户配置的区域为 **area** 0.0.1.0。

第 3 步：在指定的接口上启动 OSPF。命令为：

`[Router - ospf - 1 - area - 0.0.0.0] network` *ip - address wildcard - mask*

配置区域后，需要将路由器的接口加入适当的 OSPF 区域，使该接口可以执行该区域内的邻居发现、邻接关系建立、DR/BDR 选举、LSA 通告等行为，也使该接口的 IP 网段信息能通过 LSA 发布出去。一个接口只能加入一个区域。

在区域视图下使用 **network** *ip-address wildcard-mask* 命令将指定的接口加入该区域。该命令可以一次在一个区域内配置一个或多个接口运行 OSPF 协议。凡是主 IP 地址处于 *ip-address* 和 *wildcard-mask* 参数共同规定的网络范围内的接口均被加入相应的 OSPF 区域并启动 OSPF。其中，参数 *ip-address* 指定一个网络地址；而参数 *wildcard-mask* 为 32 位二进制通配符掩码的点分十进制表示，其化为二进制后若某位为 0，表示必须比较 *ip-address* 和接口地址中与该位对应的位，为 1 表示不比较 *ip-address* 和接口地址中与该位对应的位。若 *ip-address* 和接口地址中所有须比较的位均匹配，则该接口被加入该区域并启动 OSPF。

在区域视图下，用 **undo network** *ip-address wildcard-mask* 命令将指定的接口由该区域删除。

在完成上述的命令配置后，OSPF 即可工作。

31.3.2 OSPF 可选配置命令

除了启动 OSPF 协议必须配置的命令之外，还有一些命令是可以选择配置的。

（1）配置 router ID。

（2）配置 OSPF 接口优先级。

（3）配置 OSPF 接口 cost。

配置 router ID 的命令为：

[Router]router id *router – id*

在系统视图下，使用命令 **router id** 可以对该路由器上所有的 OSPF 进程配置 router ID。

如果不配置 router ID，路由器将自动选择其某一接口的 IP 地址作为 router ID。由于在这种方式下 router ID 的选择存在一定的不确定性，不利于网络运行和维护，通常不建议使用。

为方便 OSPF 区域规划和问题排查，一般建议将某一 loopback 接口地址配置为 router ID。

不论是手工配置或自动选择的 router ID，都在 OSPF 进程启动时立即生效。在生效后，如果更改了 router ID 或接口地址，则只有在重新启动 OSPF 协议或重启路由器后才会生效。

对于广播型网络来说，DR/BDR 选举是 OSPF 路由器之间建立邻接关系时很重要的步骤。OSPF 路由器的优先级对 DR/BDR 选举具有重要的作用。同样，启动 OSPF 的接口的 cost 值直接影响到路由器计算路由过程。通常直接使用接口默认的 dr-priority 和 cost 值即可，但如果想人工控制 OSPF 路由器间的 DR 和 BDR 选举，或实现路由备份等，可以 OSPF 接口下配置在 **ospf dr-priority** *priority* 命令修改 dr-priority 和 cost 值；用 **undo ospf dr-priority** 命令恢复 OSPF 接口默认优先级。

配置 OSPF 接口优先级的命令为：

[Router – GigabitEthernet0/0**] ospf dr – priority** *priority*

配置 OSPF 接口 cost 的命令为：

[Router – GigabitEthernet0/0**] ospf cost** *value*

在 OSPF 接口下，用命令 **ospf cost** *value* 可以直接指定 OSPF 的接口 cost 值；用 **undo ospf cost** 命令可恢复 OSPF 接口默认 cost 值。当 OSPF 路由器计算路由时，只关心路径单方向的 cost 值，故改变一个接口的 cost 值，只对从此接口发出数据的路径有影响，不影响从这个接口接收数据的路径。

31.3.3　单区域 OSPF 配置示例一

如图 31-9 所示，区域 0 有 RTA、RTB 和 RTC 3 台路由器，它们彼此连接。

图 31-9　OSPF 单区域配置组网图

　　将 RTA 上的 loopback 接口 0 的 IP 地址 1.1.1.1 设置为 RTA 的 router ID，将 RTB 上的 loopback 接口 0 的 IP 地址 2.2.2.2 设置为 RTB 的 router ID，将 RTC 上的 loopback 接口 0 的 IP 地址 3.3.3.3 设置为 RTC 的 router ID。在完成上述配置后，由于 RTA 的 G0/0 与 RTB 的 G0/0 共享同一条数据链路，并且在同一个网段内，故它们互为邻居。假设 RTA 的 OSPF 先启动，那么 RTA 的 G0/0 会被选举为 RTA 与 RTB 之间网络的 DR；假设 RTA 和 RTB 的 OSPF 同时启动，根据优先级相同时 router ID 大的优先的原则，RTB 的 G0/0 会被选举为 RTA 与 RTB 之间网络的 DR。

　　同理，RTA 的 G0/1 与 RTC 的 G0/1 互为邻居。假设 RTA 的 OSPF 先启动，那么 RTA 的 G0/1 会被选举为 RTA 与 RTC 之间网络的 DR；假设 RTA 和 RTC 的 OSPF 同时启动，RTC 的 G0/1 会被选举为 RTA 与 RTC 之间网络的 DR。RTC 的 G0/0 与 RTB 的 G0/1 互为邻居；假设 RTC 的 OSPF 先启动，那么 RTC 的 G0/0 会被选举为 RTC 与 RTB 之间网络的 DR；假设 RTC 和 RTB 的 OSPF 同时启动，RTB 的 G0/1 会被选举为 RTC 与 RTB 之间网络的 DR。

　　在 RTC 路由表上，将记录到达地址 1.1.1.1/32 网段出接口为 G0/1，到达地址 2.2.2.2/32 网段出接口为 G0/0。

　　应当在 RTA 上配置如下。

```
[RTA] interface loopback 0
[RTA - loopback - 0]ip address 1.1.1.1 255.255.255.255
[RTA - loopback - 0]quit
[RTA] router id 1.1.1.1
[RTA] ospf 1
[RTA - ospf - 1] area 0
[RTA - ospf - 1 - area - 0.0.0.0] network 1.1.1.1 0.0.0.0
[RTA - ospf - 1 - area - 0.0.0.0] network 10.0.0.0 0.0.0.255
[RTA - ospf - 1 - area - 0.0.0.0] network 20.0.0.0 0.0.0.255
```

　　应当在 RTB 上配置如下。

```
[RTB]interface loopback 0
[RTB - loopback - 0]ip address 2.2.2.2 255.255.255.255
[RTB - loopback - 0]quit
[RTB]route id 2.2.2.2
[RTB]ospf 1
[RTB - ospf - 1]area 0
[RTB - ospf - 1 - area - 0.0.0.0]network 2.2.2.2 0.0.0.0
[RTB - ospf - 1 - area - 0.0.0.0]network 10.0.0.0 0.0.0.255
[RTB - ospf - 1 - area - 0.0.0.0]network 30.0.0.0 0.0.0.255
```

　　应当在 RTC 上配置如下。

```
[RTC]interface loopback 0
[RTC - loopback - 0]ip address 3.3.3.3 255.255.255.255
[RTC - loopback - 0]quit
[RTC]router id 3.3.3.3
[RTC]ospf 1
[RTC - ospf - 1]area 0
[RTC - ospf - 1 - area - 0.0.0.0]network 3.3.3.3 0.0.0.0
[RTC - ospf - 1 - area - 0.0.0.0]network 20.0.0.0 0.0.0.255
```

[RTC − ospf − 1 − area − 0.0.0.0]network 30.0.0.0 0.0.0.255

31.3.4　单区域 OSPF 配置示例二

本例在上一例基础上修改了 RTA 和 RTC 的 OSPF 接口配置,在 RTA 的 G0/0 配置接口优先级为 0,接口 cost 为 50；在 RTA 的 G0/1 上配置接口优先级为 0,接口 cost 为 10。在 RTC 的 G0/0 上配置接口 cost 为 100,在 RTC 的 G0/1 上配置接口开销为 10。

在完成以上的配置后,将 RTA、RTB、RTC 的所有物理接口 shutdown,然后先将 RTA 的接口 up,再将 RTB 的接口 up,最后将 RTC 的接口 up。由于 RTA 的 G0/0 和 G0/1 的接口优先级为 0,它们都不具备 DR/BDR 的选举权,故在 RTA 和 RTB 之间的网络上 RTB 为 DR,在 RTA 和 RTC 之间的网络上 RTC 为 DR,在 RTB 和 RTC 之间的网络上,由于 RTB 先启动,RTB 将作为该网络的 DR。

在 RTC 路由表上,将记录到达地址 1.1.1.1/32 网段出接口为 G0/1,到达地址 2.2.2.2/32 网段出接口也为 G0/1。因为 RTC 从 G0/1 出发到达 RTA、再由 RTA 的 G0/0 出发到达 RTB 的 cost 为 60,比从 RTC 直接从 G0/0 出发到达 RTB 的开销 100 要低。

应当在 RTA 上增加如下配置:

```
[RTA] interface GigabitEthernet 0/0
[RTA − GigabitEthernet0/0] ospf dr − priority 0
[RTA − GigabitEthernet0/0] ospf cost 50
[RTA − GigabitEthernet0/0] quit
[RTA] interface GigabitEthernet 0/1
[RTA − GigabitEthernet0/1] ospf dr − priority 0
[RTA − GigabitEthernet0/1] ospf cost 10
```

应当在 RTB 上增加如下配置:

```
[RTB] interface GigabitEthernet 0/0
[RTB − GigabitEthernet0/0] ospf cost 100
[RTB − GigabitEthernet0/0] quit
[RTB] interface GigabitEthernet 0/1
[RTB − GigabitEthernet0/1] ospf cost 10
```

31.3.5　多区域 OSPF 配置示例

如图 31-10 所示,RTB 作为 area0 和 area 192.168.10.1 的 ABR。

图 31-10　OSPF 多区域配置组网图

在本例中,RTA 和 RTC 的配置与单区域 OSPF 的配置相同,重点集中在 RTB 的配置上。RTB 作为区域边界路由器,需要同时加入 RTA 和 RTC 所在的区域,需要注意的是在 RTB 指定接口加入 OSPF 区域 0 的时候,不在该区域的接口 G0/1 的地址不能加入区域 0。同样,接口 G0/0 的地址不能加入区域 192.168.0.1。

应当在 RTB 上配置如下。

```
[RTB] interface loopback 0
[RTB - loopback - 0] ip address 2.2.2.2  255.255.255.255
[RTB - loopback - 0] quit
[RTB] route id 2.2.2.2
[RTB] ospf 100
[RTB - ospf - 100] area 0
[RTB - ospf - 100 - area - 0.0.0.0] network 2.2.2.2 0.0.0.0
[RTB - ospf - 100 - area - 0.0.0.0] network 10.0.0.0   0.0.0.255
[RTB - ospf - 100 - area - 0.0.0.0] quit
[RTB - ospf - 100] area 192.168.10.1
[RTB - ospf - 100 - area - 192.168.10.1] network 20.0.0.0   0.0.0.255
```

31.4 OSPF 的 LSA 类型

OSPF 协议作为典型的链路状态路由协议,其不同于距离矢量路由协议的重要特性就在于:OSPF 路由器之间交换的并非是路由表,而是链路状态描述信息。因此,需要 OSPF 协议可以尽量精确的交流 LSA 以获得最佳的路由选择,在 OSPF 协议中定义了不同类型的 LSA。OSPF 就是通过这些不同类型的 LSA 来完成 LSDB 同步,并且做出路由选择的。

31.4.1 LSA 类型

通常情况下,使用较多的 LSA 类型有第一类、第二类、第三类、第四类、第五类和第七类 LSA。

(1) 第一类 LSA(Type-1 LSA):描述区域内部与路由器直连链路的信息。

(2) 第二类 LSA(Type-2 LSA):记录了广播或者 NBMA 网段上所有路由器的 router ID。

(3) 第三类 LSA(Type-3 LSA):将所连接区域内部的链路信息以子网的形式传播到邻区域。

(4) 第四类 LSA(Type-4 LSA):描述的目标网络是一个 ASBR 的 router ID。

(5) 第五类 LSA(Type-5 LSA):描述到 AS 外部的路由信息。

(6) 第七类 LSA(Type-7 LSA):只在 NSSA 区域内传播,描述到 AS 外部的路由信息。

如表 31-1 所示,这几类 LSA 是 OSPF 协议最重要的几种类型的 LSA。

表 31-1 常见 LSA 类型

LSA type	LSA 名称	advertising router	说　　明
1	router LSA	all routers	intra-area link
2	network LSA	DR	network link
3	network summary LSA	ABR	inter-area link
4	ASBR summary LSA	ABR	ASBR summary link
5	AS external LSA	ASBR	AS external link
7	NSSA external LSA	ASBR	NSSA AS external link

另外,其他类型的 LSA 很少被使用。

（1）第六类 LSA(Type-6 LSA)：在 MOSPF(组播扩展 OSPF)协议中使用的组播 LSA。

（2）第八类 LSA(Type-8 LSA)：在 OSPF 域内传播 BGP 属性时使用的外部属性 LSA。

（3）第九类 LSA(Type-9 LSA)：本地链路范围的透明 LSA。

（4）第十类 LSA(Type-10 LSA)：本地区域范围的透明 LSA。

（5）第十一类 LSA(Type-11 LSA)：本自治系统范围的透明 LSA。

31.4.2　第一类 LSA

第一类 LSA 即 router LSA,描述了区域内部与路由器直连链路的信息。这种类型的 LSA 每一台路由器都会产生,它的内容中包括了这台路由器所有直连链路类型和链路开销等信息,并且向它的邻居传播。

这台路由器的所有链路信息都放在一个 router LSA 内,并且只在此台路由器直连链路上传播。

如图 31-11 所示,RTB 有 3 条链路 link1、link2 和 link3,因此,它将产生一条 router LSA,里面包含 link1、link2 和 link3 这 3 条链路的信息,包括它们的链路标识、链路数据和链路开销等,并将此 LSA 向它的直连邻居 RTA、RTC 和 RTD 发送。

图 31-11　第一类 LSA 的传播范围

31.4.3　第二类 LSA

第二类 LSA 即 network LSA,是由 DR 产生,它描述的是连接到一个特定的广播网络或者 NBMA 网络的一组路由器。与 router LSA 不同,network LSA 的作用是保证对于广播网络或者 NBMA 网络只产生一条 LSA。

这条 LSA 内描述其在该网络上连接的所有路由器以及网段掩码信息,记录了这一网段上所有路由器的 router ID,甚至包括 DR 自己的 router ID。network LSA 的传播范围也是只在区域内部传播。

由于 network LSA 是由 DR 产生的描述网络信息的 LSA,因此,对于 P2P 这种网络类型的链路,路由器之间是不选举 DR 的,也就意味着,在这种网络类型上,是不产生 network LSA 的。

如图 31-12 所示,在 10.0.1.0/24 这个网络中,存在 3 条路由器 RTA、RTB 和 RTC,其中

RTC 作为这个网络的 DR。所以，RTC 负责产生 network LSA，包括这条链路的网段掩码信息，以及 RTA、RTB 和 RTC 的 router ID，并且将这条 LSA 向 RTA 和 RTB 传播。

图 31-12　第二类 LSA 的传播范围

31.4.4　第三类 LSA

第三类 LSA 即 summary LSA，是由 ABR 生成，将所连接区域内部的链路信息以子网的形式传播到邻区域。summary LSA 实际上就是将区域内部的 type1 和 type2 的 LSA 信息收集起来以路由子网的形式进行传播。

ABR 收到来自同区域其他 ABR 传来的 summary LSA 后，重新生成新的 summary LSA（advertising router 改为自己），继续在整个 OSPF 系统内传播之。一般情况下，第三类 LSA 的传播范围是除生成这条 LSA 的区域外的其他区域，除非那些区域做了特殊配置。

例如，一台 ABR 路由器连接 area0 和 area1。在 area1 里面有一个网段 192.168.1.0/24，由于这个网段位于 area1，此 ABR 生成的描述 192.168.1.0/24 这个网段的第三类 LSA 会在 area0 里面传播，并由其他区域的 ABR 转发到其他区域中继续传播。

第三类 LSA 直接传递路由条目，而不是链路状态描述，因此，路由器在处理第三类 LSA 的时候，并不运用 SPF 算法进行计算，而且直接作为路由条目加入路由表中，沿途的路由器也仅仅修改链路开销。这就导致了在某些设计不合理的情况下，可能导致路由环路。这也就是 OSPF 协议要求非骨干区域必须通过骨干区域才能转发的原因。在某些情况下，summary LSA 也可以用来生成默认路由，或者用来过滤明细路由。

如图 31-13 所示，area1 中的 RTA 运行了 OSPF 协议，RTB 作为 ABR，产生一条描述该网段的第三类 LSA，使其在骨干区域 area0 中传播，其中这条 LSA 的 advertising router 字段设置为 RTB 的 router ID。这条 LSA 在传播到 RTC 时，RTC 同样作为 ABR，会重新产生一条第三类 LSA，并将 advertising router 改为 RTC 的 router ID，使其在 area2 中继续传播。

图 31-13　第三类 LSA 的传播范围

31.4.5 第四类 LSA

第四类 LSA 即 ASBR summary LSA,是由 ABR 生成,格式与第三类 LSA 相同,描述的目标网络是一个 ASBR 的 router ID。它不会主动产生,触发条件为 ABR 收到一个第五类 LSA,意义在于让区域内部路由器知道如何到达 ASBR。第四类 LSA 网络掩码字段全部设置为 0。

如图 31-14 所示,area1 中的 RTA 作为 ASBR,引入了外部路由。RTB 作为 ABR,产生一条描述 RTA 这个 ASBR 的第四类 LSA,使其在骨干区域 area0 中传播,其中这条 LSA 的 advertising router 字段设置为 RTB 的 router ID。这条 LSA 在传播到 RTC 时,RTC 同样作为 ABR,会重新产生一条第四类 LSA,并将 advertising router 改为 RTC 的 router ID,使其在 area2 中继续传播。位于 area2 中的 RTD 收到这条 LSA 之后,就知道可以通过 RTA 访问 OSPF 自治系统以外的外部网络。

图 31-14 第四类 LSA 的传播范围

31.4.6 第五类 LSA

第五类 LSA 即 AS external LSA,是由 ASBR 产生,描述到 AS 外部的路由信息。它一旦生成,将在整个 OSPF 系统内扩散,除非个别特殊区域做了相关配置。AS 外部的路由信息来源很多,通常是通过引入静态路由或其他路由协议的路由获得的。

如图 31-15 所示,area1 中的 RTA 作为 ASBR 引入了一条外部路由。由 RTA 产生一条第五类 LSA,描述此 AS 外部路由。这条第五类的 LSA 会传播到 area1、area0 和 area2,沿途的路由器都会收到这条 LSA。

图 31-15 第五类 LSA 的传播范围

第五类 LSA 和第三类 LSA 非常类似,传递的也都是路由信息,而不是链路状态信息。同样的,路由器在处理第五类 LSA 的时候,也不会运用 SPF 算法,而是作为路由条目加入路由表中。

第五类 LSA 携带的外部路由信息可以分为如下两种。

(1) 第一类外部路由:是指来自 IGP 的外部路由(如静态路由和 RIP 路由)。由于这类路由的可信程度较高,并且和 OSPF 自身路由的开销具有可比性,所以第一类外部路由的开销等于本路由器到相应的 ASBR 的开销与 ASBR 到该路由目的地址的开销之和。

(2) 第二类外部路由:是指来自 EGP 的外部路由。OSPF 协议认为从 ASBR 到自治系统之外的开销远大于在自治系统之内到达 ASBR 的开销。所以,计算路由开销时将主要考虑前者,即第二类外部路由的开销等于 ASBR 到该路由目的地址的开销,如果计算出开销值相等的两条路由,再考虑本路由器到相应的 ASBR 的开销。

在第五类 LSA 中,专门有一个字段 E 位标识引入的是第一类外部路由还是第二类外部路由。在默认情况下,引入 OSPF 协议的都是第二类外部路由。

第七类 LSA 在后文中会有详细阐述。

31.5　边缘区域

OSPF 协议主要是依靠各种类型的 LSA 进行链路状态数据库的同步,从而使用 SPF 算法进行路由选择的。在某些情况下,出于安全性的考虑,或者为了降低对于路由器性能的要求,人为地定义了一些特殊的区域。这些特殊的区域可以过滤掉一些类型的 LSA,并且使用默认路由通知区域内的路由器通过 ABR 访问其他区域。这样,区域内的路由器不需要掌握整个网络的 LSA,降低了网络安全方面的隐患,并且降低了对于内存和 CPU 的需求。在实际组网中,这些特殊区域的应用例子不胜枚举。

31.5.1　边缘区域的类型

在 OSPF 中,除了常见的骨干区域和非骨干区域之外,还定义了一类特殊的区域,也就是边缘区域。物理上它们不一定位于边缘,但是从网络结构上来看,它们都位于 OSPF 区域的边缘,只和骨干区域相连。

边缘区域具有如下的优势。

(1) 对于外部路由进行了控制。

(2) 可以减少区域内 LSDB 的规模,降低区域内部路由器路由表的大小,并且减少区域内路由器对于存储器的需求,降低设备的压力。

(3) 网络设计的安全性有所增强。

常见的边缘区域有以下几种。

(1) stub 区域:在这个区域内,不存在第四类 LSA 和第五类 LSA。

(2) totally stub 区域:是 stub 区域的一种改进区域,不仅不存在第四类 LSA 和第五类 LSA,连第三类 LSA 也不存在。

(3) NSSA 区域:也是 stub 区域的一种改进区域,也不允许第五类 LSA 注入,但是允许第七类 LSA 注入。

31.5.2 stub 区域

stub 区域的 ABR 不允许注入第五类 LSA,在这些区域中,路由器的路由表规模及路由信息传递的数量都会大大减少。因为没有第五类 LSA,因此第四类 LSA 也没有必要存在,所以同样不允许注入。如图 31-16 所示,在配置为 stub 区域之后,为保证自治系统外的路由依旧可达,ABR 会产生一条 0.0.0.0/0 的第三类 LSA,发布给区域内的其他路由器,通知它们如果要访问外部网络,可以通过 ABR。所以,区域内的其他路由器不用记录外部路由,从而大大地降低了对路由器的性能要求。

图 31-16   stub 区域对于 LSA 的过滤

在使用 stub 区域时,需要注意如下几点。

(1) 骨干区域不能配置成 stub 区域。

(2) stub 区域内不能存在 ASBR,即自治系统外部的路由不能在本区域内传播。

(3) 虚连接不能穿过 stub 区域。

(4) 区域内可能有不止一个 ABR,在这种情况下,可能会产生次优路由。

要将一个区域配置为 stub 区域,在 OSPF 区域视图下使用 stub 命令。

需要注意的是,stub 区域内部的所有路由器都必须配置 stub 属性。hello 报文在协商的时候,就会检查 stub 属性是否设置,如果有部分路由器没有配置 stub 属性,就将无法和其他路由器建立邻居。

如图 31-17 所示,为了减小 LSDB 的规模,需要将 area2 配置成为 stub 区域,就需要在 RTC 和 RTD 上分别配置。

图 31-17   stub 区域配置组网图

应当在 RTC 上配置,命令如下:

```
[RTC] ospf 1 router - id 3.3.3.3
[RTC - ospf - 1] area 2
[RTC - ospf - 1 - area - 0.0.0.2] stub
```

应当在 RTD 上配置,命令如下:

```
[RTD] ospf 1 router - id 4.4.4.4
[RTD - ospf - 1] area 2
[RTD - ospf - 1 - area - 0.0.0.2] stub
```

未配置 stub 区域时,观察 RTD 的链路状态数据库,命令如下:

```
[RTD]display ospf lsdb
```

```
              OSPF Process 1 with Router ID 4.4.4.4
                        Routing Table
                     Routing for network
```

Destination	Cost	Type	NextHop	AdvRouter	Area
4.4.4.4/32	0	Stub	0.0.0.0	4.4.4.4	0.0.0.2
10.0.1.0/24	3	Inter	10.0.3.1	3.3.3.3	0.0.0.2
3.3.3.3/32	1	Inter	10.0.3.1	3.3.3.3	0.0.0.2
10.0.2.0/24	2	Inter	10.0.3.1	3.3.3.3	0.0.0.2
10.0.3.0/24	1	Transit	0.0.0.0	3.3.3.3	0.0.0.2
2.2.2.2/32	2	Inter	10.0.3.1	3.3.3.3	0.0.0.2
1.1.1.1/32	3	Inter	10.0.3.1	3.3.3.3	0.0.0.2

```
Routing for ASEs
```

Destination	Cost	Type	Tag	NextHop	AdvRouter
192.168.1.0/24	1	Type2	1	10.0.3.1	1.1.1.1

```
Total nets: 8
Intra area: 2   Inter area: 5   ASE: 1   NSSA: 0
```

从链路状态数据库中,可以观察到存在第四类 LSA 和第五类的 LSA。配置 stub 区域后,观察 RTD 的链路状态数据库,命令如下:

```
[RTD]display ospf lsdb
```

```
              OSPF Process 1 with Router ID 4.4.4.4
                      Link State Database
                         Area: 0.0.0.2
```

Type	LinkState ID	AdvRouter	Age	Len	Sequence	Metric
Router	3.3.3.3	3.3.3.3	11	36	80000005	0
Router	4.4.4.4	4.4.4.4	9	48	80000004	0
Network	10.0.3.1	3.3.3.3	3	32	80000002	0
Sum - Net	0.0.0.0	3.3.3.3	61	28	80000001	1
Sum - Net	3.3.3.3	3.3.3.3	61	28	80000001	0
Sum - Net	10.0.2.0	3.3.3.3	61	28	80000001	1
Sum - Net	10.0.1.0	3.3.3.3	61	28	80000001	2
Sum - Net	2.2.2.2	3.3.3.3	61	28	80000001	1
Sum - Net	1.1.1.1	3.3.3.3	61	28	80000001	2

从这次的链路状态数据库中,可以观察到第四类 LSA 和第五类 LSA 已经不存在,取而代之的是新增加了一条 ABR 产生的第三类 LSA,LS ID 是 0.0.0.0/0,用来将数据转发到本 OSPF 自治系统之外的外部网络。

31.5.3　totally stub 区域

为了进一步减少 stub 区域中路由器的路由表规模及路由信息传递的数量,可以将该区域配置为 totally stub(完全 stub)区域,该区域的 ABR 不会将区域间的路由信息和外部路由信息传递到本区域。在 totally stub 区域中,不仅类似于 stub 区域,不允许第四类 LSA 和第五类 LSA 的注入,为了进一步降低链路状态库的大小,还不允许第三类 LSA 注入。同样的,ABR 会重新产生一条 0.0.0.0/0 的第三类 LSA,以保证到本自治系统的其他区域或者自治系统外的路由依旧可达。

如图 31-18 所示,将 area2 配置成为 totally stub 区域后,原有的第三类 LSA、第四类 LSA 和第五类 LSA 都无法注入 area2,RTC 作为 ABR,重新给 RTD 发送一条 0.0.0.0/0 的第三类 LSA,使其可以访问其他区域。

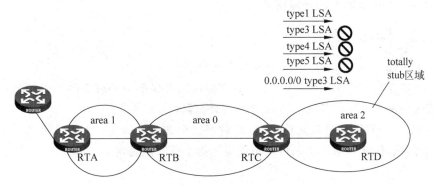

图 31-18　totally stub 区域对于 LSA 的过滤

要将一个区域配置为 totally stub 区域,在 OSPF 区域视图下,使用 stub no-summary 命令。

如图 31-19 所示,为了减小 LSDB 的规模,需要将 area2 配置成为 totally stub 区域,就需要在 RTC 和 RTD 上分别配置。

图 31-19　totally stub 区域配置组网图

应当在 RTC 上配置命令如下:

```
[RTC] ospf 1 router - id 3.3.3.3
[RTC - ospf - 1] area 2
[RTC - ospf - 1 - area - 0.0.0.2] stub no - summary
```

应当在 RTD 上配置命令如下:

```
[RTD] ospf 1 router - id 4.4.4.4
[RTD - ospf - 1] area 2
[RTD - ospf - 1 - area - 0.0.0.2] stub no - summary
```

配置了 totally stub 区域之后,观察 RTD 的链路状态数据库命令如下。

```
[RTD]display ospf lsdb
                    OSPF Process 1 with Router ID 4.4.4.4
                            Link State Database
                              Area: 0.0.0.2
Type         LinkState ID      AdvRouter      Age  Len      Sequence      Metric
Router       3.3.3.3           3.3.3.3        13   36       8000000A      0
Router       4.4.4.4           4.4.4.4        8    48       80000008      0
Network      10.0.3.1          3.3.3.3        1    32       80000002      0
Sum - Net    0.0.0.0           3.3.3.3        25   28       80000001      1
```

从链路状态数据库中可以观察到,第三类 LSA、第四类 LSA 和第五类 LSA 已经不存在,取而代之的是新增加了一条 ABR 产生的第三类 LSA,LS ID 是 0.0.0.0/0,用来将数据转发到其他区域和自治系统之外的外部网络。

31.5.4　NSSA 区域

NSSA(not-so-stubby area)区域产生的背景如下。

(1) 该区域存在一个 ASBR,其产生的外部路由需要在整个 OSPF 区域内扩散。

(2) 该区域不希望接收其他 ASBR 产生的外部路由。

要满足第一个条件,标准区域即可,但此时第二个条件不满足;要满足第二个条件,区域必须为 stub 区域,但此时第一个条件又不满足。为了同时满足两个条件,OSPF 设计了 NSSA 这个区域。

如图 31-20 所示,NSSA 区域是 stub 区域的变形,与 stub 区域有许多相似的地方。NSSA 区域也不允许第五类 LSA 注入,但可以允许第七类 LSA 注入。第七类 LSA 由 NSSA 区域的 ASBR 产生,在 NSSA 区域内传播。当第七类 LSA 到达 NSSA 的 ABR 时,由 ABR 将第七类 LSA 转换成第五类 LSA,传播到其他区域。

图 31-20　NSSA 区域对于 LSA 的过滤

与 stub 区域一样,虚连接也不能穿过 NSSA 区域。

要将一个区域配置为 NSSA 区域,在 OSPF 区域视图下,使用 **nssa** 命令。

nssa[default - route - advertise|no - import - route|no - summary]

其中主要关键字含义如下。

（1）**default-route-advertise**：该参数只用于 NSSA 区域的 ABR 或 ASBR。在配置后,对于 ABR,不论本地是否存在默认路由,都将生成一条第七类 LSA 向区域内发布默认路由;对于 ASBR,只有当本地存在默认路由时,才会产生第七类 LSA 向区域内发布默认路由。

（2）**no-import-route**：该参数用于禁止将 AS 外部路由以第七类 LSA 的形式引入 NSSA 区域中,这个参数通常只用在既是 NSSA 区域的 ABR,也是 OSPF 自治系统的 ASBR 的路由器上,以保证所有外部路由信息能正确地进入 OSPF 路由区域。

（3）**no-summary**：该参数只用于 NSSA 区域的 ABR,在配置后,NSSA ABR 只通过第三类的 summary-LSA 向区域内发布一条默认路由,不再向区域内发布任何其他 summary-LSA （此时这种区域又称为 NSSA totally stub 区域）。

如图 31-21 所示,为了减小 LSDB 的规模,同时又允许 RTD 将外部路由引入 OSPF 区域内,需要将 area2 配置成为 NSSA 区域,就需要在 RTC 和 RTD 上分别配置。

图 31-21　NSSA 区域配置组网图

应当在 RTC 上配置命令如下：

```
[RTC] ospf 1 router - id 3.3.3.3
[RTC - ospf - 1] area 2
[RTC - ospf - 1 - area - 0.0.0.2] nssa default - route - advertise
```

应当在 RTD 上配置命令如下：

```
[RTD] ospf 1 router - id 4.4.4.4
[RTD - ospf - 1] area 2
[RTD - ospf - 1 - area - 0.0.0.2] nssa
```

在配置了 NSSA 区域之后,观察 RTD 的链路状态数据库命令如下：

```
[RTD]display ospf lsdb
```

OSPF Process 1 with Router ID 4.4.4.4

Link State Database

Area: 0.0.0.2

Type	LinkState ID	AdvRouter	Age	Len	Sequence	Metric
Router	3.3.3.3	3.3.3.3	181	36	80000005	0
Router	4.4.4.4	4.4.4.4	4	48	80000005	0
Network	10.0.3.2	4.4.4.4	179	32	80000002	0
Sum - Net	3.3.3.3	3.3.3.3	232	28	80000001	0
Sum - Net	10.0.2.0	3.3.3.3	232	28	80000001	1
Sum - Net	10.0.1.0	3.3.3.3	232	28	80000001	2
Sum - Net	2.2.2.2	3.3.3.3	232	28	80000001	1
Sum - Net	1.1.1.1	3.3.3.3	232	28	80000001	2
NSSA	10.0.3.0	4.4.4.4	4	36	80000001	1
NSSA	192.168.2.0	4.4.4.4	4	36	80000001	1

```
NSSA        4.4.4.4         4.4.4.4          4   36      80000001        1
NSSA        0.0.0.0         3.3.3.3        232   36      80000001        1
```

从链路状态数据库中可以观察到,第四类 LSA 和第五类 LSA 已经不存在,取而代之的是新增加了一条 ABR 产生的第七类 LSA,LS ID 是 0.0.0.0/0,用来将数据转发到其他区域和自治系统之外的外部网络。另外,还有一条第七类 LSA,LS ID 为 192.168.2.0/24,这就是 RTD 注入的外部路由,由 RTD 产生第七类 LSA,在 area2 内传播。

31.6 OSPF 信息显示与调试

为了便于在 OSPF 环境下迅速定位故障,系统为用户提供了功能强大的显示和调试工具。这些工具的使用是非常重要的技能。

31.6.1 OSPF 信息显示

在任何视图下,通过 display ospf peer 命令可以查看路由器的 OSPF 邻居关系。以下是输出示例。

```
[H3C]display ospf peer
                OSPF Process 1 with Router ID 1.1.1.1
                      Neighbor Brief Information
                          Area: 0.0.0.0
Router ID        Address        Pri      Dead-Time     State       Interface
2.2.2.2          10.0.0.2        1          32         Full/BDR     GE0/1
3.3.3.3          10.0.1.2        1          33         Full/BDR     GE0/2
```

输出示例中的关键字段如表 31-2 所示。

表 31-2 **display ospf peer 命令显示信息描述表**

字 段	描 述
area	邻居所属的区域
router ID	邻居路由器 ID
address	邻居接口 IP 地址
pri	路由器优先级
dead-time	OSPF 的邻居失效时间
state	邻居状态(down、init、attempt、2-way、exstart、exchange、loading、full)
interface	与邻居相连的接口

在广播型网络里,路由器只有与 DR 和 BDR 的邻居状态能够达到 full 状态,full 状态说明该网络的 OSPF 路由器的链路状态已经同步。DRother 之间的邻居状态应该稳定在 2-way 状态。

在任何视图下,通过 display ospf lsdb 命令,可以查看路由器的链路状态数据库,OSPF 区域内的各 OSPF 路由器的链路状态数据库应该都是一样的。以下是输出示例。

```
<H3C> display ospf lsdb
                OSPF Process 1 with Router ID 1.1.1.1
                      Link State Database
                          Area: 0.0.0.0
```

Type	LinkState ID	AdvRouter	Age	Len	Sequence	Metric
Router	3.3.3.3	3.3.3.3	480	60	8000000A	0
Router	1.1.1.1	1.1.1.1	542	60	8000000B	0
Router	2.2.2.2	2.2.2.2	480	60	8000000A	0
Network	10.0.2.2	3.3.3.3	480	32	80000001	0
Network	10.0.0.1	1.1.1.1	664	32	80000002	0
Network	10.0.1.1	1.1.1.1	535	32	80000002	0

输出示例中的关键字段如表31-3所示。

表 31-3　display ospf lsdb 命令显示信息描述表

字　段	描　述
area	显示 LSDB 信息的区域
type	LSA 类型
linkstate ID	LSA 链路状态 ID
advrouter	LSA 发布路由器
age	LSA 的老化时间
len	LSA 的长度
sequence	LSA 序列号
metric	度量值

在任何视图下,通过 display ospf routing 命令,可以查看路由器的 OSPF 路由情况,并不是所有的 OSPF 路由就一定会被路由器使用,路由器还需要权衡其他协议提供的路由及路由器接口连接方式等,如果 OSPF 提供的路由与直连路由相同,路由器会选择直连路由加入全局路由表。以下是输出示例。

```
<H3C>display ospf routing
                OSPF Process 1 with Router ID 192.168.1.112
                        Routing Tables
                    Routing for Network
Destination       Cost      Type      NextHop         AdvRouter       Area
192.168.1.0/24    1562      Stub      192.168.1.2     192.168.1.2     0.0.0.0
172.16.0.0/16     1563      Inter     192.168.1.1     192.168.1.1     0.0.0.0

Total Nets: 2
Intra Area: 1  Inter Area: 1   ASE: 0   NSSA: 0
```

输出示例的关键字段如表31-4所示。

表 31-4　display ospf routing 命令显示信息描述表

字　段	描　述
destination	目的网络
cost	到达目的地址的开销
type	路由类型(intra-area、transit、stub、inter-area、type1 external 和 type2 external)
nexthop	下一跳地址
advrouter	发布路由器
area	区域 ID

续表

字　段	描　述
total nets	区域内部、区域间、ASE 和 NSSA 区域的路由总数
intra area	区域内部路由总数
inter area	区域间路由总数
ASE	OSPF 区域外路由总数
NSSA	NSSA 区域路由总数

另外，可以通过 **display ospf** [*process-id*] **interface** [*interface-type interface-number* | **verbose**]、**display ospf** [*process-id*] [**verbose**]查看其他 OSPF 信息。

（1）显示启动 OSPF 的接口信息。命令为：

[Router] display ospf[*process - id*] **interface**[*interface - type interface - number* | **verbose**]

（2）显示 OSPF 的进程信息。命令为：

[Router] display ospf[*process - id*][**verbose**]

31.6.2　调试 OSPF

在用户视图下输入 **debugging ospf event**、**debugging ospf lsa**、**debugging ospf packet**、**debugging ospf spf**命令，可以调试 OSPF。

（1）OSPF 事件调试信息。命令为：

< Router > debugging ospf event

（2）OSPF 链路状态通告调试信息。命令为：

< Router > debugging ospf lsa

（3）OSPF 包调试信息。命令为：

< Router > debugging ospf packet

（4）OSPF 路由计算调试信息。命令为：

< Router > debugging ospf spf

（5）重启 OSPF 进程。命令为：

reset ospf [*process - id*] **process**

31.7　本章总结

（1）OSPF 是链路状态路由协议，使用 SPF 算法计算最短路径，路由选择更合理，不会产生路由环路。

（2）OSPF 通过 DR/BDR 选举减少邻接关系，网络链路状态信息同步通过 DR/BDR 进行管理。

（3）OSPF 通过划分区域管理的方式优化运行。

（4）OSPF 网络收敛快、信息传递可靠、节省网络资源、支持 VLSM，适用于中小型网络，经细致规划后也可用于大型网络。

（5）OSPF 协议常见的 7 类 LSA 及其传播范围。

（6）OSPF 的边缘区域的特性及其对应的配置。

（7）OSPF 协议常见的显示和维护命令。

31.8 习题和解答

31.8.1 习题

1. OSPF 协议是使用链路延迟作为路由选择的参考值的。（   ）

    T. True   F. False

2. 下列不是 OSPF 相对 RIPv2 协议改进点的是（   ）。

    A. OSPF 协议使用 LSA 进行交互

    B. OSPF 协议没有最大跳数限制

    C. OSPF 协议不使用跳数进行路由选择

    D. OSPF 使用组播地址进行更新

3. 第四类 LSA 是（   ）。

    A. network LSA   B. summary LSA

    C. ASBR summary LSA   D. AS external LSA

4. stub 区域和 NSSA 区域内部能够注入的 LSA 类型是一样的。（   ）

    T. True   F. False

31.8.2 习题答案

1. F 2. D 3. C 4. F

第 **9** 篇
网络安全技术基础

第32章

网络安全技术概述

随着网络技术的普及,网络的安全性显得更加重要。这是因为怀有恶意的攻击者可能窃取、篡改网络上传输的信息,通过网络非法入侵获取储存在远程主机上的机密信息,或构造大量的数据报文占用网络资源,阻止其他合法用户正常使用等。网络作为开放的信息系统必然存在诸多潜在的安全隐患,因此,网络安全技术作为一个独特的领域越来越受到人们的关注。

随着全球信息高速公路的建设和发展,个人、企业乃至整个社会对信息技术的依赖程度越来越高,一旦网络系统安全受到严重威胁,不仅会对个人、企业造成不可避免的损失,还会给社会乃至整个国家带来巨大的经济损失。因此,提高对网络安全重要性的认识,增强防范意识,强化防范措施,不仅是各个企业组织要重视的问题,也是保证信息产业持续稳定发展的重要保证和前提条件。

32.1 本章目标

学习完本章,应该能够达到以下目标。

(1) 了解网络安全技术概念。

(2) 掌握网络安全技术范围。

32.2 什么是网络安全

从本质上来讲,网络安全就是网络上的信息安全,是指网络系统的硬件、软件及其系统中的数据受到保护,不会由于偶然的或者恶意的原因而遭到破坏、更改、泄露,系统连续、可靠、正常地运行,网络服务不中断。从广义来说,凡是涉及网络上信息的保密性、完整性、可用性、真实性和可控性的相关技术和理论都是网络安全的研究领域。网络安全是一门涉及计算机科学、网络技术、通信技术、密码技术、信息安全技术、应用数学、数论、信息论等多种学科的综合性学科。

网络安全涉及的内容既有技术方面的问题,也有管理方面的问题,两方面相互补充,缺一不可。技术方面主要侧重于如何防范外部非法攻击,管理方面则侧重于内部人为因素的管理。如何更有效地保护重要的信息数据、提高计算机网络系统的安全性已经成为所有计算机网络应用必须考虑和必须解决的一个重要问题。

32.3 网络安全关注的范围

网络安全是网络必须面对的一个实际问题,同时,网络安全又是一个综合性的技术。网络安全关注的范围如下。

(1) 保护网络物理线路不会轻易遭受攻击:物理安全策略的目的是保护计算机系统、网络服务器、打印机等硬件实体和链路免受自然灾害、人为破坏和搭线攻击,确保计算机系统有一个良好的电磁兼容工作环境；建立完备的安全管理制度，防止非法进入计算机控制室和各种偷窃、破坏活动的发生。

（2）有效识别合法的和非法的用户：验证用户的身份和使用权限、防止用户越权操作。

（3）实现有效的访问控制：访问控制策略是网络安全防范和保护的主要策略，其目的是保证网络资源不被非法使用和非法访问。访问控制策略包括入网访问控制策略、操作权限控制策略、目录安全控制策略、属性安全控制策略、网络服务器安全控制策略、网络监测、锁定控制策略和防火墙控制策略等方面的内容。

（4）保证内部网络的隐蔽性：通过 NAT 或 ASPF 技术保护网络的隐蔽性。

（5）有效的防伪手段，重要的数据重点保护：采用 IPSec 技术对传输数据加密。

（6）对网络设备、网络拓扑的安全管理：部署网管软件对全网设备进行监控。

（7）病毒防范：加强对网络中的病毒进行实时防御。

（8）提高安全防范意识：制定信息安全管理制度，赏罚分明，提高全员安全防范意识。

32.4　网络安全的关键技术

32.4.1　ACL 包过滤技术

ACL（access control list，访问控制列表）由一系列有顺序的规则组成。这些规则（rule）根据数据包的源地址、目的地址、端口号等来定义匹配条件，并执行 permit 或 deny 操作。

ACL 包过滤通过引用 ACL，使用 ACL 中的规则对数据包进行分类，并根据指定的 permit 或 deny 操作对数据包放行或丢弃。ACL 包过滤应用在网络设备的接口上，网络设备根据 ACL 包过滤的配置对进入和离开设备的数据包进行过滤。

访问控制列表通常与包过滤、网络地址转换、策略路由等配合使用。

32.4.2　网络地址转换技术

网络地址转换（network address translation，NAT）在 RFC1631 中描述，它是将 IP 数据报报头中的 IP 地址转换为另一个 IP 地址的过程。在实际应用中，NAT 主要用于实现私有网络访问外部网络的功能。这种使用少量的公有 IP 地址代表大量的私有 IP 地址的方式将有助于减缓可用 IP 地址空间枯竭的速度。

常见的 NAT 技术有多对一地址转换、多对多地址转换、NAPT、NAT server、NAT static、easy IP、NAT ALG、双向 NAT 等。

32.4.3　认证、授权和计费

AAA（authentication，authorization and accounting，认证、授权和计费）提供了一个用来对认证、授权和计费这 3 种安全功能进行配置的一致性框架，实际上是对网络安全的一种管理。

这里的网络安全主要是指访问控制，包括如下 3 个问题。

（1）哪些用户可以访问网络服务器？

（2）具有访问权的用户可以得到哪些服务？

（3）如何对正在使用网络资源的用户进行计费？

RADIUS（remote authentication dial-in user service，远程认证拨号用户服务）是一种分布式的、客户机/服务器结构的信息交互协议，能保护网络不受未授权访问的干扰，常被应用在既要求较高安全性,又要求允许远程用户访问的网络环境中。例如,它常被用来管理使用串口和调制解调器的大量分散拨号用户。RADIUS 系统是 NAS(network access server,网络接入服务器)系统的重要辅助部分。

RADIUS 服务器对用户的认证过程通常需要利用 NAS 等设备的代理认证功能。在这一过程中,RADIUS 客户端和 RADIUS 服务器之间通过共享密钥认证、交互消息,用户密码采用密文方式在网络上传输,增强了安全性。RADIUS 协议合并了认证和授权过程,即响应报文中携带了授权信息。其操作流程和步骤如图 32-1 所示。

图 32-1 RADIUS 消息交互示意图

32.4.4 交换机端口安全技术

随着以太网应用的日益普及,以太网安全成为日益迫切的需求。在没有安全技术应用的以太网中,用户只要能连接到交换机的物理端口,就可以访问网络中的所有资源,局域网的安全无法得到保证。以太网交换机针对网络安全问题提供了多种安全机制,包括地址绑定、端口隔离、接入认证等技术。其中,IEEE 802.1x 就是交换机端口安全技术的典型应用。

IEEE 802.1x 协议是基于客户端/服务器(client/server)架构的访问控制和认证协议。它可以限制未经授权的用户/设备通过接入端口(access port)访问 LAN/WLAN。在获得交换机或 LAN 提供的各种业务之前,IEEE 802.1x 对连接到交换机端口上的用户/设备进行认证。在认证通过之前,IEEE 802.1x 只允许 EAPoL(基于局域网的扩展认证协议)数据通过设备连接的交换机端口。在认证通过以后,正常的数据可以顺利地通过以太网端口,如图 32-2 所示。

图 32-2 IEEE 8802.1x 示意图

32.4.5 VPN 虚拟私有网技术

VPN(virtual private network,虚拟私有网)是近年来随着 Internet 的广泛应用而迅速发展起来的一种新技术,用以实现在公用网络上构建私人专用网络。"虚拟"主要指这种网络是一种逻辑上的网络。

伴随企业和公司的不断扩张,员工出差日趋频繁,驻外机构及客户群分布日益分散,合作伙伴日益增多,越来越多的现代企业迫切需要利用公共 Internet 资源来进行促销、销售、售后服务、培训、合作及其他商业活动,这为 VPN 的应用提供了广阔市场。图 32-3 就是 VPN 技术的典型应用。

图 32-3 VPN 技术的典型应用

常见的 VPN 种类有 L2TP、GRE、IPSec VPN、DVPN、MPLS VPN、SSL VPN 等。移动办公用户通常采用 L2TP 或 SSL VPN,而在站点之间通常部署 GRE、IPSec VPN 或 MPLS VPN 等。

32.4.6 终端准入控制

EAD(end user admission domination,终端准入控制)方案的主要目的是从网络端点接入控制入手,加强网络终端的主动防御能力,控制病毒的蔓延。EAD 通过安全客户端、iMC EAD 服务器、网络设备及防病毒软件产品、系统补丁管理产品、桌面管理产品的联动,对接入网络的用户终端强制实施企业安全策略,严格控制用户终端的网络使用行为,将不符合安全要求的终端限制在"隔离区"内,防止"危险"终端对网络安全的损害,避免"易感"终端受病毒、蠕虫的攻击。

可以说,EAD 解决方案的实现原理就是通过将网络接入控制和用户终端安全策略控制相结合,以用户终端对企业安全策略的符合度为条件,控制用户访问网络的接入权限,从而降低病毒、非法访问等对网络带来的危害,如图 32-4 所示。

图 32-4 EAD 示意图

32.5 本章总结

(1) 网络安全就是网络上的信息安全,是指网络系统的硬件、软件及其系统中的数据受到保护,不受偶然的或恶意的原因而遭到破坏、更改、泄露,系统连续、可靠、正常地运行,网络服务不中断。

(2) 网络安全是网络必须面对的一个实际问题,同时,网络安全又是一个综合性的技术。

32.6 习题和解答

32.6.1 习题

1. 简述网络安全的含义。

2. 网络安全关注的范围有哪些?

3. 以太网交换机针对网络安全问题提供了多种安全机制,包括_____、_____和_____等技术。

4. 移动办公用户一般采用(　　)VPN 接入。

    A. L2TP　　　　　　B. GRE　　　　　　C. SSL VPN　　　　D. DVPN

5. AAA 分别指_____、_____和_____。

32.6.2 习题答案

1. 略　2. 略　3. 地址绑定、端口隔离、接入认证　4. AC　5. 认证、授权、计费

第33章

通过访问控制列表实现包过滤

要增强网络安全性,网络设备需要具备控制某些访问或某些数据的能力。ACL 包过滤就是一种被广泛使用的网络安全技术。它使用 ACL(access control list,访问控制列表)来实现数据识别,并决定是转发还是丢弃这些数据包。ACL 通过一系列的匹配条件对报文进行分类,这些条件可以是报文的源地址、目的地址、端口号等信息。

另外,由 ACL 定义的报文匹配规则,可以被其他需要对流进行区分的场合引用,如 QoS 的数据分类、NAT 转换源地址匹配等。

33.1 本章目标

学习完本章,应该能够达到以下目标。

(1) 了解 ACL 定义及应用。

(2) 掌握 ACL 包过滤工作原理。

(3) 掌握 ACL 的分类及应用。

(4) 掌握 ACL 包过滤的配置。

(5) 掌握 ACL 包过滤的配置应用注意事项。

(6) 理解 ASPF 的功能和基本原理。

33.2 ACL 概述

ACL 是用来实现数据识别功能的。为了实现数据识别,网络设备需要配置一系列的匹配条件对报文进行分类,这些条件可以是报文的源地址、目的地址、端口号、协议类型等。

需要用到访问控制列表的应用有很多,主要如下。

(1) 包过滤(packet filter firewall)功能:网络设备的包过滤功能用于实现包过滤。配置基于访问控制列表的包过滤,可以在保证合法用户的报文通过的同时拒绝非法用户的访问。比如,要实现只允许财务部的员工访问服务器而其他部门的员工不能访问,可以通过包过滤丢弃其他部门访问服务器的数据包来实现。

(2) NAT(network address translation,网络地址转换):公网地址的短缺使 NAT 的应用需求旺盛,而通过设置访问控制列表可以规定哪些数据包需要进行地址转换。比如,通过设置 ACL 只允许属于 192.168.1.0/24 网段的用户通过 NAT 转换访问 Internet。

(3) QoS(quality of service,服务质量)的数据分类:QoS 是指网络转发数据报文的服务品质保障。新业务的不断涌现对 IP 网络的服务品质提出了更高的要求,用户已不再满足于简单地将报文送达目的地,而是希望得到更好的服务,如为用户提供专用带宽、减少报文的丢失率等。QoS 通过 ACL 可以实现数据分类,并进一步对不同类别的数据提供有差别的服务。

比如,通过设置 ACL 来识别语音数据包并对其设置较高优先级,就可以保障语音数据包优先被网络设备所转发,从而保障 IP 语音通话质量。

(4) 路由策略和过滤:路由器在发布与接收路由信息时,可能需要实施一些策略,以便对路由信息进行过滤。比如,路由器可以通过引用 ACL 来对匹配路由信息的目的网段地址实施路由过滤,过滤掉不需要的路由而只保留必须的路由。

(5) 按需拨号:配置路由器建立 PSTN/ISDN 等按需拨号连接时,需要配置触发拨号行为的数据,即只有需要发送某类数据时路由器才会发起拨号连接。这种对数据的匹配也通过配置和引用 ACL 来实现。

ACL 的应用非常广泛。本章主要讲解 MSR 路由器基于 ACL 的包过滤工作原理。

33.3 基于 ACL 的包过滤

33.3.1 基本工作原理

在路由器上实现包过滤功能的核心就是 ACL。

如图 33-1 所示,包过滤配置在路由器的接口上,并且具有方向性。每个接口的出站方向(outbound)和入站方向(inbound)均可配置独立的包过滤。

图 33-1 ACL 包过滤基本工作原理

当数据包被路由器接收时,就会受到入接口上入站方向的包过滤策略;反之,当数据包即将从一个接口发出时,就会受到出接口上出站方向的包过滤策略。当然,如果该接口该方向上没有配置包过滤,数据包就不会被过滤,而直接通过。

包过滤对进出的数据包逐个检查其 IP 地址、协议类型、端口号等信息,与自身所引用的 ACL 进行匹配,根据 ACL 的规则设定丢弃数据包或转发之。

注意: H3C 交换机也支持 ACL 包过滤。但不同设备的 ACL 实现有细微差别。本书以 MSR 路由器为范例讲解 ACL 及包过滤功能的原理和配置。

33.3.2 ACL 包过滤工作流程

包过滤的规则设定通过引用 ACL 来实现。一个 ACL 可以包含多条规则,每条规则都定义了一个匹配条件及其相应动作。

ACL 规则的匹配条件主要包括数据包的源 IP 地址、目的 IP 地址、协议号、源端口号、目的端口号等;另外还可以有 IP 优先级、分片报文位、MAC 地址、VLAN 信息等。不同的 ACL 分类所能包含的匹配条件也不同。

ACL 规则的动作有两个——permit(允许)或 deny(拒绝)。

ACL 包过滤具有方向性,可以指定对出或入接口方向的数据包过滤。

当路由器收到一个数据包时,如果入接口上没有启动 ACL 包过滤,则数据包直接被提交给路由转发进程去处理;如果入接口上启动了 ACL 包过滤,则将数据包交给入站包过滤进行过滤,其工作流程如图 33-2 所示。

图 33-2　入站包过滤工作流程

(1) 系统用 ACL 中第一条规则的条件来尝试匹配数据包中的信息。

(2) 如果数据包信息符合此规则的条件(即数据包命中此规则),则执行规则所设定的动作。若动作为 permit,则允许此数据包穿过,将其提交给路由转发进程去处理;若动作为 deny,则丢弃此数据包。

(3) 如果数据包信息不符合此规则的条件,则继续尝试匹配下一条 ACL 规则。

(4) 如果数据包信息不符合任何一条规则的条件,则执行包过滤默认规则的动作。若默认动作为 permit,则允许此数据包穿过,将其提交给路由转发进程去处理;若动作为 deny,则丢弃此数据包。

当路由器准备从某接口上发出一个数据包时,如果出接口上没有启动 ACL 包过滤,则数据包直接由接口发出;如果出接口上启动了 ACL 包过滤,则将数据包交给出站进行过滤,其工作流程如图 33-3 所示。

(1) 系统用 ACL 中第一条规则的条件来尝试匹配数据包中的信息。

(2) 如果数据包信息符合此规则的条件,则执行规则所设定的动作。若动作为 permit,则允许此数据包穿过,将其提交给路由转发进程去处理;若动作为 deny,则丢弃此数据包。

(3) 如果数据包信息不符合此规则的条件,则转下一条 ACL 规则继续尝试匹配。

图 33-3　出站包过滤工作流程

（4）如果数据包信息不符合任何一条规则的条件，则执行包过滤的默认动作。若默认动作为 permit，则允许此数据包穿过，将其提交给路由转发进程去处理；若动作为 deny，则丢弃此数据包。

默认动作用来定义对 ACL 以外数据包的处理方式，即在没有规则去判定用户数据包是否可以通过的时候，包过滤采取的策略是允许（permit）还是拒绝（deny）该数据包通过。默认动作可以通过命令进行修改。

33.3.3　通配符掩码

ACL 规则都使用 IP 地址和通配符掩码来设定匹配条件。

通配符掩码又称为反掩码。和子网掩码一样，通配符掩码也是由 0 和 1 组成的 32b 数，也以点分十进制形式表示。通配符掩码的作用与子网掩码的作用相似，即通过与 IP 地址执行"比较"操作来标识网络。不同的是，通配符掩码化为二进制后，其中的 1 表示"在比较中可以忽略相应的地址位，不用检查"，地址位上的 0 表示"相应的地址位必须被检查"。

例如，通配符掩码 0.0.0.255 表示只比较相应地址的前 24 位，通配符掩码 0.0.3.255 表示只比较相应地址的前 22 位。

在进行 ACL 包过滤时，具体的比较算法如下。

（1）用 ACL 规则中配置的 IP 地址与通配符掩码做异或（XOR）运算，得到一个地址 X。

（2）用数据包的 IP 地址与通配符掩码做异或运算，得到一个地址 Y。

（3）如果 $X = Y$，则此数据包命中此条规则；反之，则未命中此规则。

一些通配符掩码的应用示例如表 33-1 所示。

表 33-1　通配符掩码示例

IP 地址	通配符掩码	表示的地址范围
192.168.0.1	0.0.0.255	192.168.0.0/24
192.168.0.1	0.0.3.255	192.168.0.0/22
192.168.0.1	0.255.255.255	192.0.0.0/8
192.168.0.1	0.0.0.0	192.168.0.1
192.168.0.1	255.255.255.255	0.0.0.0/0
192.168.0.1	0.0.2.255	192.168.0.0/24 和 192.168.2.0/24

例如，要使一条规则匹配子网 192.168.0.0/24 中的地址，其条件中的 IP 地址应为 192.168.0.0，通配符掩码应为 0.0.0.255，表明只比较 IP 地址的前 24 位。

再如，要使一条规则匹配子网 192.168.0.0/22 中的地址，其条件中的 IP 地址应为 192.168.0.0，通配符掩码应为 0.0.3.255，表明只比较 IP 地址的前 22 位。

通配符掩码中的 0 和 1 可以是不连续的，从这种意义上说，"反掩码"的称呼并不精确。例如，通配符掩码 0.0.2.255 的二进制表现形式是 00000000 00000000 00000010 11111111，表示 IP 地址的前 22 位和第 24 位必须比较，而第 23 位和末 8 位不比较。如果某规则的条件是 IP 地址 192.168.0.1，通配符掩码 0.0.2.255，表示其可以被子网 192.168.0.0/24 和 192.168.2.0/24 中的地址命中。

33.4　ACL 分类

33.4.1　ACL 的标识

根据所过滤数据包类型的不同，MSR 路由器上的 ACL 包含 IPv4 ACL 和 IPv6 ACL。如无特别声明，本书所称的 ACL 均指 IPv4 ACL。

在配置 IPv4 ACL 的时候，需要定义一个数字序号，并且利用这个序号来唯一标识一个 ACL。ACL 序号有如表 33-2 所示的几种类型。

表 33-2　ACL 序号

访问控制列表的类型	数字序号的范围
基本访问控制列表	2000～2999
高级访问控制列表	3000～3999
基于二层访问控制列表	4000～4999
用户自定义访问控制列表	5000～5999

（1）基本 ACL（序号为 2000～2999）：只根据报文的源 IP 地址信息制定规则。

（2）高级 ACL（序号为 3000～3999）：根据报文的源 IP 地址信息、目的 IP 地址信息、IP 承载的协议类型、协议的特性等三、四层信息制定规则。

（3）二层 ACL（序号为 4000～4999）：根据报文的源 MAC 地址、目的 MAC 地址、VLAN 优先级、二层协议类型等二层信息制定规则。

（4）用户自定义 ACL（序号为 5000～5999）：可以以报文的报文头、IP 头等为基准，指定从第几个字节开始与掩码进行"与"操作，将从报文提取出来的字符串和用户定义的字符串进行比较，找到匹配的报文。

指定序号的同时,可以为 ACL 指定一个名称,称为命名的 ACL。命名 ACL 的好处是容易记忆,便于维护。命名的 ACL 使用户可以通过名称唯一地确定一个 ACL,并对其进行相应的操作。

33.4.2　基本 ACL

因为基本访问控制列表只根据报文的源 IP 地址信息制定规则,所以比较适用于过滤从特定网络来的报文的情况。

如图 33-4 所示的例子中,用户希望拒绝来自网络 1.1.1.0/24 的数据包通过,而允许来自网络 2.2.2.0/28 的数据包被路由器转发。这种情况下,就可以定义一个基本访问控制列表,包含两条规则,其中一条规则匹配源 IP 地址 1.1.1.0/24,动作是 deny;而另一条规则匹配源 IP 地址 2.2.2.0/28,动作是 permit。

图 33-4　基本 ACL 示意

33.4.3　高级 ACL

因为高级访问控制列表根据报文的源 IP 地址信息、目的 IP 地址信息、IP 承载的协议类型、协议的特性等三、四层信息制定规则,所以比较适合于过滤某些网络中的应用及过滤精确的数据流的情形。

如图 33-5 所示的例子中,用户希望拒绝从网络 1.1.1.0/24 到 3.3.3.1 的 HTTP 访问,而

图 33-5　高级 ACL 示意

允许从网络 1.1.1.0/24 到 2.2.2.1 的 telnet 协议访问。这种情况下就可以定义一个高级访问控制列表,其中的一条规则匹配源 IP 地址 1.1.1.0/24、目的 IP 地址 3.3.3.1/32、目的 TCP 端口 80(HTTP)的数据包,动作是 deny;另一条规则匹配源 IP 地址 1.1.1.0/24、目的 IP 地址 2.2.2.1/32、目的 TCP 端口 23(telnet)的数据包,动作是 permit。

33.4.4　二层 ACL 和用户自定义 ACL

MSR 路由器还支持二层 ACL 和用户自定义 ACL。

二层 ACL 可根据报文的源 MAC 地址、目的 MAC 地址、VLAN 优先级、二层协议类型等二层信息制定规则。

例如,用户可以禁止 802.1p 优先级为 3 的报文通过路由器,而允许其他报文通过。因为 802.1p 优先级是属于带有 VLAN 标签的以太网帧头中的信息,所以可以使用二层 ACL 来匹配。

用户自定义 ACL 可以以报文头、IP 头等为基准,指定从第几个字节开始与掩码进行"与"操作,将从报文提取处理的字符串与用户自定义字符串进行比较,判断是否匹配。

例如,用户可以使用自定义 ACL 来禁止从以太网帧头开始算起第 13、第 14 字节内容为 0x0806 的报文(ARP 报文)通过。

33.5　配置 ACL 包过滤

33.5.1　ACL 包过滤配置任务

ACL 包过滤配置任务包括如下内容。

(1) 根据需要选择合适的 ACL 分类。不同的 ACL 分类其所能配置的报文匹配条件是不同的,应该根据实际情况的需要来选择合适的 ACL 分类。比如,如果包过滤只需要过滤来自特定网络的 IP 报文,那么选择基本 ACL 就可以了;如果需要过滤上层协议应用,那么就需要用到高级 ACL。

(2) 创建规则,设置匹配条件及相应的动作(permit/deny)。要注意定义正确的通配符掩码以命中需要匹配的 IP 地址范围;选择正确的协议类型、端口号来命中需要匹配的上层协议应用;并给每条规则选择合适的动作。如果一条规则不能满足需求,那还需要配置多条规则并注意规则之间的排列顺序。

(3) 在路由器的接口应用 ACL,并指明是对入接口或出接口的报文进行过滤。只有在路由器的接口上应用了 ACL 后,包过滤才会生效。另外,对于接口来说,可分为入接口的报文和出接口的报文,所以还需要指明是对哪个方向的报文进行过滤。

33.5.2　修改包过滤的默认动作

默认动作用来定义对访问控制列表以外数据包的处理方式,即在没有规则去判定用户数据包是否可以通过的时候,包过滤采取的策略是允许还是禁止该数据包通过。系统默认的动作是 permit,即没有命中匹配规则的数据报文被转发。设置包过滤的默认动作的配置命令为:

```
[H3C]packet - filter default deny
```

33.5.3 配置基本 ACL

基本访问控制列表的配置可以分为两部分。

第 1 步：设置访问控制列表序号，基本访问控制列表的序号范围为 2000～2999。

`[H3C] acl basic` *acl - number*

第 2 步：定义规则，允许或拒绝来自指定网络的数据包，并定义参数。

`[H3C - acl - ipv4 - basic - 2000] rule` [*rule - id*] {**deny**|**permit**}[**counting**|**fragment**|**logging**|**source** {**object - group** *address - group - name*|*source - address source - wildcard*|**any**}|**time - range** *time - range - name*|**vpn - instance** *vpn - instance - name*]

其中主要的参数含义如下。

（1）**deny**：表示丢弃符合条件的报文。

（2）**permit**：表示允许符合条件的报文通过。

（3）**counting**：表示开启了规则匹配统计功能，默认为关闭。

（4）**fragment**：分片信息。定义规则仅对非首片分片报文有效，而对非分片报文和首片分片报文无效。若未指定本参数，则表示该规则对非分片报文和分片报文均有效。

（5）**logging**：对符合条件的报文可记录日志信息。

（6）**source** {**object-group** *address-group-name*|*source-address source-wildcard*| **any**}：指定规则的源 IP 地址信息。*address-group-name* 表示源 IP 地址对象组的名称，*source-address* 表示报文的源 IP 地址，*source-wildcard* 表示源 IP 地址的通配符掩码（为 0 表示主机地址），any 表示任意源 IP 地址。**object-group** 参数的支持情况与设备型号有关，以设备的实际情况为准。

（7）**time-range** *time-range-name*：指定规则生效的时间段。

（8）**vpn-instance** *vpn-instance-name*：表示对指定 VPN 实例中的报文有效。*vpn-instance-name* 表示 MPLS L3VPN 的 VPN 实例名称，为 1～31 个字符的字符串，区分大小写。若未指定本参数，则表示该规则对非 VPN 报文有效，对 VPN 报文无效。

33.5.4 配置高级 ACL

高级访问控制列表的配置可以分为两部分。

第 1 步：设置访问控制列表序号，高级访问控制列表的序号范围为 3000～3999。

`[H3C] acl advanced` *acl - number*

第 2 步：配置规则，规则在基本访问控制列表上增加了目的地址、协议号、端口以及操作符等信息。

`[H3C - acl - ipv4 - adv - 3000] rule` [*rule - id*]{**deny**|**permit**} *protocol*[{{**ack** *ack - value*|**fin** *fin - value*|**psh** *psh - value*|**rst** *rst - value*|**syn** *syn - value*|**urg** *urg - value*}|**established**}|**counting**|**destination**{**object - group** *address - group - name*|*dest - address dest - wildcard*|**any**}|**destination - port**{**object - group** *port - group - name*|*operator port1* [*port2*]}|{**dscp** *dscp*|{**precedence** *precedence*|**tos** *tos*}}|**fragment**|**icmp - type** {*icmp - type*[*icmp - code*]|*icmp - message*}|**logging**|**source**{**object - group** *address - group - name*|*source - address source - wildcard*|**any**}|**source - port**{**object - group** *port - group - name*|*operator port1* [*port2*]}|**time - range** *time - range - name*|**vpn - instance** *vpn - instance - name*]

其中主要参数含义如下。

（1）**deny**：表示丢弃符合条件的报文。

（2）**permit**：表示允许符合条件的报文通过。

（3）*protocol*：IP 承载的协议类型。用数字表示时，取值范围为 0～255；用名字表示时，可以选取 **gre**(47)、**icmp**(1)、**igmp**(2)、**ip**、**ipinip**(4)、**ospf**(89)、**tcp**(6)、**udp**(17)。

（4）{**ack** *ack-value*|**fin** *fin-value*|**psh** *psh-value*|**rst** *rst-value*|**syn** *syn-value*|**urg** *urg-value*}：TCP 报文标识，定义对携带不同标识位（包括 ACK、FIN、PSH、RST、SYN 和 URG 6 种）的 TCP 报文的处理规则。

（5）**source**{***object-group*** address-group-name|source-address source-wildcard|**any**}：用来确定报文的源 IP 地址，点分十进制表示。

（6）**destination**{***object-group*** address-group-name|dest-address dest-wildcard|**any**}：用来确定报文的目的 IP 地址，点分十进制表示。

（7）**logging**：对符合条件的报文可记录日志信息。

（8）*port*1，*port*2：TCP 或 UDP 的端口号，用数字表示时，取值范围为 0～65535，也可以用文字表示。

（9）*operator*：端口操作符，取值可以为 **lt**（小于）、**gt**（大于）、**eq**（等于）、**neq**（不等于）或 **range**（在范围内，包括边界值）。只有操作符 **range** 需要两个端口号做操作数，其他的只需要一个端口号做操作数。

（10）**established**：TCP 连接建立标识。是 TCP 协议特有的参数，定义规则匹配带有 **ack** 或 **rst** 标识的 TCP 连接报文。

（11）**counting**：表示开启了规则匹配统计功能，默认为关闭。

33.5.5　配置二层 ACL

规则序号为 4000～4999 的访问控制列表为二层访问控制列表。二层访问控制列表根据报文的源 MAC 地址、目的 MAC 地址、IEEE 802.1p 优先级、二层协议类型等二层信息制定匹配规则，对报文进行相应的分析处理。

二层访问控制列表的配置可以分为两部分。

第 1 步：设置访问控制列表序号，二层访问控制列表的序号范围为 4000～4999。

```
[H3C] acl mac acl - number
```

第 2 步：配置规则，规则上主要为源 MAC 地址、目的 MAC 地址及 CoS 值等信息。

```
[H3C - acl - mac - 4000] rule [rule - id]{deny|permit}[cos dot1p|counting|dest - mac dest -
address dest - mask|{lsap lsap - type lsap - type - mask|type protocol - type protocol - type -
mask}|source - mac source - address source - mask|time - range time - range - name ]
```

其中主要参数含义如下。

（1）**deny**：表示丢弃符合条件的报文。

（2）**permit**：表示允许符合条件的报文通过。

（3）**cos** *vlan-pri*：定义规则的 IEEE 802.1p 优先级。

（4）**dest-mac** *dest-addr dest-mask*：定义规则的目的 MAC 地址范围。

（5）**lsap** *lsap-code lsap-wildcard*：定义规则中 LLC 封装中的 DSAP 字段和 SSAP

字段。

（6）**source-mac** *sour-addr source-mask*：定义规则的源 MAC 地址范围。

（7）**time-range** *time-name*：指定规则生效的时间段。

33.5.6　在接口上应用 ACL

只有将 ACL 应用在接口上才能实现包过滤的功能。

对于路由器而言，接口的方向只有两个：inbound 方向和 outbound 方向。数据包进入路由器的方向是 inbound 方向，数据包离开路由器的方向是 outbound 方向。

将访问控制列表应用在接口的命令如下。

```
packet-filter[ipv6|mac]{acl-number|name acl-name}{inbound|outbound}
```

其中主要参数含义如下。

（1）**ipv6**：指定 ACL 类型为 IPv6 ACL。

（2）**mac**：指定 ACL 类型为二层 ACL。

（3）*acl-number*：访问控制列表序号，取值范围为 2000～4999。

（4）**name** *acl-name*：指定访问控制列表的名称。

（5）**inbound**：过滤接口接收的数据包。

（6）**outbound**：过滤接口转发的数据包。

33.5.7　ACL 包过滤信息显示与调试

在 ACL 包过滤功能配置完成后，可通过命令查看包过滤的统计信息、默认过滤规则、接口上应用的 ACL 情况及数据包被允许或者拒绝的情况。常用 ACL 包过滤显示和调试命令如表 33-3 所示。

表 33-3　常用 **ACL** 包过滤显示和调试命令

操　　作	命　　令
查看包过滤的默认动作以及统计信息	**display packet-filter statistics**{**interface** *interface-type interface-number*{**inbound**|**outbound**}[**default**|[**ipv6**|**mac**]{*acl-number*|**name** *acl-name*}]|**zone-pair security source** *source-zone-name* **destination** *destination-zone-name*[[**ipv6**]{*acl-number*|**name** *acl-name*}]}[**brief**]
显示 ACL 在报文过滤中的详细应用情况	**display packet-filter verbose interface** *interface-type interface-number*{**inbound**|**outbound**}[[**ipv6**|**mac**]{*acl-number*|**name** *acl-name*}][**slot** *slot-number*]
清除包过滤的统计信息	**reset packet-filter statistics**{**interface**[*interface-type interface-number*]{**inbound**|**outbound**}[**default**|[**ipv6**|**mac**]{*acl-number*|**name** *acl-name*}]|**zone-pair security**[**source** *source-zone-name* **destination** *destination-zone-name*][**ipv6**]{*acl-number*|**name** *acl-name*}]}
显示配置的 IPv4 ACL 信息	**display acl**[**ipv6**|**mac**]{*acl-number*|**all**|**name** *acl-name*}
清除 IPv4 ACL 统计信息	**reset acl**[**ipv6**|**mac**] **counter**{*acl-number*|**all**|**name** *acl-name*}

显示配置的 ACL 信息的示例如下。

```
<H3C> display acl 2001
```

```
Basic acl 2001, 1 rule,
Acl's step is 5
rule 5 permit source 1.1.1.1 0 (5 times matched)
rule 5 comment This rule is used in GE 1
```

从以上输出信息可以知道，ACL2001 包含了一条规则，并且有 5 个数据包命中。
查看包过滤的统计信息的示例如下。

```
[H3C - GigabitEthernet0/0]dis packet - filter statistics interface GigabitEthernet 0/0 inbound
Interface: GigabitEthernet0/0
 Inbound policy:
  IPv4 ACL 2001
    rule 0 deny source 192.168.0.2 0
```

从以上输出可以得知，ACL 包过滤处于开启状态，默认的过滤规则是 deny，即没有命中匹配规则的报文将被丢弃。所使用的 ACL 是基本 ACL，序号是 2001，应用在接口 GigabitEthernet 0/0 上，方向是 inbound，即系统对接收的报文进行过滤。

另外，在用户视图下，可以使用命令 reset packet-filter statistics interface GigabitEthernet 0/0 inbound 2001 来清除接口 GigabitEthernet0/0 入方向上 IPv4 基本 ACL2001 在报文过滤中应用的统计信息。

```
< H3C > reset packet - filter statistics interface GigabitEthernet 1/0/1 inbound 2001
```

33.6　ACL 包过滤的注意事项

33.6.1　ACL 规则的匹配顺序

一个 ACL 中可以包含多个规则，而每个规则都指定不同的报文匹配选项，这些规则可能存在动作冲突。由于 ACL 规则是依照一定次序匹配的，如果一个数据包命中多条规则，将以先命中的规则的动作为准。

ACL 支持两种匹配顺序。

（1）配置顺序（config）：按照用户配置规则的先后顺序进行规则匹配。

（2）自动排序（auto）：按照"深度优先"的顺序进行规则匹配。即系统优先考虑地址范围小的规则。

在配置 ACL 的时候，系统默认的匹配顺序是 config。可通过命令来配置 ACL 的匹配顺序。

```
[H3C] acl [ ipv6 ]{advanced|basic} {acl - number|name acl - name}[match - order{auto|config}]
```

同样的 ACL，因为匹配顺序不同，会导致不同的结果。

如图 33-6 所示的例子中，ACL 的匹配顺序是 config，系统会按照用户配置规则的先后顺序进行规则匹配。所以主机 1.1.1.1 所发出的数据包被系统允许通过。

而如图 33-7 所示的例子中，虽然 ACL 规则和数据包与图 33-6 所示的例子完全相同，但因为匹配顺序是 auto，系统会按照"深度优先"的规则来匹配。数据包将优先匹配 IP 地址范围小的第二条规则，所以路由器会丢弃源地址是 1.1.1.1 的数据包。

各种类型 ACL 的"深度优先"判断原则略有不同。

基本 ACL 的"深度优先"顺序判断原则如下。

图 33-6 按配置顺序匹配数据包示例

图 33-7 按自动排序匹配数据包示例

（1）先判断规则的匹配条件中是否包含 VPN 实例,包含者优先。

（2）如果 VPN 实例的包含情况相同,则比较源 IP 地址范围,源 IP 地址范围小(反掩码中"0"位的数量多)的规则优先。

（3）如果源 IP 地址范围相同,则先配置的规则优先。

高级 ACL 的"深度优先"顺序判断原则如下。

（1）先判断规则的匹配条件中是否包含 VPN 实例,包含者优先。

（2）如果 VPN 实例的包含情况相同,再比较协议范围,指定了 IP 协议承载的协议类型的规则优先。

（3）如果协议范围相同,则比较源 IP 地址范围,源 IP 地址范围小(反掩码中"0"位的数量多)的规则优先。

（4）如果源 IP 地址范围也相同,则比较目的 IP 地址范围,目的 IP 地址范围小(反掩码中"0"位的数量多)的规则优先。

（5）如果目的 IP 地址范围也相同,则比较第四层端口号(即 TCP/UDP 端口号)范围,第四层端口号范围小的规则优先。

（6）如果上述范围都相同,则比较配置的先后次序,先配置的规则优先。

二层 ACL 的"深度优先"顺序判断原则如下。

（1）先比较源 MAC 地址范围,源 MAC 地址范围小(掩码中"1"位的数量多)的规则优先。

（2）如果源 MAC 地址范围相同,则比较目的 MAC 地址范围,目的 MAC 地址范围小(掩码中"1"位的数量多)的规则优先。

（3）如果源 MAC 地址范围、目的 MAC 地址范围相同,则先配置的规则优先。

33.6.2　在网络中的正确位置配置 ACL 包过滤

在网络中部署 ACL 包过滤时,需要慎重考虑部署的位置。如果一个网络中有多台路由器,部署的原则是,尽量在距离源近的地方应用 ACL 以减少不必要的流量转发。

高级 ACL 的条件设定比较精确,应该部署在靠近被过滤源的接口上,以尽早阻止不必要的流量进入网络。

基本 ACL 只能依据源 IP 地址匹配数据包,部署位置过于靠近被拒源的基本 ACL 可能阻止该源访问合法目的。因此,应在不影响其他合法访问的前提下,尽可能使 ACL 靠近被拒绝的源。

如图 33-8 所示的例子中,用户想要实施 ACL 包过滤来阻断从主机 PCA 到网络 A 和网络 B 的数据包。如果用高级 ACL 来实现,在任意一台路由器上实施 ACL 都可以达到目的。但最好的实施位置是在路由器 RTC 的 GE0/0 接口上,因为可以最大限度地减少不必要的流量处理与转发。应当在 RTC 上配置命令如下:

```
[RTC] acl advanced 3000
[RTC-acl-ipv4-adv-3000] rule deny ip source 172.16.0.1 0 destination 192.168.0.0 0.0.1.255
[RTC-GigabitEthernet0/0] packet-filter 3000 inbound
```

图 33-8　高级 ACL 部署位置示例

用基本 ACL 来实现同样的要求,则需要更细心地考虑。如果仍在 RTC 的 GE0/0 接口上配置入方向的基本 ACL 过滤,则 PCA 将不能访问任何一个网络。如果在 RTA 的 GE0/0 接口上配置出方向的基本 ACL 过滤,则 PCA 虽然不能访问网络 A,却仍然可以访问网络 B。而在 RTA 的 GE0/1 接口上配置入方向的基本 ACL 过滤,则既可以阻止 PCA 访问网络 A 和网络 B,也可以允许其访问其他所有网络。如图 33-9 所示,应当在 RTA 上配置命令如下:

```
[RTA] acl basic 2000
[RTA-acl-ipv4-basic-2000] rule deny source 172.16.0.1 0
[RTA-GigabitEthernet0/1] packet-filter 2000 inbound
```

```
[RTA]acl basic 2000
[RTA-acl-ipv4-basic-2000] rule deny source 172.16.0.1 0
[RTA-GigabitEthernet0/1] packet-filter 2000 inbound
```

图 33-9　基本 ACL 部署位置示例

33.7　ASPF 介绍

33.7.1　ASPF 概述

静态包过滤可以精确地控制数据包,但是其有以下两个不足。

(1) 只能根据报文的网络层、传输层信息进行匹配和过滤,无法利用应用层信息。

(2) 对于端口动态变化的应用,如语音应用,控制不够精确,容易留下安全隐患。

例如,对于 FTP、H.323 等多通道的应用层协议,其部分通道是在主控制通道打开后协商打开的,静态包过滤无法预知其所使用的地址、端口号等。再例如,静态包过滤无法检测 TCP SYN、Java Applets 等来自传输层和应用层的攻击行为,也无法识别伪造的 ICMP 差错报文,从而无法避免 ICMP 的恶意攻击。

静态包过滤采用的 ACL 虽然带有一定的识别 TCP 状态的能力,但对于 TCP 连接均要求其首报文为 SYN 报文,非 SYN 报文的 TCP 首包将被丢弃。在这种处理方式下,网络中原有 TCP 连接的非首报文在经过新加入的包过滤设备时均被丢弃,这会中断已有的连接。

ASPF(application specific packet filter)技术可以很好地解决这些问题。ASPF 的主要功能如下。

(1) 能够检查应用层协议信息,如报文的协议类型和端口号等,并且监控基于连接的应用层协议状态。对于所有连接,每一个连接状态信息都将被 ASPF 维护,并用于动态地决定数据包是否被允许通过。

(2) 能够执行通用 TCP/UDP 检测,读取传输层协议信息并根据源地址、目的地址及端口号决定 TCP 或 UDP 报文是否可以通过。

ASPF 的其他功能还包括如下内容。

(1) 不仅能够根据连接的状态对报文进行过滤,还能够对应用层报文的内容加以检测,提供对不可信站点的 Java Blocking 功能,用于保护网络不受有害的 Java Applets 的破坏。

(2) 增强的会话日志功能。可以对所有的连接进行记录,包括连接的时间、源地址、目的地址、使用的端口和传输的字节数。

(3) 支持 PAM(port to application map,应用协议端口映射),允许用户自定义应用层协议,使用非通用端口。

（4）支持 ICMP 差错报文检测。正常 ICMP 差错报文中均携带有本报文对应连接的相关信息,根据这些信息可以匹配到相应的连接。如果匹配失败,则根据当前配置决定是否丢弃该 ICMP 报文。

（5）支持 TCP 连接首包检测。对 TCP 连接的首报文进行检测,查看是否为 SYN 报文,如果不是 SYN 报文,则根据当前配置决定是否丢弃该报文。

在网络边界,ASPF 与包过滤协同工作,能够为企业内部网络提供更全面的、更符合实际需求的安全保障。

33.7.2 ASPF 工作原理

ASPF 工作的基本原理就是监听并记录应用协议交互过程,并按照应用协议的特定需求动态创建访问控制列表以达到精确控制报文转发的目的。

1. 应用层协议检测

为了保护内部网络,通常情况下需要在网络的出口设备上配置基于访问控制列表的包过滤功能,以允许内部网的主机访问外部网络,同时拒绝外部网络的主机访问内部网络。静态包过滤会将用户发起连接后返回的报文过滤掉,导致连接无法正常建立。

在设备上配置了 ASPF 后,基于 ASPF 的包过滤可以检测每一个应用层的会话,并创建一个状态表和一个 TACL(temporary access control list,临时访问控制列表)。

（1）状态表在 ASPF 检测到第一个向外发送的报文时创建,用于维护一次会话某一时刻所处的状态,并检测会话状态的转换是否正确。

（2）TACL 的表项在创建状态表项的同时创建,在会话结束后删除,它相当于一个扩展 ACL 的 permit 项。TACL 主要用于匹配一个会话中的所有返回的报文,可以为某一会话的返回报文在包过滤上建立一个临时的穿越通道。

下面以 FTP 检测为例说明多通道应用层协议检测的过程。

如图 33-10 所示,FTP 客户端对 FTP 服务器建立 FTP 连接时,FTP 客户端首先以 1333端口向 FTP 服务器的 21 端口发起 FTP 控制通道的连接,在控制通道中通过协商,决定由 FTP 服务器的 20 端口向 FTP 客户端的 1600 端口发起数据通道的连接,以便传输数据。数据传输超时或结束后连接删除。

图 33-10 FTP 检测过程示意图

ASPF 在 FTP 连接建立到删除过程中的检测处理如下。

(1) 检查从出接口上向外发送的 IP 报文,确认为基于 TCP 的 FTP 报文。

(2) 检查端口号,确认连接为 FTP 控制连接,建立返回报文的 TACL 和状态表。

(3) 检查 FTP 控制连接报文,解析 FTP 指令,根据指令更新状态表。如果包含数据通道建立指令,则创建数据连接的 TACL。对于数据连接不进行状态检测。

(4) 对于返回报文,根据协议类型做相应匹配检查,检查将根据相应协议的状态表和 TACL 决定报文是否允许通过。

(5) 若发现 FTP 连接删除或超时,则随即删除状态表及 TACL。

单通道应用层协议(如 SMTP、HTTP 等)的检测过程比较简单。在发起连接时建立 TACL,在连接删除时随之删除 TACL 即可。

2. 传输层协议检测基本原理

ASPF 的传输层协议检测是指通用 TCP/UDP 检测。与应用层协议检测不同,通用 TCP/UDP 检测是对报文的传输层信息进行的检测,包括源/目的地址及端口号等。

通用 TCP/UDP 检测要求返回到 ASPF 外部接口的报文要与此前从 ASPF 外部接口发出的某个报文完全匹配,即源/目的地址及端口号恰好对应,否则返回的报文将被丢弃。因此,对于 FTP、H.323 这样的多通道应用层协议,在不配置应用层检测而直接配置 TCP 检测的情况下,会导致数据连接无法建立。

虽然 UDP 是无连接的传输协议,ASPF 同样以类似于处理 TCP 连接的方式监控、记录 UDP 协议信息,并动态地创建访问规则。

尽管 ASPF 功能强大,但是 ASPF 不可能跟踪所有的应用层协议。ASPF 可以支持的协议包括 FTP、HTTP、SMTP、H.323 等。每种设备具体支持的协议参见相关的手册和规格说明。

33.8　本章总结

(1) 包过滤使用 ACL 过滤数据包;ACL 还可用于 NAT、QoS、路由策略、按需拨号等。

(2) 基本 ACL 根据源 IP 地址进行过滤;高级 ACL 根据 IP 地址、IP 协议号、端口号等进行过滤。

(3) ACL 规则的匹配顺序会影响实际过滤结果。

(4) ACL 包过滤的配置位置应尽量避免不必要的流量进入网络。

(5) ASPF 可以根据应用层和传输层信息动态创建访问控制列表以精确控制报文转发。

33.9　习题和解答

33.9.1　习题

1. 下列关于 ACL 包过滤的说法正确的有(　　)。

　A. 基本 ACL 匹配 IP 包的源地址

　B. 高级 ACL 可以匹配 IP 包的目的地址和端口号

　C. 包过滤的默认规则总是 permit

　D. 包过滤的默认规则总是 deny

2. 为某 ACL 配置了下列 4 条 ACL 规则,如果设置其匹配次序为 auto,则系统首先将尝试用（　　）规则匹配数据包。

　　A．rule deny source 192.18.0.1 0.0.0.15

　　B．rule permit source 192.18.0.0 0.0.0.63

　　C．rule deny source 192.18.0.1 0.0.1.255

　　D．rule permit source 192.18.0.1 255.255.255.255

　3．要查看所配置的 ACL，应使用命令（　　）。

　　A．display packet-filter statistics　　　　B．display acl

　　C．display packet-filter　　　　D．display firewall packet-filter

　4．某 ACL 规则为 rule deny source 10.0.0.0 0.0.7.255，该规则将匹配的 IP 地址范围为（　　）。

　　A．10.0.0.0/16　　　　B．10.0.0.0/22

　　C．10.0.0.0/8　　　　D．10.0.0.0/21

　5．要配置 ACL 包过滤，必须（　　）。

　　A．创建 ACL　　　　B．配置 ACL 规则

　　C．启动包过滤功能　　　　D．配置默认规则

33.9.2　习题答案

1．AB　2．A　3．B　4．D　5．ABC

第34章

网络地址转换

当前的 Internet 主要基于 IPv4 协议,用户访问 Internet 的前提条件是拥有属于自己的 IPv4 地址。IPv4 地址共 32b,理论上支持约 40 亿的地址空间,但随着 Internet 用户的快速增长,加上地址分配不均等因素,很多国家已经陷入 IP 地址不敷使用的窘境。

为了解决 IPv4 地址短缺的问题,IETF 提出了 NAT(network address translation,网络地址转换)解决方案。IP 地址分为公有地址(public address)和私有地址(private address)。公有地址由 IANA 统一分配,用于 Internet 通信;私有地址可以自由分配,用于私有网络内部通信。NAT 技术的主要作用是将私有地址转换成公有地址,使私有网络中的主机可以通过共享少量公有地址访问 Internet。

但 NAT 只是一种过渡技术,从根本上解决地址供需问题的方法是采用支持更大地址空间的下一代 IP 技术,即 IPv6 协议,它提供了几乎取之不尽的地址空间,是下一代 Internet 的协议基础。

与 NAT 相关的标准有 RFC2663、RFC3022、RFC3027 等,其中,RFC3022 是关于传统 NAT 的标准,它详细地描述了传统 NAT 的分类和实现机制。

34.1 本章目标

学习完本章,应该能够达到以下目标。

(1) 理解 NAT 技术出现的历史背景。

(2) 理解 NAT 的分类及其原理。

(3) 配置常见 NAT 应用。

(4) 在实际网络中灵活选择适当的 NAT 技术。

34.2 NAT 概述

根据 RFC1918 的规定,IPv4 单播地址中预留了 3 个私有地址段(private address space),供使用者任意支配,但仅限于私有网络使用,它们是 10.0.0.0/8、172.16.0.0/12 和 192.168.0.0/16。其他的 IPv4 单播地址(不包括 0.0.0.0/8 和 127.0.0.0/8)可以在 Internet 上使用,由 IANA 统一管理,称为公有地址。

属于一个特定组织的私有 TCP/IP 网络需要给内部每一个网络节点分配 IP 地址,如果使用公有地址,则会产生如下两个问题。

(1) 如果这个组织很大,则会需要一笔可观的费用。

(2) 如果每一个组织都申请公有地址,则会加速 IPv4 地址的耗尽。

因此,申请巨量 IP 地址是很困难的。当然,如果全面升级至 IPv6,那么地址资源紧缺问题会自然解决，但这个升级过程也将是漫长而代价巨大的。

在企业网络中，可以使用私有地址进行组网，尤其是在公有地址稀缺的情况下。采用私有地址的好处是可以任意分配巨大的私有地址空间，而不需要征得 IANA 的同意。但私有地址在 Internet 上是无法路由的，如果采用私有地址的网络需要访问 Internet，必须在网络的出口处部署 NAT 设备，将私有地址转换成公有地址。

NAT 技术的出现，主要目的是解决 IPv4 地址匮乏的问题，另外 NAT 屏蔽了私网用户真实地址，也提高了私网用户的安全性。如果企业全网采用公有地址，则企业外部节点与内部节点就可以直接通信。而从企业网络内部与外部互相访问的实际情况来看，大部分企业希望对内部主动访问外部实施比较宽松的限制。而对外部主动访问内部实施严格的限制。例如，只允许外界访问 HTTP 服务等。地址转换技术是满足上述需求的一个好办法。

如图 34-1 所示的是典型 NAT 组网模型。网络被划分为私网（private network）和公网（public network）两部分，各自使用独立的地址空间（address realm）。私网使用私有地址 10.0.0.0/24，而公网节点均使用 Internet 地址。为了使私网客户端主机 A 和主机 B 能够访问 Internet 上的服务器（IP 地址为 198.76.29.4），在网络边界部署一台 NAT 设备用于执行地址转换。

图 34-1　典型 NAT 组网

在讲述 NAT 原理的过程中，会频繁使用一些与 NAT 相关的常用术语。

（1）公网：指使用 IANA 分配的公有 IP 地址空间的网络，或者在互联的两个网络中不需要做地址转换的一方。在讨论 NAT 时，公网也常常被称为全局网络（global network）或外网（external network）。相应地，公网节点使用的地址称为公有地址（public address）或全局地址（global address）。

（2）私网：指使用独立于外部网络的私有 IP 地址空间的内部网，或者在互联的两个网络中，需要做地址转换的一方。在讨论 NAT 时，私网也常常被称为本地网络（local network）或内网（internal network）。相应地，私网节点使用的地址称为私有地址（private address）或本地地址（local address）。

（3）NAT 设备：介于公网和私网之间的设备，负责执行公有地址和私有地址之间的转换。通常由一台路由器来完成这个任务。

（4）TU port：指与某个 IP 地址相关联的 TCP/UDP 端口，如 HTTP 的 TU port 为 80。

（5）地址池（address pool）：一般为公有地址的集合。配置动态地址转换后，NAT 设备从地址池中为私网用户动态分配公有地址。

34.3 basic NAT

34.3.1 basic NAT 原理

basic NAT 是最简单的一种地址转换方式，它只对数据包的 IP 层参数进行转换。

在图 34-2 中，私网主机 A(10.0.0.1)需要访问公网的服务器(198.76.29.4)，在 RTA 上配置 NAT，地址池为 198.76.28.11～198.76.28.20，地址转换过程如下。

图 34-2 basic NAT 工作原理

（1）主机 A 产生目的地为服务器的 IP 报文，发送给默认网关 10.0.0.254，报文源地址为 10.0.0.1，目的地址为 198.76.29.4。

（2）RTA 收到 IP 报文后，查找路由表，将 IP 报文转发至出接口，由于在出接口上配置了 NAT，因此，RTA 需要将源地址 10.0.0.1 转换成公网地址。

（3）RTA 从地址池中查找第一个可用的公网地址，本例中为 198.76.28.11，用这个地址替换数据包的源地址，转换后的报文源地址为 192.76.28.11，目的地址为 198.76.29.4。同时，RTA 在自己的 NAT 表中添加一个表项(10.0.0.1→198.76.28.11)，记录由内部地址 10.0.0.1 到全局地址 198.76.28.11 的映射。然后 RTA 将报文转发给目的地址 198.76.29.4。

（4）服务器收到 IP 报文后做相应的处理。

（5）服务器发送回应报文时，报文的源地址为 192.76.29.4，目的地址为 198.76.28.11。

（6）RTA 收到 IP 报文，发现报文的目的地址 192.76.28.11 在 NAT 地址池内，遂检查 NAT 表，找到相应表项(10.0.0.1→198.76.28.11)后，用私网地址 10.0.0.1 替换公网地址 198.76.28.11，转换后的报文源地址为 192.76.29.4，目的地址为 10.0.0.1。然后 RTA 将报文转发给主机 A。

（7）主机 A 收到 IP 报文，地址转换过程结束。

如果在这个过程中，主机 B 也同时要访问服务器，则 RTA 将会从地址池中为其分配另一

个可用公网地址(本例中为 198.76.28.12),并在 NAT 表中添加一个相应的表项(10.0.0.2→
198.76.28.12),记录主机 B 的私网地址 10.0.0.2 到公网地址 192.76.28.12 的映射。

34.3.2　配置 basic NAT

配置 basic NAT 时,首先需要配置一个公网地址池,为私网用户动态分配公网地址。地
址池是一些连续的公网 IP 地址集合。地址池的配置由 **nat address-group** 命令完成。NAT 地
址池配置如表 34-1 所示。

表 34-1　NAT 地址池配置命令

操　作	命　令
配置地址池	〔H3C〕**nat address-group** *group-number* 〔H3C-nat-address-group-1〕**address** *start-address end-address*
删除地址池	〔H3C〕**undo nat address-group** *group-number*

如果地址池的起始 IP 地址 *start-addr* 与结束 IP 地址 *end-addr* 相同,则表示地址池只有
一个地址。

然后,要配置一个 ACL,用于匹配"需要被 NAT 转换的报文"。ACL 的配置与用于包过
滤的 ACL 没有区别。被 ACL 允许(permit)的报文将被进行 NAT 转换;被拒绝(deny)的报
文不会被转换。

最后,要在通向公网的出接口上配置 ACL 与 NAT 地址池的关联,这样,凡是经由此接口
向外转发并被某 ACL 规则允许(permit)的数据报文均会被进行地址转换,其源地址会被转换
成地址池内的某个可用的公网地址。这一步通过如表 34-2 所示的 **nat outbound** 命令实现。

表 34-2　nat oubound 命令

操　作	命　令
配置网络地址转换	〔H3C-GigabitEthernet0/0〕**nat outbound** *acl-number* **address-group** *group-number* **no-pat**
取消网络地址转换	〔H3C-GigabitEthernet0/0〕**undo nat outbound** *acl-number* **address-group** *group-number* **no-pat**

关键字 **no-pat** 表示这是一个 basic NAT 转换,即只做一对一的地址转换,且只转换数据
包的地址而不转换端口。

一个典型的 basic NAT 配置示例如图 34-3 所示。在本例中,私网客户端主机 A、主机 B
需要访问公网服务器,在 RTA 上配置公网地址池 address-group 1,地址范围为 198.76.28.11~
198.76.28.20,动态为主机 A、主机 B 分配公网地址。

路由器 RTA 收到主机 A 始发的流量(源 IP 地址为 10.0.0.1,目的 IP 地址为 198.76.29.4)
后,匹配 ACL 2000 成功后,会将源地址 10.0.0.1 转换成公网地址并在内部建立地址转换表
(10.0.0.1:1024→198.76.28.11:1024),公网地址按一定方式在地址池中选取,如按地址由小
到大方式选取。当 RTA 收到服务器端始发的回程流量(源 IP 地址为 198.76.29.4,目的 IP
地址为 198.76.28.11)后,查找地址转换表,根据表项(10.0.0.1:1024→198.76.28.11:1024)
将目的地址 198.76.28.11 转换成 10.0.0.1 后,再依照路由器路由表转发。

图 34-3　basic NAT 配置示例

34.4　NAPT

34.4.1　NAPT 原理

在 basic NAT 中,内部地址与外部地址存在一一对应关系,即一个外部地址在同一时刻只能被分配给一个内部地址。它只解决了公网和私网的通信问题,并没有解决公有地址不足的问题。

NAPT(network address port translation,网络地址端口转换)对数据包的 IP 地址、协议类型、传输层端口号同时进行转换,可以显著提高公有 IP 地址的利用效率。

图 34-4 显示了典型的 NAPT 工作原理。私网主机 A(10.0.0.1)需要访问公网服务器的 WWW 服务。在 RTA 上配置 NAPT,地址池为 198.76.28.11~198.76.28.20,地址转换过程如下。

图 34-4　NAPT 工作原理

（1）主机 A 产生目的地址为服务器的 IP 报文，发送给默认网关 RTA，报文源地址/端口为 10.0.0.1:1024，目的地址/端口为 198.76.29.4:80。

（2）RTA 收到 IP 报文后，查找路由表，将 IP 报文转发至出接口，由于在出接口上配置了 NAPT，因此，RTA 需要将私网地址/端口 10.0.0.1:1024 转换成公网地址/端口。

（3）RTA 从地址池中查找第一个可用的公网地址，本例中为 198.76.28.11，用这个地址替换数据包的源地址；并查找该公网地址的一个可用端口，本例中为 2001，用这个端口替换源端口。转换后的报文源地址/端口为 192.76.28.11:2001，目的地址/端口为 198.76.29.4:80。同时，RTA 在自己的 NAT 表中添加一个表项（10.0.0.1:1024→198.76.28.11:2001），记录由内部地址/端口 10.0.0.1:1024 到全局地址/端口 198.76.28.11:2001 的映射。然后 RTA 将报文转发给目的地址 198.76.29.4。

（4）服务器收到 IP 报文后做相应的处理。

（5）服务器处理完报文后，发送回应报文，报文源地址/端口为 192.76.29.4:80，目的地址/端口为 198.76.28.11:2001。

（6）RTA 收到 IP 报文，发现报文的目的地址在 NAT 地址池内，遂检查 NAT 表，找到相应表项（10.0.0.1:1024→198.76.28.11:2001），用私网地址/端口 10.0.0.1:1024 替换公网地址/端口 198.76.28.11:2001，然后转发给主机 A。转换后的报文源地址/端口为 192.76.29.4:80，目的地址/端口为 10.0.0.1:1024。

（7）主机 A 收到 IP 报文，地址转换过程结束。

如果在这个过程中，主机 B 也同时要访问服务器，则 RTA 将会从地址池中为其分配同一个可用公网地址 198.76.28.11，但分配另一个端口 3001，并在 NAT 表中添加一条相应的表项（10.0.0.2:1024→198.76.28.11:3001），记录主机 B 的私网地址/端口到公网地址/端口的映射。

通过这种方法，NAPT 提供了公网地址复用的能力。地址池中的公网地址可以大大少于需要访问公网的私网主机数，从而节约了公网地址。

34.4.2　配置 NAPT

NAPT 的配置方法与 basic NAT 基本相同。

首先，要配置一个公网地址池，为私网用户动态分配公网地址和端口，地址池是一些连续的公网 IP 地址集合。地址池的配置通过 **nat address-group** 命令完成。

其次，要配置一个 ACL，用于筛选出"需要被 NAT 转换的报文"。

最后，要在通向公网的出接口上配置 ACL 与 NAT 地址池的关联。这一步通过如表 34-3 所示的 **nat outbound** 命令实现。

表 34-3　NAPT 配置命令

操　作	命　令
配置网络地址转换	**nat outbound** *acl-number* **address-group** *group-number*
取消网络地址转换	**undo nat outbound** *acl-number* **address-group** *group-number*

NAPT 与 basic NAT 的配置区别在于，前者使用 **nat outbound** 命令时不加 **no-pat** 关键字，表示允许端口转换；而后者加 **no-pat** 关键字，表示禁止端口转换。

一个典型的 NAPT 配置示例如图 34-5 所示。在本例中，私网客户端主机 A、主机 B 需要访问公网服务器，在 RTA 上配置公网地址池 address-group 1，地址池内只有一个公网地址

198.76.28.11,动态为主机 A、主机 B 分配公网地址和协议端口。

图 34-5　NAPT 配置示例

　　主机 A 和主机 B 的源地址都会转换成同一个公网地址 198.76.28.11,不同的源端口号。这样 RTA 在收到服务器始发回程数据流后,就能根据数据流中的目的端口号来区分转换后的目的地址为 10.0.0.1 还是 10.0.0.2。

34.5　easy IP

　　在标准的 NAPT 配置中需要创建公网地址池,也就是必须预先得到确定的公网 IP 地址范围。而在拨号接入这类常见的上网方式中,公网 IP 地址是由运营商方面动态分配的,无法事先确定,标准的 NAPT 无法为其做地址转换。要解决这个问题,就要引入 easy IP 特性。

　　easy IP 又称为基于接口的地址转换。在地址转换时,easy IP 的工作原理与普通 NAPT 相同,对数据包的 IP 地址、协议类型、传输层端口号同时进行转换。但 easy IP 直接使用相应公网接口的 IP 地址作为转换后的源地址。

　　由于不必事先配置公网地址池,easy IP 适用于动态获得 Internet 或公网 IP 地址的场合。

　　在配置 easy IP 时,无须配置地址池,只需要配置一个 ACL,用于筛选出"需要被 NAT 转换的报文",然后在 NAT 设备通向公网的出接口的接口视图下使用如表 34-4 所示的 **nat outbound** 命令,将 ACL 与接口关联起来即可。

表 34-4　easy IP 配置命令

操　　作	命　　令
配置网络地址转换	**nat outbound** *acl-number*
取消网络地址转换	**undo nat outbound** *acl-number*

　　一个典型的 easy IP 配置例子如图 34-6 所示。在本例中,私网客户端主机 A、主机 B 需要访问公网服务器,使用公网接口 IP 地址动态为主机 A、主机 B 分配公网地址和协议端口。

图 34-6　easy IP 配置示例

注意：在前述的几个例子中，如果公网服务器端首先发起连接，是无法与私网主机端建立通信的，因为此时在 RTA 中并没有生成 NAT 转发表项。必须等待主机发起连接，RTA 建立起 NAT 转发表项后，服务器才能主动与主机进行通信。

34.6　NAT server

34.6.1　NAT server 原理

从 basic NAT 和 NAPT 的工作原理可见，NAT 表项由私网主机主动向公网主机发起访问而触发建立，公网主机无法主动向私网主机发起连接。因此，NAT 隐藏了内部网络的结构，具有屏蔽内部主机的作用。但是在实际应用中，在使用 NAT 的同时，内部网络可能需要对外提供服务，如 Web 服务、FTP 服务等，常规的 NAT 就无法满足要求了。

为了满足公网客户端访问私网内部服务器的需求，需要引入 NAT server 特性，将私网地址/端口静态映射成公网地址/端口，以供公网客户端访问。当然 NAT server 并不是一种独立的技术，只是 basic NAT 和 NAPT 的一种具体应用而已。

在图 34-7 中，主机 A 的私网地址为 10.0.0.1，由端口 8080 提供 Web 服务，在对公网提供

图 34-7　NAT server 工作原理

Web 服务时要求端口号为 80。配置时应在 NAT 设备上启用 NAT server，将私网 IP 和端口 10.0.0.1：8080 映射成公网 IP 和端口 198.76.28.11：80，这样公网主机 C 便可以通过 198.76.28.11：80 访问主机 A 的 Web 服务。

34.6.2　配置 NAT server

配置 NAT server 时，需要指定协议类型、公网 IP 地址和端口、私网 IP 和端口，这些配置通过在通向公网的出接口的接口视图下使用如表 34-5 表示的 **nat server** 命令实现。

表 34-5　NAT server 配置命令

操　　作	命　　令
配置一个内部服务器	**nat server protocol** *pro-type* **global** *global-addr* [*global-port*] **inside** *host-addr* [*host-port*]
删除一个内部服务器	**undo nat server protocol** *pro-type* **global** *global-addr*[*global-port*] **inside** *host-addr* [*host-port*]

一个典型的 NAT server 配置示例如图 34-8 所示。

图 34-8　NAT server 配置示例

在本例中，主机 A 是一台 telnet 服务器，私网地址为 10.0.0.1，由端口 23 提供 telnet 服务，在 RTA 上为主机 A 静态映射公网地址 198.76.28.11 和协议端口。配置如下即可。

```
[RTB]interface Ethernet0/1
[RTB-Ethernet0/1]nat server protocol tcp global 198.76.28.11 telnet inside 10.0.0.1 telnet
```

34.7　NAT ALG

传统 NAT（basic NAT 和 NAPT）只能识别并修改 IP 报文中的 IP 地址和 TU port 信息，不能修改报文内部携带的信息，因此对于一些在 IP 报文载荷（payload）中内嵌网络底层信息（IP 地址或 TU port 等）的协议，如 FTP、H.323、SIP 等，是无法正确转换的。

ALG 是传统 NAT 的增强特性。它能够识别应用层协议内嵌的网络底层信息，在转换 IP 地址和 TU port 的同时，对应用层数据中的网络底层信息进行正确转换。

下面以 FTP 的 active 模式为例详细说明 ALG 的处理过程。

　　FTP 是一种基于 TCP 的协议，用于在客户端和服务器间传输文件。FTP 工作时建立两个通道：control 通道和 data 通道。control 通道用于传输 FTP 控制信息，data 通道用于传输文件数据。

　　在图 34-9 中，私网主机 A（10.0.0.1）需要访问公网服务器（198.76.29.4）的 FTP 服务，在 RTA 上配置 NAPT，地址池为 198.76.28.11～198.76.28.20，地址转换过程如下。

图 34-9　NAT ALG 工作原理

　　（1）主机 A 发起到服务器的 FTP control 通道建立请求，告诉服务器自己使用 TCP 端口 5001 传输 data，报文源地址/端口为 10.0.0.1:1024，目的地址/端口为 198.76.29.4:21，携带数据"request command＝port IP＝10.0.0.1 port＝5001"。

　　（2）RTA 收到 FTP 报文，建立映射关系（10.0.0.1:1024→198.76.28.11:2001），转换源 IP 地址和 TCP 端口，根据目的端口 21，RTA 识别出这是一个 FTP 报文，因此，还要检查应用层数据，发现原始数据为"request command＝port IP＝10.0.0.1 port＝5001"，遂为 data 通道（10.0.0.1:5001）建立第二个映射关系（10.0.0.1:5001→198.76.28.11:2002），处理后的报文源地址/端口为 198.76.28.11:2001，目的地址/端口为 198.76.29.4:21，携带数据"request command＝port IP＝198.76.28.11 port＝2002"。

　　（3）服务器收到 FTP 报文，向客户端回应 command okay 报文，FTP control 通道建立成功。同时，服务器根据应用层数据确定客户端 data 通道的网络参数（IP 地址为 198.76.28.11，TCP 端口为 2002）。

　　（4）主机 A 需要从 FTP 服务器下载文件，于是发起获取文件请求（retr file）。服务器收到请求后，发起到主机 A 的 data 通道建立请求，IP 报文的源地址/端口为 198.76.29.4:20，目的地址/端口为 198.76.28.11:2002，携带 FTP 数据。

　　（5）RTA 收到 FTP 数据包，查找地址转换表，根据表项（10.0.0.1:5001→198.76.28.11:2002）进

行转换,转换后将数据包转发给主机 A,进行 FTP 文件下载。此时的 IP 报文源地址/端口为 198.76.29.4:20,目的地址/端口为 10.0.0.1:5001,携带数据为 FTP 数据。

当然完整的 FTP ALG 过程还涉及很多细节,包括 IP 报文长度、TCP 校验和 TCP 序号调整等,这里不再详述。

NAT 设备 ALG 支持的协议种类是有限的,常见的有 FTP、DNS、H. 323、SIP 等。在实际网络环境中,有可能存在如 MSN、QQ 等非标准或新出现的应用,在早期的 NAT 实现中并没有集成这些应用的 ALG,从而无法支持这些应用。

ALG 故障的表现通常为大部分应用能够正常使用,而一些应用的部分或全部功能存在问题。如果碰到 ALG 故障,首先应该确定具体应用的种类,然后根据应用类型采取相应的措施。比较常见的应用可以通过升级 NAT 设备软件的方法尝试解决。

34.8 NAT 的信息显示和调试

系统内提供的功能强大的显示和调试工具,有助于用户了解 NAT 运行状况,迅速定位相关故障。

在用户视图下输入下列命令,可以查看地址转换状态:

display nat { address - group *group - number* **| all | outbound** *port - block - group* **| server | statistics | session }**

在用户视图下输入下列命令,可以调试地址转换过程:

debugging nat { alg | event | packet [interface *interface - type interface - number* **] }**

如果需要立即清除地址转换连接,可使用如下命令。

reset nat session

34.9 本章总结

(1) NAT 可以有限缓解 IPv4 地址短缺,并提高安全性。
(2) basic NAT 实现私网地址与公网地址的一对一转换。
(3) NAPT 实现私网地址与公网地址的多对一转换。
(4) easy IP 是 NAPT 的一个特例,适用于出接口地址无法预知的场合。
(5) NAT server 使公网主机可以主动连接私网服务器获取服务。
(6) 对 FTP 等上层应用需要做 ALG 处理。

34.10 习题和解答

34.10.1 习题

1. 以下 NAT 技术中,可以使多个内网主机共用一个 IP 地址的是(　　)。
   A. basic NAT　　　B. NAPT　　　C. easy IP　　　D. NAT ALG
2. 以下 NAT 技术中,不允许外网主机主动对内网主机发起连接的是(　　)。
   A. basic NAT　　　B. NAPT　　　C. easy IP　　　D. NAT server
3. 地址池 2 的地址范围为 202.101.10.7～202.101.10.15,以下命令(　　)在接口

Serial1/0 上配置了 NAT,使 ACL2001 匹配的地址被转换为地址池 2 内的地址。

    A. nat outbound 2001 address-group 2

    B. nat outbound 2001 address-group 2 202.101.10.7 202.101.10.15

    C. nat outbound acl 2001 address-group 2

    D. nat outbound acl 2001 address-group 2 202.101.10.7 202.101.10.15

4. 在配置 NAT 时,(　　)确定了内网主机的地址将被转换。

    A. 地址池　　　　　　B. NAT 表　　　　　　C. ACL　　　　　　　　D. 配置 NAT 的接口

5. NAT 的特点包括(　　)。

    A. 节约 IP 地址　　　　　　　　　　　B. 提高内网安全性

    C. 私网主机不允许使用公网地址　　　　D. NAT 设备必须具有固定的公网地址

34.10.2　习题答案

1. BC　2. ABC　3. A　4. C　5. AB

第35章

AAA 和 RADIUS

AAA(authentication,authorization and accounting,认证、计费、授权)是一个综合的安全架构,和其他一些安全技术配合使用,可以提升网络和设备的安全性。AAA 是一种管理框架,它提供了授权部分实体去访问特定的资源,同时,可以记录这些实体操作行为的一种安全机制,具有良好的可扩展性,容易实现用户信息的集中管理,目前被广泛使用。

RADIUS(remote authentication dial-in user service,远程认证拨号用户服务)是 AAA 架构中常被采用的一种认证协议。本章对 AAA 架构及常用的 RADIUS 认证进行介绍。

35.1　本章目标

学习完本章,应该能够达到以下目标。

(1) 描述 AAA 的架构。

(2) 描述 RADIUS 协议的认证流程。

(3) 列举 RADIUS 协议的主要属性。

(4) 配置 AAA 和 RADIUS。

(5) 配置设备的管理用户通过 RADIUS 认证。

35.2　AAA 架构

AAA 是网络安全的一种管理机制,提供了认证、授权、计费 3 种安全功能。AAA 通常采用客户端/服务器结构,客户端运行于 NAS(network access server,网络接入服务器)上,服务器则集中管理用户信息。

AAA 的 3 种安全功能作用如下。

(1) 认证(authentication):确认远端访问用户的身份,判断访问者是否为合法的网络用户。

(2) 授权(authorization):对认证通过的不同用户赋予不同的权限,限制用户可以使用的服务。例如,管理用户成功登录设备后,可以根据用户的不同而分配不同的操作权限。

(3) 计费(accounting):记录用户使用网络服务中的所有操作,包括使用的服务类型、起始时间、数据流量等,它不仅是一种计费手段,也对网络安全起到了监视作用。

AAA 可以通过多种协议来实现,目前常用的是 RADIUS 协议和 TACACS+。它们都采用客户端/服务器模式,并规定了客户端(NAS)与服务器之间如何传递用户信息;都使用公共密钥对传输的用户信息进行加密;都具有较好的灵活性和扩展性。而不同的是,RADIUS 无法将认证和授权分离,而 TACACS+ 则彻底将认证和授权分离,且具有更高的安全性。

H3C 的网络设备实现的 AAA 架构还提供本地认证功能,即将用户信息(包括本地用户名、密码和各种属性)配置在设备上,相当于将 NAS 和服务器集成在同一个设备上。本地认证具有认证速度快,运营成本低的优点。

在 AAA 安全架构应用中,可以根据实际需要来决定认证、授权、计费功能是由一个还是多个服务器来承担。其中 NAS 负责把用户的认证、授权、计费信息透传给服务器,服务器则根据用户传递的信息和数据库信息来验证用户,或给用户正确授权和计费。AAA 的认证、授权、计费 3 项功能互相独立,可以分别采取不同的协议。例如,使用 TACACS＋服务器实现认证和授权,同时使用 RADIUS 服务器实现计费。同理,用户也可以只使用 AAA 提供的一种或两种安全服务。

35.3　AAA 的配置

AAA 为了适应大规模网络尤其是 ISP 网络的应用,引入了域(domain)的概念。在同一个 NAS 上可以创建多个域来满足不同的客户需求,在不同的域内则允许分别配置用户信息。各个域的控制相互独立、互不干扰。因此,AAA 的配置重点在于域的配置。而域的配置则包含如下任务。

1. 创建 AAA 的域

AAA 采用域名来区别不同的域(也即不同的客户),因此,创建域的同时必须指定域名。在同一设备上,一个域名唯一地标识了一个域。如果配置命令中指定的域名与已经存在的域名相同,则执行命令仅能进入已经存在的域,而并不创建新的域,其配置命令如下。

domain *domain － name*

2. 配置域的认证方案

创建并进入域后,即可配置此域采用的认证方案。命令中指定的方案是设备已经创建的认证方案,其配置命令如下。

authentication{**default**|**lan － access**|**login**}{**hwtacacs － scheme** *hwtacacs － scheme － name* [**local**]|
local|**none**|**radius － scheme** *radius － scheme － name* [**local**]}

其中主要关键字和参数如下。

(1) **default**:表示配置的是默认的认证方案,只有当用户的服务类型没有匹配的认证方案时方生效。

(2) **an-access**:表示配置的是 LAN 接入用户的认证方案,对 LAN 接入用户生效。

(3) **login**:表示配置的是管理用户的认证方案,对 telnet 等管理用户生效。

(4) **hwtacacs-scheme**:表示配置的认证方案为 TACACS＋方案。

(5) **radius-scheme**:表示配置的认证方案为 RADIUS 方案。

(6) **local**:表示本地认证,此模式需要配合本地用户数据库的配置使用。

(7) **none**:表示不认证,通常不建议使用。

为了满足备份的需求,还允许同时选择 **hwtacacs-scheme** 和 **local**,或者 **radius-scheme** 和 **local**,从而实现远程认证服务器无响应时转本地认证的备份功能。

3. 配置域的授权方案

域的授权方案的配置命令和认证方案的配置命令类似,区别仅仅在于第一个关键字的不同,其配置命令如下。

authorization{default|lan - access|login}{hwtacacs - scheme *hwtacacs - scheme - name* [local]|
local|none|radius - scheme *radius - scheme - name* [local]}

4. 配置域的计费方案

域的计费方案的配置命令也和认证方案的配置命令类似,其配置命令如下。

accounting{default|lan - access|login}{hwtacacs - scheme *hwtacacs - scheme - name* [local]|local|
none|radius - scheme *radius - scheme - name* [local]}

注意:在上述配置域的认证、授权、计费方案中,如果第一方案为 local 或 none,那么只能采用本地或不进行认证、授权、计费,不能再同时采用 RADIUS 或 TACACS+方案。

5. 配置默认域

在 AAA 应用中,系统根据认证用户的域名选择用户认证所在的域。例如,对用户 jack@abc.com 进行认证时,AAA 将根据其域名 abc.com 寻找设备中配置的域,并根据此域的认证方案选择认证服务器。但如果用户发送的用户名不包含域名,则网络设备可能无法判断该用户所在的域。为了使不携带域名的用户能够匹配具体的域,网络设备允许指定默认的域。用户无法匹配具体的域时,系统将采用默认的域进行认证。配置默认域的命令如下。

domain default enable *domain - name*

默认情况下,设备的默认域为 system。

35.4 RADIUS

35.4.1 RADIUS 概述

RADIUS 是一种分布式、客户端/服务器结构的信息交互协议,能保护网络不受未授权访问的干扰,常应用在要求较高安全性,又要允许远程用户访问的网络环境中。

RADIUS 最初仅是针对拨号用户的 AAA 协议,后来随着用户接入方式的多样化,RADIUS 也逐渐应用于多种用户接入方式,如以太网接入、管理用户登录等。它通过认证授权来提供接入服务,通过计费来收集、记录用户对网络资源的使用。

RADIUS 的客户端/服务器模式如下。

(1)设备作为 RADIUS 客户端,负责传输用户信息到指定的 RADIUS 服务器上,然后根据从服务器返回的信息进行相应处理,如接入/挂断用户等。

(2)RADIUS 服务器负责接收用户连接请求,认证用户,给设备返回所需要的信息等。

RADIUS 客户端与服务器之间认证消息的交互通过使用共享密钥来完成,并且共享密钥不通过网络来传输,增强了信息交互的安全性。在传输过程中,RADIUS 对用户密码进行了加密。RADIUS 服务器支持多种方法来认证用户,如基于 PPP 的 PAP、CHAP 认证等,还可以扩展支持传送 EAP 消息并完成认证。

35.4.2 RADIUS 认证的过程

RADIUS 认证采用客户端/服务器结构完成用户的认证、授权和计费,其流程如图 35-1 所示。

具体交互流程如下。

(1)用户发起连接请求,输入用户名和密码。

图 35-1　RADIUS 认证流程

（2）RADIUS 客户端根据获取的用户名和密码，向 RADIUS 服务器发送认证请求包（access-request），密码在共享密钥的参与下进行加密处理。

（3）RADIUS 服务器对用户名和密码进行认证。如果认证成功，则 RADIUS 服务器向 RADIUS 客户端发送认证接受包（access-accept），同时也包含用户的授权信息；如果认证失败，则返回认证拒绝包（access-reject）。

（4）RADIUS 客户端根据接收到的认证结果接入/拒绝用户。如果允许用户接入，则 RADIUS 客户端向服务器发送计费开始请求包（accounting-request）。

（5）RADIUS 服务器返回计费开始响应包（accounting-response），并开始计费。

（6）RADIUS 客户端对用户提供相应的服务。

（7）用户请求断开连接，RADIUS 客户端向 RADIUS 服务器发送计费停止请求包（accounting-request）。

（8）RADIUS 服务器返回计费结束响应包（accounting-response），并停止计费。

（9）用户结束访问网络资源。

在上述交互流程中，计费步骤是可选的。在计费请求和计费结束之间还可以根据要求进行实时计费报文的交互。

35.4.3　RADIUS 协议报文

RADIUS 协议采用 UDP 为传输协议，且分配端口 1812 和 1813 为认证和计费的端口号。RADIUS 报文则根据认证和计费的不同封装在不同的 UDP 数据报中。RADIUS 报文的结构如图 35-2 所示。

其中各字段描述如下。

（1）Code(1B)：用于表示报文类型。其中常见的是 1～5 号 code，具体含义和报文类型如表 35-1 所示。

（2）identifier(1B)：用于匹配请求包和响应包，以及检测一段时间内重发的请求包。

（3）length(2B)：指明整个 RADIUS 数据包的长度。

```
0 1 2 3 4 5 6 7 8 9 0 1 2 3 4 5 6 7 8 9 0 1 2 3 4 5 6 7 8 9 0 1 2
```

code	identifier	length
authenticator		
attribute		

图 35-2　RADIUS 报文结构

表 35-1　常见 RADIUS 报文类型

code	报文类型	报文说明
1	access-request	client→server，client 将用户信息传输到 server 以判断是否接入该用户
2	access-accept	server→client，如果认证通过，则传输该类型报文
3	access-reject	server→client，如果认证失败，则传输该类型报文
4	accounting-request	client→server，请求 server 开始计费，由 acct-status-type 属性区分计费开始请求和计费结束请求
5	accounting-response	server→client，server 通知 client 已经收到计费请求包并已经正确记录计费信息

（4）authenticator（16B）：用于验证 RADIUS 服务器的应答，以及对用户密码的加密计算。

（5）attribute（不定长度）：携带认证、授权和计费信息，提供请求和响应报文的配置细节，可包括多个属性，为了提高属性的可扩展性，采用 TLV 的三元组形式。

35.4.4　RADIUS 常见属性

在 RADIUS 报文中，用户属性采用 TLV 的三元组形式描述，便于协议扩展应用。为了便于理解和定位故障，了解常见的 RADIUS 属性是非常必要的。表 35-2 对常见的 RADIUS 属性进行了详细说明。

表 35-2　常见 RADIUS 属性

属性编号	属性名称	描述
1	user-name	需要进行认证的用户名称
2	user-password	需要进行 PAP 方式认证的用户密码，在采用 PAP 方式认证时，该属性仅出现在 access-request 报文中
3	CHAP-password	需要进行 CHAP 方式认证的用户密码摘要；在采用 CHAP 方式认证时，该属性出现在 access-request 报文中
4	NAS-IP-address	server 通过不同的 IP 地址来标识不同的 client，通常 client 采用本地一个接口 IP 地址来唯一标识自己，即 NAS-IP-address。该属性指示当前发起请求的 client 的 NAS-IP-address，仅出现在 access-request 报文中
5	NAS-port	用户接入 NAS 的物理端口号
6	service-type	用户申请认证的业务类型

续表

属性编号	属性名称	描　述
8	framed-IP-address	为用户所配置的 IP 地址
11	filter-ID	访问控制列表的名称
15	login-service	用户登录设备时采用的服务类型
26	vendor-specific	厂商自定义的私有属性；一个报文中可以有一个或多个私有属性，每个私有属性中可以有一个或多个子属性
31	calling-station-ID	NAS用于向 server 告知标识用户的号码，在厂商设备提供的 LAN-access 业务中，该字段填充的是用户 MAC 地址，采用"HHHH-HHHH-HHHH"格式封装

表 35-2 中的 26 号属性 vender-specific 是一个非常特殊的属性，定义此特殊属性的目的是能够让设备制造商根据需要定义自己的私有属性，用于特殊功能的开发和应用。因此，各设备制造商都可以利用此属性来开发、完成特殊功能。H3C 也定义了相关的私有属性来完成如管理员账号的管理级别等特殊功能。H3C 目前定义的常见私有属性如表 35-3 所示。

表 35-3　H3C 私有 RADIUS 属性

子属性编号	子属性名称	描　述
1	input-peak-rate	用户接入 NAS 的峰值速率，以 bps 为单位
5	output-average-rate	从 NAS 到用户的平均速率，以 bps 为单位
28	Ftp-directory	FTP 用户工作目录
29	Exec-privilege	EXEC 用户优先级
59	NAS-startup-timestamp	NAS 系统启动时刻，以 s 为单位
60	IP-host-addr	认证请求和计费请求报文中携带的用户 IP 地址和 MAC 地址，格式为"A. B. C. D hh:hh:hh:hh:hh:hh"
61	user-notify	服务器需要透传到客户端的信息

35.5　RADIUS 配置

要在作为 NAS 的网络设备上配置 RADIUS 客户端，主要包括如下配置任务。

1. 创建 RADIUS 方案

RADIUS 方案是被 AAA 的域要引用的认证方案，因此，实际上在配置 AAA 域之前，就需要配置 RADIUS 方案。RADIUS 方案的配置命令如下。

radius scheme *radius - scheme - name*

2. 配置主备认证服务器和主备计费服务器

为了实现主备备份，RADIUS 方案中允许分别配置主备认证服务器和主备计费服务器。其主备服务器的配置命令如下。

primary {**authentication**| **accounting**} *ip - address[port - number]*
secondary{**authentication**|**accounting**} *ip - address[port - number]*

其中主要关键字和参数含义如下。

（1）**primary**：表示配置主服务器。

（2）**secondary**：表示配置备份服务器。

（3）**authentication**：表示配置认证授权服务器。

（4）**accounting**：表示配置计费服务器。

（5）*ip-address*：要配置的服务器的IP地址。

（6）*port-number*：设备收发RADIUS报文采用的UDP端口号，默认认证报文端口号为1812，计费报文端口号为1813。

3. 配置设备的NAS-IP

为了保证认证的有效性和安全性，认证服务器需要验证NAS的IP地址，只有在服务器的NAS-IP地址列表范围内的认证请求才予以处理，否则将不予以处理，其配置命令如下。

```
nas - ip ip - address
radius nas - ip ip - address
```

前者在RADIUS方案视图下执行，后者在系统视图下执行。默认情况下，设备未配置NAS-IP。如果RADIUS方案下未指定NAS-IP，则使用系统视图下指定的NAS-IP；如果系统视图下未指定NAS-IP，即以发送报文的接口地址作为NAS-IP。在设备存在多出口的情况下，强烈建议配置确定的NAS-IP，避免因为发送接口的变化而导致NAS-IP变化。

4. 配置认证计费密钥

RADIUS服务器为了确保NAS的正确性采用了密钥验证的功能，同时采用密钥对用户的密码信息进行机密保护，因此，必须保证NAS和RADIUS服务器配置相同的密钥，其配置命令如下：

```
key{accounting|authentication}{cipher|simple} string
```

默认情况下，没有密钥。

5. 配置用户名的格式

为了服务器能够区别用户所在的域，大多数情况下都要求NAS发送用户名时携带用户的域名。但也存在特殊情况下需要NAS发送的用户名不携带域名。因此，RADIUS方案也可以根据实际需求选择发送的用户名是否携带域名，其配置命令如下。

```
user - name - format{with - domain|without - domain|keep - original}
```

默认情况下，NAS发送给服务器的用户名携带域名。

6. 配置定时器

NAS与RADIUS服务器之间传送的都是UDP报文，为了保证报文的正确可达，它们之间的传送采取超时重传机制。其中包含如下几个定时器来确保不同的报文尽量送达对端。

（1）服务器响应超时定时器（response-timeout）：如果在RADIUS请求报文（认证/授权请求或计费请求）传送出去一段时间后，设备还没有得到RADIUS服务器的响应，则有必要重传RADIUS请求报文，以保证确实能够得到RADIUS服务，这段时间被称为RADIUS服务器响应超时时长。

（2）主服务器恢复激活状态定时器（timer quiet）：当主服务器不可达时，状态变为block，设备会与已配置了IP地址的从服务器交互。若从服务器可达，则设备与从服务器通信，并开启超时定时器，在设定的一定时间间隔之后，将主服务器的状态恢复为active，并尝试与主服务器交互，同时保持从服务器的状态不变。若主服务器功能恢复正常，则设备会立即恢复与其通信，而中断与从服务器通信。这段时间被称为RADIUS主服务器恢复激活状态时长。

（3）实时计费间隔定时器（realtime-accounting）：为了对用户实施实时计费，有必要设置实时计费的时间间隔。在设置了该属性以后，每隔设定的时间，交换机会向 RADIUS 服务器发送一次在线用户的计费信息。

上述定时器的配置命令如下。

timer response - timeout *seconds*
timer quiet *minutes*
timer realtime - accounting *minutes*

默认情况下，response-timeout 定时器的值为 3s，quiet 定时器的值为 5min，realtime-acounting 定时器的值为 12min。

7. 配置 RADIUS 报文超时重传的次数

超时重传的机制可以在一定程度上保证 RADIUS 的可靠性，但并不能永无止境地重传下去。因此，必须指定 RADIUS 请求报文重传的次数，一旦重传次数达到上限仍未收到响应，则认为本次认证失败，其配置命令如下。

retry *retry - times*

默认情况下，报文超时重传次数为 3。即认证请求报文最多可能被传送 3 次。

retry realtime - accounting *times*

默认情况下，设备最多允许 5 次实时计费请求无响应，之后将切断用户连接。

35.6　AAA & RADIUS 配置示例

AAA 和 RADIUS 在很多安全方面得到了应用，如典型的 IEEE 802.1x 认证、PPP 接入、telnet 管理用户的认证等。此处以 telnet 管理用户的认证为例来说明网络设备上 AAA 及 RADIUS 的配置。

35.6.1　组网需求

管理员的管理终端通过以太网连接一台以太网交换机，以太网交换机通过另一 VLAN 连接 RADIUS 服务器。要求管理员采用 telnet 服务登录到以太网交换机并具备管理员权限。telent 的登录认证采用远程 RADIUS 认证。组网连接如图 35-3 所示。

图 35-3　telnet 认证组网

35.6.2　配置任务

首先是配置 RADIUS server。RADIUS 服务器的配置根据服务器的不同而不同，在对应的实验指导书将有对应 server 详细的配置操作指导，此处不再详细描述服务器的配置。但应注意，由于需要给 telnet 用户分配管理员级别的权限，需要支持 H3C 私有属性。

随后是配置 NAS。本例中的 NAS 就是提供 telnet 服务的网络设备。其配置步骤如下。

第 1 步：配置 RADIUS 方案即参数。

```
[H3C]radius scheme h3c
[H3C - radius - h3c]primary authentication 10.0.0.2 1812
[H3C - radius - h3c]primary accounting 10.0.0.2 1813
[H3C - radius - h3c]secondary authentication 10.0.0.3 1812
[H3C - radius - h3c]secondary accounting 10.0.0.3 1813
[H3C - radius - h3c]nas - ip 10.0.0.254
[H3C - radius - h3c]key authentication simple h3c
[H3C - radius - h3c]key accounting simple h3c
[H3C - radius - h3c]user - name - format with - domain
```

第 2 步：配置 AAA 的域。

```
[H3C]domain h3c
New Domain added.
[H3C - isp - h3c]authentication default radius - scheme h3c local
[H3C - isp - h3c]authorization default radius - scheme h3c local
[H3C - isp - h3c]accounting default radius - scheme h3c local
[H3C - isp - h3c]quit
[H3C]domain default enable h3c
```

第 3 步：配置 telnet 登录采用远程 RADIUS 认证。

```
[H3C]line vty 0 63
[H3C - line - vty0 - 63]authentication - mode scheme
```

此外，还需要执行 telnet 客户端的配置。大多数客户端的 telnet 都不需要特殊配置，即直接使用软件 telnet 到 NAS 即可。

35.6.3　验证和确认

完成 RADIUS 和 NAS 的配置之后，在管理工作站采用 Windows 命令行界面提供的 telnet 客户端登录 NAS。

```
C:\Users\H3C> telnet 192.168.1.1

*******************************************************************
*
* Copyright (c) 2004 - 2016 Hangzhou H3C Tech. Co., Ltd. All rights reserved. *
* Without the owner's prior written consent, *
* no decompiling or reverse - engineering shall be allowed. *
*******************************************************************


Login authentication

Username:admin
Password:
< Center >
% Apr 22 09:27:06:799 2016 Center SHELL/5/LOGIN: - 1 - admin(192.168.1.2) in uni
t1 login
```

上述信息即表明管理用户登录成功，并可以管理此设备。而管理用户的管理权限，可以通过命令 display users 查看确认。显示信息如下。

```
[H3C]display users
  Idx  Line   Idle        Time          Pid    Type
  0    CON 0  00:00:00    Jan 02 00:11:26  1134
+ 81   VTY 0  00:00:00    Jan 02 00:19:50  1172   TEL

Following are more details.
VTY 0 :
        User name: test
        Location: 127.0.0.1
+     : Current operation user.
F     : Current operation user works in async mode.
```

其中 VTY 0 的 type 对应为 TEL 即表示是通过 telnet 登录过来的用户。

35.7　本章总结

（1）AAA 是集认证、授权和计费于一体的安全架构。

（2）AAA 的配置集中在域的配置。

（3）RADIUS 是 AAA 架构中的认证协议，采用 C/S 结构并具有灵活扩展能力。

（4）RADIUS 的配置集中在方案的配置，且需要保证与服务器的匹配。

35.8　习题和解答

35.8.1　习题

1. AAA 中的 3 个 A 分别代表＿＿＿＿、＿＿＿＿、＿＿＿＿。

2. RADIUS 的认证和授权合一，不独立提供授权功能，因此在 AAA 的 domain 中也可以不用配置授权。上述说法正确吗？（　　）

　　T. True　　　　　　　　F. False

3. 下列 RADIUS 报文是 NAS 发送给服务器的是（　　）。

　　A. access-request　　　　　　　　B. access-accept

　　C. access-reject　　　　　　　　　D. accounting-request

　　E. accounting-response

4. RADIUS 使用（　　）两个端口号作为认证和计费的 UDP 端口。

　　A. 1645　　　　　B. 1646　　　　　C. 1812　　　　D. 1813

35.8.2　习题答案

1. 认证、授权、计费　2. F　3. AD　4. CD

第36章

交换机端口安全技术

随着以太网应用的日益普及，以太网安全成为日益迫切的需求。在没有安全技术应用的以太网中，用户只要能连接到交换机的物理端口，就可以访问网络中的所有资源，局域网的安全无法得到保证。以太网交换机针对网络安全问题提供了多种安全机制，包括地址绑定、端口隔离、接入认证等技术。本章将对这些以太网安全技术的原理与技术进行讲解。

36.1 本章目标

学习完本章，应该能够达到以下目标。

（1）掌握 IEEE 802.1x 基本原理及其配置。

（2）掌握端口隔离技术及其配置。

36.2 IEEE 802.1x 的基本原理和配置

36.2.1 IEEE 802.1x 概述

传统的远程用户接入基本上是采用单一的远程拨号（PSTN/ISDN）方式，其最主要的问题是带宽的局限性。随着以太网技术在运营商的普及应用，用户通过以太网接入目前正在成为宽带接入的主流技术。但这种大规模的接入应用却带来了如何对接入用户进行验证、授权和计费的问题，因为以太网最初是作为一个局域网互联技术，并没有考虑到如何对用户接入网络进行控制。

IEEE 802.1x 标准（以下简称 802.1x）是一种基于端口的网络接入控制（port based network access control）协议，IEEE 于 2001 年颁布该标准文本并建议业界厂商使用其中的协议作为局域网用户接入认证的标准协议。

如图 36-1 所示，802.1x 的提出起源于 IEEE 802.11 标准——无线局域网用户接入协议标准，其最初目的主要是解决无线局域网用户的接入认证问题；但由于它的原理对于所有符合 IEEE 802 标准的局域网具有普适性，因此，后来它在有线局域网中也得到了广泛的应用。

在符合 IEEE 802 标准的局域网中，只要与局域网接入控制设备（如交换机）相接，用户就可以与局域网连接并访问其中的设备和资源。但是对于如电信接入、商务局域网（典型的例子是写字楼中的 LAN）及移动办公等应用场合，局域网服务的提供者普遍希望能对用户的接入进行控制，为此产生了对"基于端口的网络接入控制"的需求。顾名思义，"基于端口的网络接入控制"是指在局域网接入控制设备的端口这一级对所接入的设备进行认证和控制。连接在端口上的用户设备如果能通过认证，则可以访问局域网中的资源；如果不能通过认证，则无法访问局域网中的资源，相当于物理连接被断开。

图 36-1　IEEE 802.11 与 802.1x

36.2.2　IEEE 802.1x 体系结构

使用 802.1x 的系统为典型的客户端/服务器体系结构，包括 3 个实体，如图 36-2 所示，分别为客户端（supplicant system）、设备端（authenticator system）及认证服务器（authentication server system）。

图 36-2　802.1x 的体系结构

（1）客户端：客户端是位于局域网段一端的一个实体，由另一端的设备端对其进行认证。客户端一般为一个用户终端设备，用户通过启动客户端软件发起 802.1x 认证。客户端必须支持 EAPOL（extensible authentication protocol over LAN，局域网上的可扩展认证协议）。

（2）设备端：设备端是位于局域网段一端的一个实体，对另一端的实体进行认证。设备端通常为支持 802.1x 协议的网络设备，它为客户端提供接入局域网的端口，该端口可以是物理端口，也可以是逻辑端口。

（3）认证服务器：认证服务器是为设备端提供认证服务的实体。认证服务器用于实现对用户进行认证、授权和计费。

以上 3 个实体涉及端口 PAE 和受控端口这两个概念。

1. 端口 PAE

端口 PAE（port access entity，端口访问实体）为 802.1x 系统中，在一个给定的设备端口上执行算法和协议操作的实体对象。设备端 PAE 利用认证服务器对需要接入局域网的客户端执行认证,并根据认证结果相应地控制受控端口的授权/非授权状态。客户端 PAE 负责响应设备端的认证请求,向设备端提交用户的认证信息。客户端 PAE 也可以主动向设备端发送认证请求和下线请求。

2. 受控端口和非受控端口

设备端为客户端提供接入局域网的端口,这个端口被划分为两个逻辑端口:受控端口和非受控端口。

(1) 受控端口在授权状态下处于双向连通状态,用于传递业务报文;在非授权状态下,禁止从客户端接收任何报文。

(2) 非受控端口始终处于双向连通状态,主要用来传递 EAPOL 协议帧,保证客户端始终能够发出或接收认证报文。

(3) 受控端口和非受控端口是同一端口的两个部分。任何到达该端口的帧,在受控端口与非受控端口上均可见。

在实际网络中,客户端通常是安装有 802.1x 客户端软件的主机;设备端通常是启用了 802.1x 功能的接入层交换机;而认证服务器端可以是交换机自带的本地认证,也可以是远程集中认证服务器,如图 36-3 所示。

图 36-3　802.1x 网络设备组成

认证服务器可分为本地认证服务器和远程集中认证服务器,分别适用于不同场合。

(1) 本地认证服务器通常集成在设备端上。设备端内置的认证服务器对客户端进行认证,认证通过后开放端口。本地认证方式适用于网络规模小、客户端数量不多的情况下;但用户信息数据库分散在设备本地上,维护管理不便。

(2) 远程集中认证服务器通常是一台专门的认证服务器。设备端把客户端信息发送到远程认证服务器,由服务器查找用户信息数据库后返回消息给设备端。在远程集中认证方式下,用户信息数据库能够集中管理,维护管理方便,适用于较大规模网络中。

36.2.3　IEEE 802.1x 工作机制

802.1x 认证系统利用 EAP(extensible authentication protocol,可扩展认证协议),作为在客户端、设备端和认证服务器之间交换认证信息的手段,如图 36-4 所示。

图 36-4　802.1x 认证系统的工作机制

在客户端 PAE 与设备端 PAE 之间,EAP 报文使用 EAPOL 封装格式,直接承载于 LAN 环境中。

在设备端 PAE 与 RADIUS 服务器之间，802.1x 协议可以使用以下两种方式进行交互。

（1）EAP 中继方式。设备端把 EAP 报文以 EAPOR（EAP over RADIUS）封装格式，承载于 RADIUS 协议中传送到 RADIUS 服务器。

（2）EAP 终结方式。设备端把 EAP 进行终结，在设备端 PAE 与 RADIUS 服务器之间传送包含 PAP（password authentication protocol，密码验证协议）或 CHAP（challenge handshake authentication protocol，质询握手验证协议）属性的报文。

认证服务器通常为 RADIUS 服务器，该服务器可以存储有关用户的信息。例如，用户名、密码以及用户所属的 VLAN、CAR 参数、优先级、用户的访问控制列表等。

当用户通过认证后，认证服务器会把用户的相关信息传递给设备端，设备端 PAE 根据 RADIUS 服务器的指示（accept 或 reject）决定受控端口的授权/非授权状态。

36.2.4　交换机端口接入控制方式

交换机端口对用户的接入控制方式包括基于端口的认证方式和基于 MAC 地址的认证方式。

1. 基于端口的认证方式

采用基于端口方式时，只要该端口下的第一个用户认证成功后，其他接入用户无须认证就可使用网络资源，但是当第一个用户下线后，其他用户也会被拒绝使用网络。

2. 基于 MAC 地址的认证方式

当采用基于 MAC 地址方式时，该端口下的所有接入用户均需要单独认证，当某个用户下线时，也只有该用户无法使用网络。

在图 36-5 所示网络中，部分主机直接连接交换机的端口，部分主机通过集线器连接交换机的端口。如果需要对每一个主机均认证，则需要在端口 GE0/1 上使用基于 MAC 地址的认证方式；而其他端口可以使用基于端口的认证方式。

图 36-5　交换机端口接入控制方式

默认情况下，802.1x 在端口上进行接入控制方式为基于 MAC 地址的认证方式。

36.2.5　IEEE 802.1x 基本配置

在交换机上配置 802.1x 的基本步骤如下。

第 1 步：在系统视图下开启全局的 802.1x 特性，其配置命令如下。

```
dot1x
```

第2步：在接口视图下开启端口的 802.1x 特性，其配置命令如下。

`dot1x`

第3步：添加本地接入用户并设置相关参数，其配置命令如下。

```
local - user user - name
service - type lan - access
password {cipher|simple} password
```

注意：必须同时开启全局和端口的 802.1x 特性后，802.1x 的配置才能在端口上生效。

在图 36-6 中，PC 连接到交换机的端口 GE1/0/1 上。交换机启用 802.1x 来对 PC 接入进行认证，认证方式为本地认证。

配置交换机 SWA：

图 36-6　802.1x 本地认证配置

```
[SWA]dot1x
[SWA]interface GigabitEthernet 1/0/1
[SWA - GigabitGigabitEthernet1/0/1]dot1x
[SWA]local - user localuser class network
[SWA - luser - network - localuser]password simple hello
[SWA - luser - network - localuser]service - type lan - access
```

配置完成后，在 PC 上打开 802.1x 认证客户端软件，按照提示输入用户名 localuser 和密码 hello 后，PC 就能够接入网络了。

注意：Windows XP 系统自带客户端，无须安装。连接到启用 802.1x 的交换机端口后，系统会自动弹出对话框，要求输入用户名、密码。Windows 7、Windows 10 等系统终端则需要安装 802.1x 认证客户端，如 iNode 客户端，iNode 是 H3C 公司的一款认证客户端软件，支持 802.1x 认证，可以在不同版本及类型的操作系统上安装。

36.3　端口隔离技术及其配置

为了实现报文之间的二层隔离，可以将不同的端口加入不同的 VLAN，如图 36-7 所示。

采用 VLAN 来隔离用户会浪费有限的 VLAN 的资源。VLAN 的总数量为 4096，但在一个大规模网络中，接入用户的数量可能会远大于 4096，此时，用 VLAN 隔离用户就不现实了。

采用端口隔离特性，可以实现同一 VLAN 内端口之间的隔离。用户只需要将端口加入隔离组中，就可以实现隔离组内端口之间二层数据的隔离。端口隔离功能为用户提供了更安全、更灵活的组网方案，如图 36-8 所示。

图 36-7　VLAN 隔离用户

图 36-8　端口隔离特性

端口隔离特性与端口所属的 VLAN 无关。对于属于不同 VLAN 的端口,二层数据是相互隔离的。对于属于同一 VLAN 的端口,隔离组内端口和隔离组外端口二层流量是双向互通的。

用户可以将需要进行控制的端口加入到一个隔离组中,实现隔离组内端口之间二层数据的隔离。

创建端口隔离组在系统视图下完成。配置创建端口隔离组的命令为:

port‐isolate group *group‐number*

端口隔离的配置在以太网端口视图下完成。配置以太网端口加入隔离组并成为隔离组中普通端口的命令为:

port‐isolate enable group *group‐number*

注意:系统自动创建了隔离组且其组号为 1。

在如图 36-9 所示的网络中,PCA、PCB、PCC 分别与交换机 SWA 的端口 GigabitEthernet1/0/2、GigabitEthernet1/0/3、GigabitEthernet1/0/4 相连,服务器与端口 GigabitEthernet1/0/1 相连。在交换机配置端口隔离来使 PC 间不能互访。

图 36-9 端口隔离配置示例

配置交换机 SWA:

```
[SWA] port‐isolate group 2
[SWA]interface ethernet1/0/2
[SWA‐Ethernet1/0/2] port‐isolate enable group 2
[SWA]interface ethernet1/0/3
[SWA‐Ethernet1/0/3] port‐isolate enable group 2
[SWA]interface ethernet1/0/4
[SWA‐Ethernet1/0/4] port‐isolate enable group 2
```

配置完成后,网络中 PCA、PCB、PCC 之间被隔离,不能互相访问;但所有的 PC 都能够访问服务器。

36.4 本章总结

(1) 802.1x 是基于端口的网络接入控制协议,对接入用户进行验证。

(2) 交换机端口隔离技术能够在 VLAN 内隔离端口。

36.5 习题和解答

36.5.1 习题

1. 802.1x 的系统为典型的客户端/服务器体系结构,包括( )实体。

    A. 客户端(supplicant system)

    B. 设备端(authenticator system)

    C. 用户端(user system)

    D. 认证服务器(authentication server system)

2. 交换机端口对用户的接入控制方式包括( )。

    A. 基于端口的认证方式   B. 基于 MAC 的认证方式

    C. 基于用户的认证方式   D. 基于 VLAN 的认证方式

3. 配置了端口隔离以后,以下( )说法是正确的。

    A. 普通端口之间被二层隔离,不能互通

    B. 上行端口之间被二层隔离,不能互通

    C. 普通端口和上行端口之间被二层隔离,不能互通

    D. 普通端口和上行端口之间可以互通

4. 交换机上配置端口绑定后,当端口接收到报文时,会查看报文中的( )与交换机上所配置的静态表项是否一致,以决定是否转发。

    A. 源 MAC   B. 目的 MAC

    C. 源 IP 地址   D. 目的 IP 地址

5. 在交换机上配置开启端口的 802.1x 特性命令为( )。

    A. [SWA] dot1x

    B. [SWA-GigabitGigabitEthernet1/0/1]dot1x

    C. [SWA-802.1x] dot1x

    D. [SWA-802.1x] dot1x interface GigabitEthernet1/0/1

36.5.2 习题答案

1. ABD   2. AB   3. AD   4. AC   5. B

第37章

IPSec 基 础

数据在公网上传输时,很容易遭到篡改和窃听。IPSec通过验证算法和加密算法防止数据遭受篡改和窃听等安全威胁。使用IPSec,数据就可以安全地在公网上传输。IPSec提供了两个主机之间、两个安全网关之间或主机和安全网关之间的保护。

37.1 本章目标

学习完本章,应该能够达到以下目标。

(1) 理解IPSec的功能和特点。

(2) 理解IPSec体系构成。

(3) 描述IPSec/IKE的基本特点。

(4) 完成IPSec+IKE预共享密钥隧道的基本配置。

37.2 基本概念和术语

通信安全是一个古老的话题,基于军事、政治、经济甚至是爱情的需求,人们自古以来就希望能够保证通信双方之间所传输信息的安全。

最初的IP协议,是被设计为在可信任的网络上提供通信服务。IP本身只提供通信服务,不提供安全性。所以,当网络不断扩展,越来越不可信任的时候,发生窃听、篡改、伪装等问题的概率就会大大增加。

37.2.1 基本安全性需求

数据的机密性(confidentiality)是最基本的保密需求之一。所谓保证数据的机密性是指防止数据被未获得授权的查看者理解,从而在存储和传输的过程中,防止有意或无意信息内容泄露,保证信息安全性。

未加密的数据通常称为"明文",加密后的数据通常称为"密文"。将数据从明文转换为密文的过程,称为"加密";将数据从密文转换为明文的过程,称为"解密"。

数据的完整性(data integrity)是另外一个基本的保密需求。所谓保证数据完整性是指防止数据在存储和传输的过程中受到非法的篡改,或者在通信中,至少能判断一份信息是否经过非法的篡改。这种篡改既包括无授权者的篡改,也包括具备有限授权者的越权篡改。一些意外的错误也可能导致信息错误,完整性检查应该能发现这样的错误。

双方传送一份数据时,这份数据是加密的,那么它的内容不能被其他人窃听;同时它又是完整的,所以没有被篡改过;那么,第三个问题——接收者如何知道,对方就是正确的发送者呢？或者说，这份数据是否可能是他人伪造的呢？验证（authentication）就是要解决这样的问题。通过检查用户的某种印鉴或标识，可以判断一份数据是否源于正确的创建者。

传统上，人们利用手写签名进行身份验证。但是众所周知，手写签名存在很多问题。比如，在手写签名签署的文件上，可以额外加入一些其他的内容，从而歪曲签名者的本意；手写签名虽然难以仿造，但是因为经常使用，具有一定技术的人还是可以模仿签名；另外，手写签名每次都不完全一样，所以不但可以伪造，而且真正的签名者还可以对签名过的文件予以否认。

在通信中，采用的数字签名技术也同样面临这样的问题。假如数字签名每次都是一样的，人人都可以伪造这种签名。因此，数字签名技术必须具有无法伪造、无法更改、无法剪裁挪用、防止"抵赖"等特性。

37.2.2 安全算法介绍

1. 加密算法

数据机密性通常是由加密算法提供的。加密时，算法以明文和密钥（key）为输入，将明文转换为密文，从而使无授权者不能理解真实的数据内容。解密时，算法以密文和密钥为输入，将密文转换为明文，从而使有授权者能理解数据内容。

加密算法根据其工作方式的不同，可以分为对称加密算法和非对称加密算法两种。

如图37-1所示，在对称加密算法中，通信双方共享一个密钥，作为加密/解密的密钥。这个密钥既可以是直接获得的，也可以是通过某种共享的方法推算出来的。所以，对称加密算法又称为单密钥算法。任何具有这个共享密钥的人都可以对密文进行解密，因此，对称加密算法的安全性依赖于密钥本身的安全性。

图 37-1 对称加密算法

对称加密算法速度快，效率高，适用于对大量数据、动态数据流进行加密。IPSec正是采用对称加密算法的安全体系。常见的 IPSec 加密算法包括强制实施的 DES、对 DES 的增强 3DES 及 AES 等。

但是对称加密算法的安全性在相当大的程度上依赖于密钥本身的安全性。一旦密钥泄露，所有算法都形同虚设。静态配置的密钥只能提供暂时的安全性，随着时间的推移，泄露的可能性也会逐渐增大。如果 N 个人中，任意两个人通信都采用对称加密，就需要 $N(N-1)/2$ 个密钥。记忆所有密钥是不可能的，修改密钥也需要大量开销。凡此种种，都增加了密钥管理的复杂度。另外，因为双方都知道同一个密钥，因此，对称加密算法本身不能提供防止"抵赖"的功能。

为了有效管理密钥，IPSec 采用 IKE(Internet key exchange，因特网密钥交换)在通信点之间交换和管理密钥。

非对称加密算法又称为公开密钥算法(public key algorithm，PKA)。此类算法为每个用户分配一对密钥——一个私有密钥和一个公开密钥。私有密钥是保密的，由用户自己保管。公开密钥是公之于众的，其本身不构成严格的秘密。这两个密钥的产生没有相互关系，也就是说，不能利用公开密钥推断出私有密钥。

如图 37-2 所示用两个密钥之一加密的数据，只有用另外一个密钥才能解密。用户发送数据时，用其私有密钥对数据进行加密，接收方用其公开密钥进行解密；准备发送给用户的数据，可以用其公开密钥进行加密，并可以用其私有密钥进行解密。

图 37-2　非对称加密算法

通常同时用通信双方的公开密钥和私有密钥进行加密和解密，即发送方用自己的私有密钥和接收方的公开密钥对数据进行加密，接收方只有用发送方的公开密钥和自己的私有密钥才能进行解密。前者说明这个数据必然是发送方发送的无疑，后者则说明这个数据确实是给接收方的。这个过程既提供了机密性保证，也提供了完整性校验。因此，非对称算法也广泛用于数字签名应用，用于提供身份验证、防止篡改和防止"抵赖"的功能。

RSA 是一种最流行的非对称加密算法。它的数学基础是"两个大质数乘积的因数分解"问题的极端困难性。RSA 广泛应用在数字签名领域。

在使用非对称加密算法的时候，用户不必记忆大量的共享密钥，只需要知道自己的密钥和对方的公开密钥即可。虽然出于安全目的，仍然需要一定的公开密钥管理机制，但是在降低密钥管理复杂性方面，非对称算法具有相当的优势。

非对称加密算法的弱点在于其速度非常慢、吞吐量低。因此，不适于对大量数据进行加密。

2. 单向散列算法

为了保证数据的完整性并进行身份验证,通常使用单向散列算法。这是由此类算法的固有特性决定的。

单向散列算法是纯粹的单向函数,如图 37-3 所示。它用一段明文作为输入,产生一小段密文,这段密文又称为"摘要"或"散列值"。由于在转换过程中损失了信息,因此,单向散列算法是完全不可逆的。对于设计良好的单向散列算法来说,很难找到具有相同输出的两个输入。因此,当得到一个摘要和一个明文时,就可以确定这个摘要是否是这段明文的,也就是说,可以判断这段明文是否遭受过篡改。

图 37-3　单向散列算法

IPSec 采用的常用散列算法是 HMAC-MD5 和 HMAC-SHA。

3. 密钥和密钥交换

对称加密算法的安全性依赖于密钥的安全性。静态配置的密钥无法保证长期的安全性和扩展性,因此,需要一些特殊的算法在通信双方之间进行密钥交换。

DH 交换(diffie-hellman exchange,diffie-hellman 交换)建立在"离散对数"难题上,可以在一个不可信的通信通道上建立一个安全通道,传递秘密信息。利用 DH 交换,可以为对称加密算法提供可靠的密钥,从而实现对称加密算法的有效应用。IKE 正是使用 DH 交换进行密钥交换的。

DH 交换过程如图 37-4 所示,对这个过程解释如下。

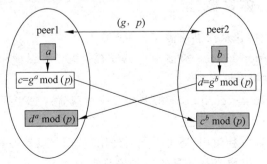

$$d^a \bmod (p) = c^b \bmod (p) = g^{ab} \bmod (p)$$

图 37-4　DH 交换

(1) 须进行 DH 交换的双方各自产生一个随机数，如 a 和 b。

(2) 使用双方确认的共享的公开的两个参数：底数 g 和模数 p 各自用随机数 a、b 进行幂模运算，得到结果 c 和 d，计算公式如下。

$$c = g^a \bmod(p)$$
$$d = g^b \bmod(p)$$

(3) 双方进行模交换。

(4) 进一步计算，得到 DH 公有值

$$d^a \bmod(p) = c^b \bmod(p) = g^{ab} \bmod(p)$$

若网络上的第三方截获了双方的模 c 和 d，那么要计算出 DH 公有值 $g^{ab} \bmod(p)$，还需要获得 a 和 b，a 和 b 始终没有直接在网络上传输过，如果想由模 c 和 d 计算 a 和 b 就需要进行离散对数运算，而 p 为素数，当 p 足够大时(一般为 768b 以上的二进制数)，数学上已经证明，其计算复杂度非常高，从而认为是不可实现的。所以，DH 交换技术可以保证双方能够安全地获得公有信息。

利用 RSA 的公开密钥-私有密钥加密手段，也可以进行非常简化的密钥交换——只要生成一个随机密钥，然后用对方的公开密钥和自己的私有密钥加密并发送给对方即可。

37.3　IPSec VPN 概述

由于 IP 不能保证数据的安全性，IETF 在 RFC2401 中描述了 IP 的安全体系结构——IPSec(IP security)，以便为 IP 提供安全保障。IPSec 并非单一的协议，而是由一系列的安全开放标准构成。

IPSec 是一种网络层安全保障机制，可以在一对通信节点之间提供一个或多个安全的通信路径。IPSec 可以实现访问控制，机密性、完整性校验，数据源验证，拒绝重播报文等安全功能。IPSec 实现于 OSI 参考模型的网络层，因此，上层的 TCP、UDP 及依赖这些协议的应用协议均可以受到 IPSec 隧道的保护。IPSec VPN 是利用 IPSec 隧道实现的 L3 VPN。

IPSec 是一个可扩展的体系，它并不受限于任何一种特定算法。在 IPSec 中，可以引入多种开放的验证算法、加密算法和密钥管理机制。

IPSec 可以在主机、路由器或防火墙上实现。这些实现了 IPSec 的中间设备称为"安全网关"。

37.4　IPSec 体系结构

37.4.1　IPSec 体系概述

IPSec 使用两种安全协议来提供通信安全服务。

(1) AH(authentication header，验证头)：AH 提供完整性保护和数据源验证及可选的抗重播服务，但是不能提供机密性保护。

(2) ESP(encapsulating security payload，封装安全载荷)：ESP 不但提供了 AH 的所有功能，而且可以提供加密功能。

AH 和 ESP 不仅可以单独使用，还可以同时使用，从而提供额外的安全性。

AH 和 ESP 两种协议并没有定义具体的加密和验证算法，相反，实际上大部分对称算法可以为 AH 和 ESP 采用。这些算法分别在其他的标准文档中定义。为了确保 IPSec 实现互通性,IPSec 规定了一些必须实现的算法,如加密算法 DES-CBC。

不论是 AH 还是 ESP,都具有两种工作模式。

(1)传输模式(transport mode):用于保护端到端(end-to-end)安全性。

(2)隧道模式(tunnel mode):用于保护站点到站点(site-to-site)安全性。

IPSec 的安全保护依赖于相应的安全算法。验证算法和对称加密算法通常需要通信双方拥有相同的密钥。IPSec 通过两种途径获得密钥。

(1)手工配置:管理员为通信双方预先配置静态密钥。这种密钥不便于随时修改、安全性较低、不易维护。

(2)通过 IKE 协商:IPSec 通信双方可以通过 IKE 动态生成并交换密钥,这可以获得更高的安全性。

37.4.2 隧道模式和传输模式

如图 37-5 所示,在传输模式中,两个需要通信的终端计算机在彼此之间直接运行 IPSec 协议。AH 和 ESP 直接用于保护上层协议,也就是传输层协议。

图 37-5　IPSec 传输模式

在使用传输模式时,所有加密、解密和协商操作均由端系统自行完成,网络设备仅执行正常的路由转发,并不关心此类过程或协议,也不加入任何 IPSec 过程。

传输模式的目的是直接保护端到端通信。只有在需要端到端安全性的时候,才推荐使用此种模式。

如图 37-6 所示,在隧道模式中,两个安全网关在彼此之间运行 IPSec 协议,对彼此之间需要加密的数据达成一致,并运用 AH 或 ESP 对这些数据进行保护。

图 37-6　IPSec 隧道模式

用户的整个 IP 数据包被用来计算 AH 或 ESP 头,且被加密。AH 或 ESP 头和加密用户数据被封装在一个新的 IP 数据包中。

隧道模式对端系统的 IPSec 能力没有任何要求。来自端系统的数据流经过安全网关时,由安全网关对其进行保护。所有加密、解密和协商操作均由安全网关完成,这些操作对于端系统来说是完全透明的。

隧道模式的目的是建立站点到站点的安全隧道,保护站点之间的特定或全部数据。

37.4.3　IPSec SA

SA(security association,安全联盟)是 IPSec 中的一个基础概念。IPSec 对数据流提供的安全服务通过 SA 来实现。

SA 是通信双方就如何保证通信安全达成的一个协定,它包括协议、算法、密钥等内容,具体确定了如何对 IP 报文进行处理。

SA 是单向的。一个 SA 就是两个 IPSec 系统之间的一个单向逻辑连接,入站数据流和出站数据流由入站 SA 和出站 SA 分别处理。

一个 SA 由一个三元组(SPI,IP 目的地址,安全协议标识符)唯一标识。

(1) SPI(security parameter index,安全参数索引)是一个 32b 的数值,在每一个 IPSec 报文中都携带该值。

(2) IP 目的地址是 IPSec 协议对方的地址。

(3) 安全协议标识符是 AH 或 ESP。

SA 可通过手工配置和自动协商两种方式建立。手工建立 SA 的方式是指用户通过在两端手工设置一些参数,在两端参数匹配和协商通过后建立 SA。自动协商方式由 IKE 生成和维护,通信双方基于各自的安全策略库经过匹配和协商,最终建立 SA 而不需要用户的干预。在手工配置 SA 时,需要手工指定 SPI 的取值。为保证 SA 的唯一性,必须使用不同的 SPI 来配置 SA;使用 IKE 协商产生 SA 时,SPI 将随机生成。

IPSec 设备把类似"对哪些数据提供哪些服务"这样的信息存储在 SPD(security policy database,安全策略数据库)中。而 SPD 中的项指向 SAD(security association database,安全联盟数据库)中的相应项。一台设备上的每一个 IPSec SA 都在 SAD 有对应项。该项定义了与该 SA 相关的所有参数。

例如,对一个需要加密的出站数据包来说,系统会将它与 SPD 中的策略相比较。若匹配其中一项,则系统会使用该项对应的 SA 及算法对此数据包进行加密。如果此时不存在一个相应的 SA,系统就需要建立一个 SA。

37.4.4　IPSec 包处理流程

如图 37-7 所示,在出站数据包被路由器从某个配置了 IPSec 的接口转发出去之前,需要经过以下处理步骤。

(1) 首先查找 SPD。得到的结果可能有"丢弃""旁路安全服务""提供安全服务"3 种。如果是第一种,则直接丢弃此包;如果是第二种,则直接转发此包;如果是第三种,则系统会转下一步——查找 IPSec SA。

(2) 系统从 SAD 中查找 IPSec SA。如果找到,则利用此 IPSec SA 的参数对此数据包提供安全服务,并进行转发;如果找不到相应的 SA,则系统就需要为其创建一个 IPSec SA。

图 37-7　IPSec 出站包处理流程

（3）系统转向 IKE 协议数据库，试图寻找一个合适的 IKE SA，以便为 IPSec 协商 SA。如果找到，则利用此 IKE SA 协商 IPSec SA；否则，系统需要启动 IKE 协商进程，创建一个 IKE SA。

对一个入站并且目的地址为本地的 IPSec 数据包来说，系统会提取其 SPI、IP 地址和协议类型等信息，查找相应的 IPSec SA，然后根据 SA 的协议标识符，选择合适的协议（AH 或 ESP）解封装，获得原始 IP 包，再进一步根据原始 IP 包的信息进行处理，如图 37-8 所示。

图 37-8　IPSec 入站包处理流程

37.4.5　AH 介绍

规范于 RFC2402 的 AH 是 IPSec 的两种安全协议之一。它能够提供数据的完整性校验和源验证功能,同时也能提供一些有限的抗重播服务。AH 不能提供数据加密功能,因此,不能保证机密性。

AH 被当作一种 IP 协议对待。紧贴在 AH 头之前的 IP 头,以协议号 51 标识 AH 头。例如,对 IPv4 来说,其 protocol 字段值将为 51;而对 IPv6 来说,其 next header 字段值将为 51。

AH 可以工作于两种模式——传输模式和隧道模式。

而在隧道模式中,AH 保护的是整个 IP 包,如图 37-9 所示。

图 37-9　隧道模式 AH 封装

整个原始 IP 包将会以 AH 载荷的方式加入新建的隧道数据包。同时,系统根据隧道起点和终点等参数,建立一个隧道 IP 头,作为隧道数据包的 IP 头。AH 头夹在隧道 IP 头和原始 IP 包之间。

37.4.6　ESP 介绍

RFC2406 为 IPSec 定义了安全协议 ESP。ESP 协议将用户数据进行加密后封装到 IP 包中,以保证数据的机密性。同时,作为可选项,用户可以选择使用带密钥的哈希算法保证报文的完整性和真实性。ESP 的隧道模式提供了对于报文路径信息的隐藏。ESP 可以提供一定的抗重播服务。

ESP 与 AH 封装格式有所区别。它不但具有一个 ESP 头,而且有一个包含有用信息的 ESP 尾。

ESP 被当作一种 IP 协议对待。紧贴在 ESP 头之前的 IP 头,以协议号 50 标识 ESP 头。例如,对 IPv4 来说,其 protocol 字段值将为 50;而对 IPv6 来说,其 next header 字段值将为 50。

ESP 可以工作于两种模式——传输模式和隧道模式。

在隧道模式中,ESP 保护的是整个 IP 包,如图 37-10 所示。

图 37-10　隧道模式 ESP 封装

　　整个原始 IP 包将会以 ESP 载荷的方式加入新建的隧道数据包。同时,系统根据隧道起点和终点等参数,建立一个隧道 IP 头,作为隧道数据包的 IP 头。ESP 头夹在隧道 IP 头和原始 IP 包之间,并后缀 ESP 尾。如果 ESP 提供加密服务,则原始 IP 包和 ESP 尾将以密文的形式出现。

37.4.7　IKE 介绍

　　不论是 AH 还是 ESP,在对一个 IP 包执行操作之前,首先必须建立一个 IPSec SA。IPSec SA 既可以手工建立,也可以动态协商建立。RFC2409 描述的 IKE 就是用于这种动态协商的协议。IKE 采用了 ISAKMP(Internet security association and key management protocol, RFC2408)所定义的密钥交换框架体系,工作于 IANA 为 ISAKMP 指定的 UDP 端口 500 上。

　　IKE 为 IPSec 提供了自动协商交换密钥、建立 SA 的服务,能够简化 IPSec 的使用和管理,同时大大简化 IPSec 的配置和维护工作。

　　如图 37-11 所示,IKE 具有一套自保护机制,可以在不安全的网络上安全地分发密钥、验证身份、建立 IPSec SA。IKE 并不在网络上直接传送密钥,而是通过 diffie-hellman 算法进行

图 37-11　IKE 与 IPSec 的关系

一系列数据的交换，最终计算出双方共享的密钥，即使第三者截获了双方用于计算密钥的所有交换数据，也不足以计算出真正的密钥。IKE 可以定时更新 SA，定时更新密钥，提供完善的前向安全性（perfect forword security，PFS），允许 IPSec 提供抗重播服务。

IPSec 利用 SPD 判断一个数据包是否需要安全服务。当其需要安全服务时，就会去 SAD 查找相应的 IPSec SA。IPSec SA 有两种来源，一种是管理员手工配置的，另一种就是通过 IKE 自动协商生成的。

通过 IKE 交换，IPSec 通信双方可以协商并获得一致的安全参数，建立共享的密钥，建立 IPSec SA。IPSec 安全网关根据 SA，选择适当的安全协议，对数据包提供相应的安全服务。

IKE 不仅用于 IPSec，实际上它是一个通用的交换协议，可以用于交换任何的共享秘密。例如，它可以用于为 RIP、OSPF 这样的协议提供安全协商服务。

IKE 也使用 SA——IKE SA。与 IPSec SA 不同，IKE SA 是用于保护一对协商节点之间通信的密钥和策略的一个集合。它描述了一对进行 IKE 协商的节点如何进行通信，负责为双方进一步的 IKE 通信提供机密性、消息完整性及消息源验证服务。IKE SA 本身也经过验证。IKE 协商的对方也就是 IPSec 的对方节点。

37.5　IPSec 隧道基本配置

IPSec 配置比较复杂，本节仅讲解在路由器上配置 IPSec＋IKE 预共享密钥隧道的方法。

37.5.1　IPSec 隧道配置任务

IPSec 的基本配置任务如下。

（1）配置安全 ACL：Comware 使用 ACL 的条件定义并匹配需获得安全服务的数据包，因此，首先需配置一个 ACL 供 IPSec 使用。

（2）配置安全提议：配置 IPSec 安全网关期望使用的安全参数，包括创建安全提议、选择安全协议、选择安全算法和选择工作模式等。

（3）配置安全策略：安全策略允许安全网关为各种数据流提供复杂且截然不同的安全服务。安全策略包括手工配置参数的安全策略和通过 IKE 协商参数的安全策略等。本节只讲解后者的配置。

（4）在接口上应用安全策略组：要想使安全策略生效，必须将其所在安全策略组应用于适当的接口上，以便使穿过此接口的相应数据包获得安全服务。

（5）配置 IKE：要使隧道两端点能自动协商安全参数，必须配置 IKE。本节只讲解 IKE 预共享密钥方式的配置方法。

37.5.2　配置安全 ACL

Comware 使用 ACL 的条件定义并匹配需获得安全服务的数据包，这种 ACL 又称为安全 ACL。对于发送方来说，安全 ACL 许可（permit）的包将被保护，安全 ACL 拒绝（deny）的包将不被保护。

在建立 IPSec 隧道的两个安全网关上定义的 ACL 必须是相对称的，即一端的安全 ACL 定义的源 IP 地址要与另一端安全 ACL 的目的 IP 地址一致，配置安全 ACL 如图 37-12 所示。

图 37-12　配置安全 ACL

37.5.3　配置安全提议

安全提议保存 IPSec 提供安全服务时准备使用的一组特定参数,包括安全协议、加密/验证算法、工作模式等,以便 IPSec 通信双方协商各种安全参数。IPSec 安全网关必须具有相同的安全提议才可以就安全参数达成一致。

一个安全策略通过引用一个或多个安全提议来确定采用的安全协议、算法和报文封装形式。在安全策略引用一个安全提议之前,这个安全提议必须已经建立。安全提议的配置内容如下所述。

(1) 创建安全提议,并进入安全提议视图。

[H3C] ipsec transform - set *transform - set - name*

默认情况下,没有任何安全提议存在。

(2) 选择安全协议。

[H3C - ipsec - transform - set - tran1] protocol{ah|ah - esp|esp}

在安全提议中,需要选择所采用的安全协议。可选的安全协议有 AH 和 ESP,也可指定同时使用 AH 与 ESP。安全隧道两端所选择的安全协议必须一致。默认情况下,采用 ESP 协议。

(3) 选择工作模式。

[H3C - ipsec - transform - tran1] encapsulation - mode{transport|tunnel}

在安全提议中,需要指定安全协议的工作模式,安全隧道的两端所选择的模式必须一致。默认情况下,采用隧道模式。

(4) 选择安全算法。

不同的安全协议可以采用不同的验证算法和加密算法。目前,AH 支持 MD5 和 SHA-1 验证算法;ESP 协议支持 MD5、SHA-1 验证算法,以及 DES、3DES、AES 加密算法。

设置 ESP 协议采用的加密算法。

[H3C - ipsec - transform - tran1] esp encryption - algorithm{3des|des|aes}

设置 ESP 协议采用的验证算法。

[H3C - ipsec - transform - tran1] esp authentication - algorithm{md5|sha1}

设置 AH 协议采用的验证算法。

`[H3C-ipsec- transform - tran1] ah authentication - algorithm{md5|sha1}`

在安全隧道的两端设置的安全策略所引用的安全提议必须设置成采用同样的验证算法和/或加密算法。默认情况下，ESP 协议采用的加密算法是 DES，采用的验证算法是 MD5；AH 协议采用的验证算法是 MD5。

37.5.4　配置 IKE 协商参数的安全策略

安全策略规定了对什么样的数据流采用什么样的安全提议。一条安全策略由"名字"和"顺序号"共同唯一标识。若干名字相同的安全策略构成一个安全策略组。

安全策略包括手工配置参数的安全策略和通过 IKE 协商参数的安全策略两类。前者要求用户手工配置密钥、SPI、安全协议和算法等参数；在隧道模式下，还需要手工配置安全隧道两个端点的 IP 地址。后者由 IKE 自动协商生成密钥、SPI、安全协议和算法等参数。

如果数据包匹配了一个通过 IKE 协商参数的安全策略所引用的 ACL，则使用这条安全策略定义的参数通过 IKE 协商安全参数，建立 SA，并据此对数据包提供安全服务。如果 IKE 协商失败，则丢弃此数据包。

一条安全策略最多可以引用 6 个安全提议。IKE 对等体之间将交换这些安全提议，并搜索能够完全匹配的安全提议。如果找到互相匹配的安全提议，则使用其参数建立 SA。如果 IKE 在两端找不到完全匹配的安全提议，则 SA 不能建立，需要被保护的报文将被丢弃。

通过 IKE 协商参数的安全策略主要配置内容如下所述。

（1）创建一条安全策略，并进入安全策略视图。

`[H3C] ipsec policy` *policy - name seq - number* `isakmp`

（2）配置安全策略引用的 ACL。

`[H3C-ipsec-policy-isakmp-map1-10] security acl` *acl - number*

（3）配置安全策略所引用的安全提议。

`[H3C-ipsec-policy-isakmp-map1-10] transform - set` *transform - name*`&<1-6>`

通过 IKE 协商建立 SA 时，一条安全策略最多可以引用 6 个安全提议。

（4）在安全策略中引用 IKE 对等体。

`[H3C-ipsec-policy-isakmp-map1-10] ike - profile` *ike - profile - name*

使用 **ike-profile** 命令可以将一条安全策略与一个 IKE 对等体关联起来。一旦有数据包匹配此安全策略，系统将使用此 IKE 对等体指定的参数与指定的设备协商 IPSec 隧道的安全参数。

37.5.5　在接口上应用安全策略

为使定义的 SA 生效，应在每个要加密的数据流和要解密的数据流所在的接口上应用一个安全策略组，以对数据进行保护。当取消安全策略组在接口上的应用后，此接口便不再具有 IPSec 的安全保护功能。IPSec 安全策略除了可以应用到串口、以太网口等实际物理接口上之外，还能够应用到 tunnel、virtual template 等虚接口上。要在接口上应用安全策略组，使用如下命令。

[H3C - Serial1/0] ipsec apply policy *policy - name*

一个接口只能应用一个安全策略组。通过 IKE 方式创建的安全策略可以应用到多个接口上,通过手工创建的安全策略只能应用到一个接口上。

37.5.6　IPSec 的信息显示与调试维护

(1) 要显示所配置的安全策略的信息,使用如下命令:

[H3C] display ipsec policy [*policy - name* [*seq - number*]]

其中,使用 **name** 关键字显示指定安全策略的详细信息。

(2) 要显示安全联盟的相关信息,使用如下命令:

[H3C] display ipsec sa [**brief**|**count**|**policy** *policy - name*[*seq - number*]|**remote** *ip - address*]

其中,使用 **brief** 关键字显示所有的安全联盟的简要信息;使用 **count** 关键字显示 IPsec SA 的个数;使用 **policy** 关键字显示由指定安全策略创建的安全联盟的详细信息。

(3) 要清除已经建立的安全联盟,使用如下命令:

< H3C > **reset ipsec sa** [**parameters** *dest - address protocol spi*|**policy** *policy - name* [*seq - number*]|**remote** *ip - address*]

37.5.7　IKE 的配置

IKE 默认使用预共享密钥方式。配置预共享密钥方式的 IKE 之前,须提前确定 IKE 交换过程中安全保护的强度,主要包括身份验证方法、加密算法、验证算法等。

IKE 的主要配置任务如下。

(1) 配置 IKE 提议:包括创建 IKE 提议、选择 IKE 提议的加密算法、选择 IKE 提议的验证算法等。

(2) 配置 IKE keychain:配置区域共享密钥。

(3) 配置 IKE profile:引用 IKE keychain、配置 IKE profile 引用的 IKE 提议、配置匹配对端身份的规则。

在安全网关之间执行 IKE 协商之初,双方首先协商保护 IKE 协商本身的安全参数,这一协商通过交换 IKE 提议实现。IKE 提议描述了期望在 IKE 协商过程中使用的安全参数,包括验证方法、验证算法、加密算法、DH 组以及用于 IKE 协商的 ISAKMP SA 生存时间等。双方查找出互相匹配的 IKE 提议,用其参数建立 ISAKMP SA 并保护 IKE 交换时的通信。

1. 配置 IKE 提议

IKE 提议配置命令如下所述。

(1) 创建 IKE 提议,并进入 IKE 提议视图。

[H3C] ike proposal *proposal - number*

其中,*proposal-number* 参数指定 IKE 提议序号,取值范围为 1～100。该序号同时表示一条提议的优先级,数值越小,优先级越高。在进行 IKE 协商的时候,会从序号最小的 IKE 提议进行匹配,如果匹配,则直接使用;否则,继续查找。

（2）选择 IKE 提议所使用的加密算法。

[H3C - ike - proposal - 10] encryption - algorithm{3des - cbc|aes - cbc [key - length]|des - cbc}

默认情况下，IKE 提议使用 CBC 模式的 56b DES 加密算法。

（3）选择 IKE 提议所使用的验证算法。

[H3C - ike - proposal - 10] authentication - algorithm{md5|sha}

默认情况下，IKE 提议使用 SHA-1 验证算法。

2. 配置 IKE keychain

IKE 对等体的配置命令如下所述。

（1）创建一个 IKE keychain，并进入 IKE keychain 视图。

[H3C]ike keychain *keychain - name*

（2）配置采用预共享密钥验证时所用的密钥和匹配条件。

[H3C - ike - keychain - keychain1] pre - shared - key{address { *ipv4 - address* [**mask**|*mask - length*]} key{cipher *cipher - key*|simple *simple - key*}

配置预共享密钥的同时，还通过参数 address 和 hostname 指定了使用该预共享密钥的匹配条件，即与哪些 IP 地址或哪些主机名的对端协商时，才可以使用该预共享密钥。

3. 配置 IKE profile

IKE profile 配置命令如下。

（1）创建一个 IKE profile 并进入 IKE profile 视图。

[H3C]ike profile *profile - name*

（2）配置采用预共享密钥认证时，所使用的 keychain。

[H3C - ike - profile - profile1]keychain *keychain - name*

（3）配置 IKE profile 引用的 IKE 提议。

[H3C - ike - profile - profile1]proposal *proposal - name*

（4）配置匹配对端身份的规则。

[H3C - ike - profile - profile1] match remote{certificate *policy - name*|identity{address {{ *ipv4 - address*[**mask**|*mask - length*]|**range** *low - ipv4 - address* **high** *- ipv4 - address*}}[**vpn - instance** *vpn - name*]|**fqdn** *fqdn - name*|**user - fqdn** *user - fqdn - name*}}

4. IKE 的显示信息与维护命令

（1）要显示 IKE 提议配置信息，使用命令如下：

[H3C] display ike proposal

（2）要显示当前 ISAKMP SA 的信息，使用命令如下：

[H3C] display ike sa [verbose [connection - id *connection - id* |remote - address *remote - address*]]

（3）要清除 IKE 建立的安全隧道，使用命令如下：

[H3C] **reset ike sa** [*connection - id*]

37.6　IPSec 隧道配置示例

如图 37-13 所示，RTA 和 RTB 之间建立 IPSec 隧道，为站点 A 局域网 10.1.1.0/24 和站点 B 局域网 10.1.2.0/24 之间的通信提供安全服务。本例采用预共享密钥方式，通过 IKE 协商建立 IPSec SA。

图 37-13　IPSec＋IKE 预共享密钥配置示例组网图

RTA 的关键配置命令如下：

[RTA] acl number 3001
[RTA － acl － ipv4 － adv － 3001] rule permit ip source 10.1.1.0 0.0.0.255 destination 10.1.2.0 0.0.0.255
[RTA] ip route － static 10.1.2.0 255.255.255.0 202.38.160.2
[RTA] ipsec tranform － set tran1
[RTA － ipsec － tranform － set － tran1] encapsulation － mode tunnel
[RTA － ipsec － tranform － set － tran1] protocol esp
[RTA － ipsec － tranform － set － tran1] esp encryption － algorithm des
[RTA － ipsec － tranform － set － tran1] esp authentication － algorithm sha1
[RTA － ipsec － tranform － set － tran1] quit
[RTA]ike keychain keychanin1
[RTA － keychain － keychain1]pre － share － key adress 202.38.160.2 32 key simple abcde
[RTA]ike profile profile1
[RTA － profile － profile1]keychain keychain1
[RTA － profile － profile1]match remote identity address 202.38.160.2 32
[RTA] ipsec policy map1 10 isakmp
[RTA － ipsec － policy － isakmp － map1 － 10] tranform － set tran1
[RTA － ipsec － policy － isakmp － map1 － 10] security acl 3001
[RTA － ipsec － policy － isakmp － map1 － 10] ike － profile profile1
[RTA － ipsec － policy － isakmp － map1 － 10] quit
[RTA] interface serial0/0
[RTA － Serial0/0] ip address 202.38.160.1 255.255.255.0
[RTA － Serial0/0] ipsec apply policy map1

RTB 的关键配置命令如下：

[RTB] acl number 3001
[RTB － acl － ipv4 － adv － 3001] rule permit ip source 10.1.2.0 0.0.0.255 destination 10.1.1.0 0.0.0.255
[RTB] ip route － static 10.1.1.0 255.255.255.0 202.38.160.1
[RTB] ipsec tranform － set tran1
[RTB － ipsec － tranform － set － tran1] encapsulation － mode tunnel
[RTB － ipsec － tranform － set － tran1] protocol esp
[RTB － ipsec － tranform － set － tran1] esp encryption － algorithm des
[RTB － ipsec － tranform － set － tran1] esp authentication － algorithm sha1

```
[RTB - ipsec - tranform - set - tran1] quit
[RTB]ike keychain keychanin1
[RTB - keychain - keychain1]pre - share - key adress 202.38.160.1 32 key simple abcde
[RTB]ike profile profile1
[RTB - profile - profile1]keychain keychain1
[RTB - profile - profile1]match remote identity address 202.38.160.1 32
[RTB] ipsec policy map1 10 isakmp
[RTB - ipsec - policy - isakmp - map1 - 10] tranform - set tran1
[RTB - ipsec - policy - isakmp - map1 - 10] security acl 3001
[RTB - ipsec - policy - isakmp - map1 - 10] ike - profile profile1
[RTB - ipsec - policy - isakmp - map1 - 10] quit
[RTB] interface serial0/0
[RTB - Serial0/0] ip address 202.38.160.1 255.255.255.0
[RTB - Serial0/0] ipsec apply policy map1
```

在以上配置完成后，RTA 和 RTB 之间如果有子网 10.1.1.0/24 与子网 10.1.2.0/24 之间的报文通过，将触发 IKE 协商，建立 IPSec SA。IKE 协商成功并创建了 SA 后，两子网之间的数据流将被加密传输。

37.7　本章总结

（1）IPSec 可提供 IP 通信的机密性、完整性和数据源验证服务。
（2）AH 可提供数据源验证和完整性保证，ESP 还可提供机密性保证。
（3）IPSec 通过 SA 为数据提供安全服务。
（4）IKE 为 IPSec 提供了安全的密钥交换手段。

37.8　习题和解答

37.8.1　习题

1. 可以保证数据机密性的是（　　）。
　　A. DES　　　　　　B. AES　　　　　　C. MD5　　　　　　D. SHA
2. 可以保证数据完整性的是（　　）。
　　A. DES　　　　　　B. AES　　　　　　C. MD5　　　　　　D. SHA
3. IPSec 的安全协议包括（　　）。
　　A. DES　　　　　　B. ESP　　　　　　C. SHA　　　　　　D. IKE
4. IPSec 可以工作于（　　）。
　　A. 隧道模式　　　　B. 传输模式　　　　C. 主模式　　　　　D. 野蛮模式
5. 要设定 IPSec 使用的加密算法，应修改（　　）配置。
　　A. 安全 ACL　　　　B. 安全提议　　　　C. IKE 提议　　　　D. IKE 对等体

37.8.2　习题答案

1. AB　2. CD　3. B　4. AB　5. B

第38章

EAD 介绍

随着网络技术的发展,网络的规模日益扩大,结构更加复杂。目前,在企业网络中,用户的终端计算机不及时升级系统补丁和病毒库、私设代理服务器、私自访问外部网络、滥用企业禁用软件的行为比比皆是,脆弱的用户终端一旦接入网络,就等于给潜在的安全威胁敞开了大门,使安全威胁在更大范围内快速扩散,进而导致网络使用行为的"失控"。保证用户终端的安全、阻止威胁入侵网络、对用户的网络访问行为进行有效的控制,是保证企业网络安全运行的前提,也是目前企业急需解决的问题。

为了解决现有网络安全管理中存在的不足,应对网络安全威胁,H3C 推出了 EAD(end user admission domination,终端准入控制)解决方案。该方案从用户终端准入控制入手,整合网络接入控制与终端安全产品,通过安全客户端、iMC EAD 服务器、网络设备,以及防病毒软件产品、系统补丁管理产品、桌面管理产品的联动,对接入网络的用户终端强制实施企业安全策略,严格控制用户终端的网络使用行为,可以加强用户终端的主动防御能力,大幅度提高网络安全。

在用户接入网络前,EAD 通过统一管理的安全策略强制检查用户终端的安全状态,并根据对用户终端安全状态的检查结果实施接入控制策略,对不符合企业安全标准的用户进行"隔离",并强制用户进行病毒库升级、系统补丁升级等操作;在保证用户终端具备自防御能力并安全接入的前提下,EAD 还可以通过动态分配 ACL、VLAN 等方式,合理控制用户的网络权限,从而提升网络的整体安全防御能力。

同时,EAD 引入了资产管理、软件分发、USB 监控等功能,提供了企业内网 PC 集中管理运维的方案,以高效率的管理手段和措施,协助企业 IT 部门及时盘点内网资产、掌控内网资产变更情况。

38.1　本章目标

学习完本章,应该能够达到以下目标。

(1) 理解 EAD 的实现原理。

(2) 理解 EAD 方案中各元素的功能。

(3) 描述 iMC EAD 产品的功能。

(4) 描述 iNode 智能客户端的功能。

38.2　EAD 实现原理

如图 38-1 所示,在对终端接入用户进行身份合法性认证的基础上,对接入用户进行安全认证,实现对其安全状态的准入控制。针对不同检查项的检查结果,H3C EAD 产品支持下线、隔离、提醒、监控等多种控制方式；支持安全状态评估、网络中安全威胁定位、安全事件感知及保护措施执行等功能；预防操作系统补丁、防病毒软件、ARP 攻击、异常流量、敏感软件安装/运行、系统服务的启动状态等因素可能带来的安全威胁。这些功能从端点接入上保证每一个接入网络的终端安全，从而保证整个网络安全。

图 38-1　EAD 原理模型

可以说，EAD 解决方案的实现原理就是通过将网络接入控制和用户终端安全策略控制相结合，以用户终端对企业安全策略的符合度为条件，控制用户访问网络的接入权限，从而降低病毒、非法访问等安全威胁对网络带来的危害。

38.3　EAD 方案组网模型

图 38-2 显示了 EAD 系统的组网模型。

从图 38-2 中可以看出，EAD 系统模型包含以下 4 个元素。

（1）MC EAD 服务器：安装了 H3C iMC EAD 软件的服务器，负责给客户端下发安全策略，接收客户端安全策略检查结果并进行审核，向安全联动设备发送网络访问的授权指令。它要求与安全联动设备路由可达。

（2）安全联动设备：是指用户网络中的交换机、路由器、VPN 网关等设备。EAD 提供了灵活多样的组网方案，安全联动设备可以根据需要灵活部署在各层，如网络接入层和汇聚层。

（3）iNode 智能客户端：是指安装了 H3C iNode 智能客户端软件的用户接入终端，负责身份认证的发起和安全策略的检查。

（4）第三方服务器：是指补丁服务器、病毒服务器，被部署在隔离区中。当用户通过身份认证但安全认证失败时，将被隔离到隔离区，此时用户仅能访问隔离区中的服务器，通过第三方服务器进行自身安全修复，直到满足安全策略要求。

各环节各司其职，由 iMC EAD 服务器的安全策略中心协调，共同完成对网络接入终端的安全准入控制。

图 38-2　EAD 系统的组网模型

38.4　EAD 方案各环节详细说明

38.4.1　iMC EAD 服务器

EAD 方案的核心是整合与联动,而 iMC EAD 服务器是 EAD 方案中的管理与控制中心,兼具安全策略管理、用户管理、安全状态评估、安全联动控制及安全事件审计等功能。

(1) 安全策略管理。iMC EAD 服务器定义了对用户终端进行准入控制的一系列策略,包括用户终端安全状态评估配置、补丁检查项配置、安全策略配置、终端修复配置,以及对用户终端的隔离方式配置等。

(2) 用户管理。在企业网中,不同的用户、不同类型的接入终端可能要求不同级别的安全检查和控制。iMC EAD 服务器可以为不同用户提供基于身份的个性化安全配置和网络服务等级,方便管理员对网络用户制定差异化的安全策略。

(3) 安全联动控制。iMC EAD 服务器负责评估安全客户端上报的安全状态,控制安全联动设备对用户的隔离与开放,下发用户终端的修复方式与安全策略。通过 iMC EAD 服务器的控制,安全客户端、安全联动设备与第三方服务器才可以协同工作,配合完成端到端的安全准入控制。

38.4.2　安全联动设备

安全联动设备是企业网络中安全策略的实施点,起到强制用户准入认证、隔离不合格终端、为合法用户提供网络服务的作用。根据应用场合的不同,安全联动设备可以是交换机或 BAS 设备,分别实现不同认证方式(如 802.1x 或 Portal)的端点准入控制。不论是哪种接入设备或采用哪种认证方式,安全联动设备均具有以下功能。

（1）强制用户终端进行身份认证和安全状态评估。

（2）隔离不符合安全策略的用户终端。联动设备接收到 iMC EAD 服务器下发的隔离指令后,可以通过动态 ACL 方式限制用户的访问权限;同样,收到解除用户隔离的指令后,也可以在线解除对用户终端的隔离。

（3）提供基于身份的网络服务。安全联动设备可以根据 iMC EAD 服务器下发的策略,为用户提供个性化的网络服务,如提供不同的 ACL、VLAN 等。

38.4.3　iNode 智能客户端

H3C iNode 智能客户端是安装在用户终端系统上的软件,是对用户终端进行身份认证、安全状态评估以及安全策略实施的主体,其主要功能如下。

（1）提供 802.1x、Portal 等多种认证方式,可以与交换机、BAS 网关等设备配合实现接入层、汇聚层的端点准入控制。

（2）检查用户终端的安全状态,包括操作系统版本、系统补丁、共享目录、已安装的软件、已启动的服务等用户终端信息;同时,提供与防病毒客户端联动的接口,实现与第三方防病毒软件客户端的联动,检查用户终端的防病毒软件版本、病毒库版本、病毒查杀信息。这些信息将被传递到 iMC EAD 服务器,执行端点准入的判断与控制。

（3）安全策略实施,接收 iMC EAD 服务器下发的安全策略并强制用户终端执行,包括设置安全策略（是否监控邮件、注册表）、系统修复通知与实施（自动或手工升级补丁和病毒库）等功能。不按要求实施安全策略的用户终端将被限制在隔离区。

（4）实时监控系统安全状态,包括是否更改安全设置、是否发现新病毒等,并将安全事件定时上报到 iMC EAD 服务器,用于事后进行安全审计。

38.4.4　第三方服务器

在 EAD 方案中,H3C iMC EAD 服务器可以和第三方提供的防病毒服务器、补丁服务器或用户自行架设的文件服务器共同联动。此类服务器通常放置于网络隔离区中,用于终端进行自我修复。防病毒服务器提供病毒库升级服务,允许防病毒客户端进行在线升级。补丁服务器则提供系统补丁升级服务,当用户终端的系统补丁不能满足安全要求时,用户终端可连接至补丁服务器进行补丁下载和升级。

EAD 解决方案与微软 WSUS 产品可以无缝集成,能够实现系统补丁检查和自动升级。同时,EAD 解决方案与瑞星、金山、江民、诺顿、卡巴斯基等防病毒软件可以实现联动病毒检查,强制用户终端进行入网前的病毒检查。

38.5　H3C iMC EAD 产品功能详解

H3C iMC 产品实现了 EAD 解决方案中 EAD 服务器的相关功能。

38.5.1　iMC 智能管理中心介绍

iMC 是 H3C 推出的下一代业务智能管理软件。它融合当前多个产品,以统一风格提供与网络相关的各类管理、控制、监控等功能;同时,以全开放的、组件化的架构原型,向平台及其承载业务提供分布式、分级式交互管理特性,并为业务软件的下一代产品提供最可靠的、可扩展的、高性能的业务平台。

如图38-3所示,iMC智能管理中心提供了基于平台的组件化结构,并提供基础网管功能,包括网元管理、资源管理、告警管理、性能管理等功能模块。各个组件用于提供特定的业务功能,可根据实际需求灵活选配。所有组件的安装必须基于平台,其中EAD组件即可实现EAD方案中EAD服务器的功能。

图38-3 iMC智能管理中心结构图

iMC智能管理中心支持Windows Server 2012、Red Hat、CentOS等多种操作系统平台,以适应不同级别的用户和不同规模的网络。iMC平台分为专业版、标准版和中小企业版,各版本之间在功能特性上有一定区别。

38.5.2 iMC EAD 组件功能介绍

iMC智能管理中心平台可以实现对网络的基础管理,包括拓扑管理、告警管理、性能管理等,用户还可以根据需要灵活选用其他功能组件,有效地实现网管。在iMC平台组件上可以安装部署EAD组件来实现EAD的相关功能。下面对iMC EAD组件的主要功能进行介绍。

1. 安全级别管理

安全级别管理主要用于配置当各个安全检查项不符合安全策略要求时的安全模式,包括下线模式、隔离模式、提醒模式和监控模式。安全检查项包括安全检查是否异常、检查防病毒软件、检查可控软件组、检查软件补丁、检查注册表监控策略、检查操作系统密码。每项检查都可以设置安全模式。安全模式决定了对没有通过该项检查的用户采取的处理方式。当配置完安全级别后,就可以在增加安全策略时选择使用。

(1)加入黑名单并下线模式:当安全检查不合格时,系统将用户加入黑名单,然后对用户执行下线操作,并记录安全日志。

(2)访客模式:当安全检查不合格时,系统对用户进行先提醒、后下线操作,并记录安全日志。

(3)下线模式:当安全检查不合格时,系统对用户进行下线操作,并记录安全日志。

(4)隔离模式:当安全检查不合格时,系统对用户进行隔离操作和提醒/修复操作,并记录安全日志。

(5)VIP/提醒模式:当安全检查不合格时,系统对用户进行提醒/修复操作,并记录安全日志,但不进行隔离操作。

(6)监控模式:当安全检查不合格时,系统仅记录安全日志,不进行隔离操作和提醒操作。

2. 流量监控策略管理

如图38-4所示,流量监控功能通过审计iNode客户端所在主机的IP流量、二层广播报文数量、流经认证网卡的所有报文数量和 TCP/UDP 连接数来判断用户网络是否出现异常。当流量、报文数、连接数超过所设置的阈值时，iMC EAD 服务器认为用户网络状况异常，并按照预先设置的安全策略进行处理。

图 38-4　流量监控策略管理

3．防病毒软件管理

防病毒软件管理可以对 iMC EAD 支持的防病毒软件进行集中管理，如图 38-5 所示。

图 38-5　防病毒软件管理

（1）可以设置是否启用客户端对防病毒软件的支持。

（2）可以调整防病毒软件的优先级顺序。

（3）可以检查和限制防病毒软件的病毒库和杀毒引擎版本。

4．软件补丁管理

如图 38-6 所示，EAD 业务可以对客户端所在计算机的 Windows 操作系统的补丁进行管理。当用户通过 iNode 智能客户端进行认证时，iMC EAD 服务器可以按照指定的安全策略对用户计算机进行检查。如果发现计算机未安装要求的软件补丁，则将按照安全策略的设置进行隔离、强制安装、升级等处理。

图 38-6　软件补丁管理

5．可控软件组管理

如图 38-7 所示，可控软件组定义了需要检测的软件/进程/服务。对软件/进程/服务具体检测的内容如下。

（1）软件：检测软件的安装情况。

（2）进程：检测进程的运行情况。

（3）服务：检测服务的运行情况。

在定义了可控软件组后，可控软件组将与安全级别、安全策略配合使用。

在安全策略中，定义软件必须安装或禁止安装状态、进程的必须运行或禁止运行状态、服务的必须运行或禁止运行状态。

6．注册表监控策略管理

如图 38-8 所示，注册表监控是指监控终端的注册表信息。已定义的注册表监控策略与安全级别、安全策略配合使用。在安全策略中配置要检查的注册表监控策略，在安全级别中定义注册表不符合安全策略时采取的措施（如监控、提醒、隔离和下线）。

图 38-7   可控软件组管理

图 38-8   注册表监控策略管理

7. 操作系统密码监控管理

如图 38-9 所示，操作系统密码监控是指监控客户端操作系统的登录密码，并判断密码是

图 38-9   操作系统密码监控管理

否安全。如果客户端检测到用户操作系统密码与上传的密码词典文件中列出的弱密码相同或与 iNode 客户端内置的弱密码相同,则认为密码不安全。操作系统密码监控与安全级别、安全策略配合使用。在安全策略中配置是否检查操作系统密码,在安全级别中定义操作系统密码不符合安全策略时采取的措施(如监控、提醒、隔离和下线)。

8. 桌面资产管理

桌面资产管理提供了对资产全方位的管理和监控的功能。这里所涉及的资产是指接入网络的各类终端,如 PC、服务器等。基于获取的资产软、硬件信息,桌面资产管理实现了对资产软、硬件使用情况和变更情况的监控;基于对资产的配置和软件分发,桌面资产管理实现了对资产的有效管理;桌面资产管理还提供了多元化的统计报表,让网络管理员对资产的监控数据分析得更加充分。

桌面资产管理支持的主要业务特性如下。

(1)自动扫描资产信息:定时自动获取网络管理员关心的资产信息(如资产编号、资产的责任人、资产分组和型号等),保证了数据的有效性,减轻了管理员工作的负担。

(2)监控资产的软、硬件使用和变更情况:如图 38-10 所示,通过自动或手动扫描,可以及时获取资产变更情况,并采取应对措施。

图 38-10 资产变更信息

(3)监控资产的 USB 使用情况:如图 38-11 所示,作为使用频率很高的硬件设备,USB 的滥用也最容易产生问题。通过此功能可以实现对 USB 的高度监控。

(4)对所管理的资产进行多种方式的软件分发:对于大量的资产要统一安装相同的软件,使用此业务特性不但能保证软件的安装质量,而且能大大地减轻网络管理员的负担。

9. 安全策略管理

完成 EAD 安全认证功能的关键步骤是操作员针对各类用户配置不同的安全策略并下发。如图 38-12 所示,安全策略是由基本信息、防病毒软件联动、可控软件组、软件补丁、注册表监控策略、定时检查 6 部分组成,通过配置安全策略达到对用户的安全认证进行控制。配置完安全策略,通过绑定服务的方法进行策略下发。当接入用户申请了包含安全策略的服务后,便被纳入该安全策略定义的 EAD 安全防护体系中。

图 38-11 USB 监控管理

图 38-12 安全策略管理

38.6 iNode 智能客户端功能介绍

如果在 iMC EAD 服务器端配置了安全策略，则在通过身份认证之后系统还会对客户端自动进行安全认证。如果安全认证通过，则连接视图中的连接图标将变为绿色，表示身份认证和安全认证均通过,并且开始上网计时,如图 38-13 所示。

图 38-13 iNode 智能客户端

根据在 iMC EAD 服务器上配置的安全策略,当某个安全检查项不符合要求时,则安全认证失败。安全认证失败后,iNode 界面会提示安全状态为不合格,表示通过了身份认证但安全检查不合格。此时不允许访问网络资源。

38.7 本章总结

(1) EAD 解决方案模型中包含 iMC EAD 服务器、安全联动设备、iNode 智能客户端和第三方服务器等元素。

(2) EAD 解决方案通过 iMC EAD 服务器、安全联动设备、iNode 智能客户端及第三方服务器共同配合,实现对用户终端的身份和安全检查,从而降低病毒、非法访问等安全威胁对网络带来的危害。

38.8 习题和解答

38.8.1 习题

1. 简述 EAD 方案模型中各环节的功能。

2. EAD 解决方案与微软_____产品可以无缝集成,能够实现系统补丁检查和自动升级。

38.8.2 习题答案

1. 略 2. WSUS

第 **10** 篇
网络优化和管理基础

第39章

提高网络可靠性

网络为人们的工作和生活带来了种种便利,而网络一旦瘫痪,也会随之带来巨大的影响。因此,保证网络的不间断服务十分必要。

本章将对网络可靠性设计做初步探讨,并介绍几种典型的提高网络可靠性的方法。

39.1 本章目标

学习完本章,应该能够达到以下目标。

(1) 理解可靠性的含义。

(2) 列举可靠性设计的主要考虑因素。

(3) 列举能增强可靠性的主要技术。

(4) 掌握链路可靠性技术及其配置。

(5) 掌握设备可靠性技术及其配置。

39.2 可靠性设计

39.2.1 什么是可靠性

网络可靠性又称为可用性,指网络提供服务的不间断性。可靠性的衡量指标是正常运行时间(uptime)或故障时间(downtime)。这是一对相反的指标,正常运行时间越长,故障时间越短,可靠性也就越高。通常,当网络的可用性达到或超过99.999%时,即可将其归入高可靠性网络。

网络由许许多多的组件构成,包括路由器、交换机、服务器、计算机、线缆、无线电波、软件和协议等。要保证网络的可靠性就必须保证以上这些组件的可靠性。

由于任何一个网络组件都可能出现故障,因此,网络可靠性通常需要通过一定的冗余来实现。通信网络中最主要的组件是网络设备和链路,因此,其可靠性的提高主要通过设备冗余和链路冗余来保证。通过为设备或链路提供一到多个备份设备或链路,可以保证在主用设备或链路出现故障时能快速切换到备用设备或链路,减少甚至避免网络中断。因此,在设计网络时就要充分考虑关键设备和链路的冗余,在配置网络时则需要采用相应的技术和适当的参数来提高网络的可靠性。

设计任何网络,都需要首先详细分析用户需求,了解用户的投资计划、业务重点、功能需求等。作为网络设计的一部分,可靠性设计应重点关注以下方面。

(1) 设备和链路的可靠性:单一设备和链路的可靠性是网络可靠性的基础,因此,应尽可能采用可靠性较高的设备和链路。在设备方面,可以采用具有多引擎、多电源的设备提高设备本身的可靠性。在链路方面,可以根据带宽要求、运营商服务品质、电磁干扰、温度湿度、作业场所类型等各种因素选择适当的链路技术。

（2）关键应用对可靠性的需求：客户网络上运行着众多应用和服务，一些应用对可靠性有着严格的要求，而另一些应用的要求则较为宽松。例如，与实时交互式应用相比，基于 TCP 的文件传输应用通常对网络可靠性要求略低。

（3）可靠性之外的其他需求：提高可靠性的要求常常与其他方面的需求互相矛盾或互相牵制。例如，用户往往希望尽可能提高现有链路的利用效率，同时，要求提高可靠性。但是对现有链路过高的利用率不仅容易导致丢包，而且在故障发生时将没有足够的带宽资源保证网络可用性。

（4）网络故障的代价：设计网络时应考虑网络发生故障时对用户造成的损失，从而确定用户对故障时间的容忍度。这种代价既可能是经济代价，也可能是非经济的代价；既可能是明确的损失，也可能是一种存在于概率中的风险。只有了解了用户能为网络故障付出代价的底线，才能设计可靠性符合其要求的网络。

（5）用户投资计划：较高的可靠性要求较高的冗余度，也意味着较高的投资。因此，用户的建设预算和维护预算直接影响着网络可靠性的设计。用户投资也同时受到故障代价的影响。设计网络时应该在用户投资额以内尽可能满足其对可靠性的要求，降低其可能为网络故障付出的代价。

在 IP 网络中，可靠性的提高一般通过下列 3 方面来实现。

（1）提高设备的可靠性：在设计网络时要充分考虑关键设备本身的可靠性，这是保证网络可靠性的第一步。

（2）提高通信线路的可靠性：加强每一链路的可靠性，或实现链路冗余备份。

（3）使用具有较强冗余路径管理能力的通信协议和软件：选择基于 Comware 系统的 H3C 网络设备，可以通过配置先进的协议及时发现故障并切换到新的路径，或通过先进的体系架构和高级的转发技术尽可能降低故障时间。

39.2.2　用户投资计划

用户投资计划是网络设计时的主要考虑因素之一。在设计网络时，必须要在用户有限的投资范围内，满足其对网络的各种需求。

用户对网络的支出主要包括固定支出和变动支出。

固定支出可能包括以下内容。

（1）设备采购支出。

（2）线路部署支出。

（3）网络管理系统和工具支出。

变动支出可能包括以下内容。

（1）线路租用和维护支出。

（2）技术支持和设备维修支出。

（3）网络管理人员支出。

要提高网络可靠性，就必须增加网络冗余性，这势必增加冗余设备、冗余链路的固定和变动支出。由此可见，网络可靠性是以各种投入为代价实现的，并不是越高越好。理论上，可以为每台网络设备和每条链路提供多重备份，在任意两个节点之间都部署直接连接，这样网络的可靠性无疑是最好的，但这种配置需要极高的固定支出和变动支出。

　　在实际网络设计中,设计者需要在投资计划、网络可靠性及其他所有用户需求之间做出权衡。在用户投资规模既定的情况下,可以首先对网络的关键设备和链路提供备份,若有余力,则再考虑次关键的设备和链路,从而最大限度地保证网络的可靠性。

39.2.3　设备和链路可靠性设计

　　现代网络设计普遍采用了分层设计的思想,每一层执行特定的功能,层次之间隔离不需要的流量。理论上,即使目前最大规模的网络,其网络设计也不超过 3 个层次;小型或中型网络可以分为一层或二层。下面介绍大型网络设计的三层模型,小型或中型网络设计可以根据情况合并某些层次的功能,来减少网络层次。

　　分层网络设计模型将计算机网络分为以下 3 层。

　　(1)接入层:这一层提供丰富的端口,负责接入工作组用户,使其可以获得网络服务。接入层还可以对用户实施接入控制。

　　(2)汇聚层:这一层通过大量的链路连接接入层设备,将接入层数据汇集起来。同时,这一层依据复杂的策略对数据、信息等实施控制。其典型行为包括路由聚合和访问控制等。

　　(3)核心层:这一层是网络的骨干,主要负责对来自汇聚层的数据进行尽可能快速的交换。

　　图 39-1 给出了网络设计的三层结构模型。

图 39-1　层次化网络设计模型

　　从分层模型可以看出,核心层处于网络的中心,网络中大量数据流量需要通过核心层设备进行交换,核心层设备一旦发生故障,整个网络将面临瘫痪。因此,在选择核心层设备时,不仅要求其具有强大的数据交换能力,而且要求其具有很高的可靠性。为了保证核心层设备的可靠性,在园区网络设计中,通常应选择高端网络设备作为核心层设备。这不仅是因为高端设备的数据处理能力强、转发速度高,也是因为高端设备本身通常具有高可靠性设计。高端网络设备的主要组件通常都采用冗余设计,例如,采用互为主备的双处理板、互为主备的双交换网板,甚至多个电源,确保设备不易宕机。

　　为了确保核心网络的可靠性,可以对核心层设备和链路实现双冗余甚至多冗余,即对核心层设备和链路一律增加一个以上的备份,一旦主用设备整机或主用链路出现故障,立即切换到备用设备或备用链路,确保核心层的高度可靠性。

　　汇聚层处于三层结构的中间,汇聚层设备是各个接入层设备的集中点,负责汇集来自接入层的数据,并对数据和控制信息进行基于策略的控制。如果不采用冗余设计,则某台汇聚层设备的失效将导致其下面连接的接入层设备用户无法访问网络。因此,汇聚层设备的可靠性也较为重要。考虑到成本因素,汇聚层往往采用中端网络设备,并采用冗余链路提高网络的可靠性。必要时也可以对汇聚层设备采用设备冗余的形式提高其可靠性。

接入层设备处于网络的最底层,负责接入用户终端。一方面,如果接入层设备出现故障,只会对设备接入的用户造成影响,影响范围较小;另一方面,接入层设备和连接数量相对较多,用户设备数量也比较多,不便于一一实现设备和链路冗余。因此,通常不考虑接入层设备的冗余性。当然,如果接入层设备接入了 VIP 用户或重要服务器,可以采用链路或设备冗余来提高其可靠性。

层级化网络及其各层次的功能和可靠性要求只是一般性的参考模型,对网络设计只能提供一般性的指导。在设计具体的网络时,还必须依据用户的实际需求进行具体分析。例如,某些用户的全部业务都非常关键,不允许长时间停顿,这就要求在整个网络中所有可能的位置都实现冗余;而某些用户的业务并不严格依赖于网络,可靠性要求不高,则整个网络中的所有环节可能都不需要实现冗余。

39.2.4　关键业务可靠性设计

对于用户而言,在其所有应用之中,有一些是要求最严格、最无法容忍其发生故障的,这些应用又称为关键业务。网络设计者必须首先了解哪些应用对用户是最关键的,并想方设法在现实的条件下和给定的预算内满足关键业务的可靠性需求。

当今的 IP 网络承载着各种各样的业务和应用。例如,Web、FTP、文件共享、数据库、VoIP、视频服务及 E-mail 等。不同的服务对网络的要求有很大差别。例如,视频会议要求低延迟、高带宽,是一种实时性业务;而 E-mail 对实时性要求较低,只需在一定时间内可靠送达即可。

影响可靠性设计的并非只有应用类型,也包括网络的位置和功能。例如,由于大部分应用采用客户机/服务器模式,现代网络建设多将服务器集中放置在数据中心,因此,数据中心网络的可靠性就成为首要考虑的因素之一。可以考虑采用服务器备份、链路备份或网络设备备份的方法来确保数据中心的可靠性。此外,一些用户可能建设两套网络,一套为普通业务使用,另一套为关键业务使用,在此种情况下,两套网络的可靠性要求是截然不同的。

39.3　LAN 链路和设备备份

39.3.1　用生成树协议实现 LAN 备份

生成树协议不但可以避免局域网中的环路问题,而且可以实现对局域网链路和设备的备份。

如图 39-2 所示,该局域网使用了 4 台以太网交换机 SWA、SWB、SWC 和 SWD,全部启动了生成树协议。其中 SWB、SWC 和 SWD 3 台交换机之间通过物理线路两两互连。这样,从 SWB 到 SWD 之间就形成了两条冗余路径。

交换机上运行的生成树协议避免了环路的出现。在正常情况下,生成树协议网络的所有交换机最终会确定一台交换机作为统一的根桥,并计算到达每个节点的无环路路径,阻断某些冗余连接,确保网络无环路。由图 39-2 可见,SWA 被选举为根桥,而 SWC 到 SWD 之间的链

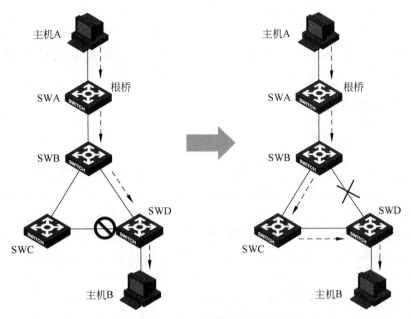

图 39-2　STP 局域网链路备份

路被生成树协议阻塞,避免了 SWB—SWC—SWD—SWB 的环路出现。

　　如果某条链路出现故障,生成树会重新计算,生成新的树形结构。假定 SWB 到 SWD 之间的链路出现故障,使 SWC 到 SWD 之间的链路从阻塞状态转换为转发状态,实现了链路之间的相互备份。

　　利用生成树固然可以达到提高网络可靠性的目的,但是其所阻塞的链路带宽无法被充分利用,导致线路带宽资源的浪费。

39.3.2　用链路聚合实现链路备份

　　交换机支持的链路聚合(link aggregation)功能也可以被用于实现局域网链路备份。

　　链路聚合功能可以将多条特性相同的局域网线路进行汇聚,形成一条逻辑链路,汇聚后的线路负载分担传输数据。当一个链路聚合中的一条链路发生故障时,其他链路仍然可以继续工作并分担负载数据,并不会发生全部中断的情况,如图 39-3 所示。

图 39-3　链路汇聚实现局域网链路备份

根据这一特性,可以在重要的节点之间部署多条物理链路,并将它们聚合在一起,在线路之间既实现了负载均衡,又实现了互为冗余,从而提高了节点间数据传输的可靠性。

利用链路聚合虽然可以充分利用多条冗余链路的带宽资源,但若负责聚合的设备本身出现故障,则其聚合的所有链路都将失效,这从另一方面降低了网络的可靠性。

39.4　路由备份

39.4.1　静态路由备份

静态路由的 metric 不可配置,但其 preference(优先级)值可以配置。在几条目的网段相同的静态路由中,preference 值最小的一条将进入路由器并用于转发,而 preference 值较大的则无法进入路由表。

静态路由是否生效,还有一个影响因素,即出接口状态。当一条静态路由的相应出接口状态为 up 时,静态路由才能进入路由表;当出接口状态为 down 时,静态路由将被从路由表中删除。

利用静态路由的这两个特性,可以通过调整 preference 值来实现路由备份。

如图 39-4 所示为利用浮动静态路由实现路由备份的例子。在本例中,路由器 RTA 上配置了两条去往 40.0.0.0/24 网段的静态路由。其中出接口为 G1/0 的静态路由 preference 值为默认的 60,小于出接口为 S2/0 的另一条路由,因而进入路由表,而另一条路由无法进入路由表。RTA 将去往 40.0.0.0/24 网段的数据包通过出接口 G1/0 传递给下一跳 30.0.0.1。

图 39-4　浮动静态路由

当 RTA 的 G1/0 接口链路出现故障时,G1/0 接口状态变为 down,相应的静态路由失效,此时出接口为 S2/0 的另一条路由生效并进入路由表。此后 RTA 将去往 40.0.0.0/24 网段的数据包通过出接口 S2/0 传递给下一跳。

不难发现,如果 RTA 与 RTB 之间的链路正常,而 RTB 与 RTC 之间的链路出现故障,RTA 无法发觉,静态路由也不会切换,从 RTA 去往 40.0.0.0/24 的数据包将被 RTB 丢弃。这是由静态路由的固有缺陷造成的。

39.4.2　动态路由备份

路由协议计算生成的路由称为动态路由。路由协议能够自动发现和计算路由,并生成路由表;在网络发生故障时,路由协议可以重新计算路由并生成新的路由表。

路由协议的特性决定了它也可以用于链路备份和设备备份。在一个具有冗余路径的网络中，根据路由协议的原理，路由协议会把所发现的到达目的地的最佳路由添加到路由表中。如果由于链路或设备故障，这条最佳路由不再可用，路由协议会将其删除，那么路由协议会重新计算到达目的地的路由并将其加入路由表。这样，后续的数据包就会使用路由协议重新计算得来的路由到达目的地，从而保证网络不中断，达到备份的目的。

如图 39-5 所示的是一个由 3 台路由器组成的环形网络，路由器全部运行 RIP 路由协议，IP 地址如图，串口均封装 PPP 协议。正常工作时路由表如下：

图 39-5　路由协议备份机制

```
[RTA]display ip routing－table
Routing Tables:
Destination/Mask      Proto      Pre      Cost      NextHop      Interface
1.1.1.0/24            Direct     0        0         1.1.1.2      Serial0/0
1.1.1.1/32            Direct     0        0         127.0.0.1    LoopBack0
1.1.1.2/32            Direct     0        0         1.1.1.2      Serial0/0
2.0.0.0/8             RIP        100      1         1.1.1.2      Serial0/0
                                                    3.3.3.3      Serial0/1
3.3.3.0/24            Direct     0        0         3.3.3.2      Serial0/1
3.3.3.1/32            Direct     0        0         127.0.0.1    LoopBack0
3.3.3.2/32            Direct     0        0         3.3.3.2      Serial0/1
10.0.0.0/8            RIP        100      1         3.3.3.2      Serial0/1
127.0.0.0/8           Direct     0        0         127.0.0.1    LoopBack0
127.0.0.1/32          Direct     0        0         127.0.0.1    LoopBack0
```

从输出信息看出，RTA 到目的网段 10.0.0.0/8 有一条路由，经过 RTC 到达网段 10.0.0.0/8。这时关闭 RTA 到 RTC 之间的链路，模拟网络出现故障。

```
[RTA－Serial0/1]shutdown
```

RIP 将重新计算路由，结果如下：

```
[RTA]display ip routing－table
```

```
Routing Tables:
Destination/Mask        Proto       Pre         Cost        NextHop         Interface
1.1.1.0/24              Direct      0           0           1.1.1.2         Serial0/0
1.1.1.1/32              Direct      0           0           127.0.0.1       LoopBack0
1.1.1.2/32              Direct      0           0           1.1.1.2         Serial0/0
2.0.0.0/8               RIP         100         1           1.1.1.2         Serial0/0
10.0.0.0/8              RIP         100         2           1.1.1.2         Serial0/0
127.0.0.0/8            Direct      0           0           127.0.0.1       LoopBack0
127.0.0.1/32           Direct      0           0           127.0.0.1       LoopBack0
```

可见，到网段 10.0.0.0/8 的路由经由 RTB，而不是 RTC，从而达到备份的目的，保证了网络可靠性。

路由协议可广泛用于各种网络。但是网络运行路由协议可能会带来一些问题。例如，路由协议通过广播、组播发送的更新报文会带来较大的带宽开销，网络设备处理路由协议报文也会带来一定的处理开销，这些影响在小带宽、低性能的网络中尤其明显。此外，在网络发生故障后，路由协议感知故障并重新计算路由需要一定的延迟，这加长了故障造成的暂时性网络中断时间。

39.5　用 VRRP 实现设备备份

39.5.1　VRRP 概述

通常，同一网段内的所有主机都设置一条以某一路由器（或三层交换机）为下一跳的默认路由，即以此路由器作为其默认网关。主机发往其他网段的报文将通过默认路由发往默认网关，再由默认网关进行转发，从而实现主机与外部网络的通信。当默认网关发生故障时，所有主机都无法与外部网络通信。

如图 39-6 所示，一个局域网络内的所有主机都设置了默认网关 10.100.10.1，即以三层交换机 SWA 作为默认网关。这样，主机通过 SWA 与外部网络通信。而当 SWA 宕机时，本网段内所有以 SWA 为默认网关的主机将中断与外部的通信。

图 39-6　单一默认网关的局域网

要提高默认网关的可靠性,就要设法为默认网关提供设备备份,增加冗余性。RFC2338规定的 VRRP(virtual router redundancy protocol,虚拟路由器冗余协议)就是为这一目的而设计的。

VRRP 是一种容错协议,通过物理设备和逻辑设备的分离,很好地解决了局域网网关的冗余备份问题。在具有组播或广播能力的局域网(如以太网)中配置 VRRP,能在某台网关出现故障时仍提供高可靠的备份网关,有效避免单一设备或链路发生故障后网络中断的问题。

VRRP 将局域网内的一组路由器(或三层交换机)组织成一个备份组,生成一台虚拟的路由器,使用一个虚拟的 IP 地址为局域网内的主机提供默认网关服务。实际上任意时间只有一台路由器负责执行虚拟路由器的任务。这样,备份组中任意一台路由器宕机均不影响虚拟路由器的工作,局域网内的主机只需将虚拟路由器配置为默认网关,即可保持正常通信,避免单一设备或链路发生故障后网络中断的问题。

VRRP 协议的实现有 VRRPv2 和 VRRPv3 两个版本。其中 VRRPv2 基于 IPv4,VRRPv3 基于 IPv6。

注意:路由器和三层交换机均可支持 VRRP 功能。本章中如无特别声明,所称路由器均代表“具有路由功能的设备”,包括路由器和三层交换机。

VRRP 将局域网内的一组路由器划分在一起,称为一个备份组。备份组由一个 master 路由器和多个 backup 路由器组成,功能上相当于一台虚拟路由器。

VRRP 备份组具有以下特点。

(1) 虚拟路由器具有 IP 地址。局域网内的主机仅需要知道这个虚拟路由器的 IP 地址,并将其设置为其默认网关。

(2) 网络内的主机通过这个虚拟路由器与外部网络进行通信。

(3) 备份组内的路由器根据优先级选举出 master 路由器承担默认网关功能。

(4) 当备份组内承担网关功能的 master 路由器发生故障时,其余的路由器将取代它继续履行网关职责,从而保证网络内的主机继续与外部网络进行通信。

VRRP 的作用如图 39-7 所示的例子。三层交换机 SWA 和 SWB 在局域网中的地址为

图 39-7　VRRP 功能示意图

10.100.10.2 和 10.100.10.3。SWA 和 SWB 运行 VRRP，构成一个备份组，生成一个虚拟网关 10.100.10.1。局域网内的主机并不需要了解 SWA 和 SWB 的存在，而仅仅将虚拟网关 10.100.10.1 设置为其默认网关。假定在正常情况下，备份组内的 VRRP 选举确定 SWA 为 master，负责执行虚拟网关的功能，而 SWB 为 backup。这样，所有主机与外部网络的通信名义上通过虚拟网关 10.100.10.1 进行，实际上的数据转发却通过 SWA 进行。

如果备份组内处于 master 角色的 SWA 宕机，处于 backup 角色的 SWB 将会接替它，成为新的 master，继续向网络内的主机提供路由服务。网络内的主机不必变更其默认网关或默认路由配置，即可继续与外部网络进行通信。

一台路由器可以属于多个备份组，各个备份组独立进行选举，互不干扰。假定在如图 39-7 所示的网络中，三层交换机 SWA 和 SWB 上配置了另一个备份组，在这个备份组中 SWB 为 master，SWA 为 backup，虚拟 IP 地址不变。这样网络中有两个备份组，每台三层交换机既是一个备份组的 master，又是另一个备份组的 backup，局域网中的一半主机以 10.100.10.1 为默认网关，另一半主机以 10.100.10.3 为默认网关，从而既实现了两台三层交换机互为备份，又实现了局域网流量的负载分担。这也是目前最常用的 VRRP 解决方案。

39.5.2　VRRP 原理

VRRP 中只定义了一种报文——VRRP 报文，这是一种 IP 组播报文。使用 VRRP 报文可以传递备份组的各种参数，还可以用于 master 的选举。

VRRP 中定义了 3 种状态——初始状态（initialize）、活动状态（master）和备份状态（backup），其中只有处于活动状态的交换机可以为到虚拟 IP 地址的转发请求提供服务。

VRRP 根据配置的优先级选择 master，优先级最大的成为 master；若优先级相同，则比较接口的主 IP 地址，主 IP 地址大的成为 master，由它提供实际的路由服务。其他路由器作为 backup，随时监测 master 的状态。

当 master 正常工作时，它会每隔一段时间发送一个 VRRP 组播报文，以向组内的 backup 宣告 master 处于正常工作状态。

如果组内的 backup 长时间没有接收到来自 master 的报文，则将自己状态转为 master。如果组内有多台 backup，此时将有可能产生多个 master。这时每一个 master 都会发送 VRRP 报文进行重新选举。每个 master 都会比较 VRRP 报文中的优先级和自己本地的优先级，如果本地的优先级小于 VRRP 中的优先级，则将自己的状态转为 backup；否则，保持自己的状态不变。如果优先级相同，同样将依据 IP 地址决定选举结果。通过这样一个过程，就会将优先级最大的路由器选成新的 master，完成 VRRP 的备份功能。

从上述过程可以看到，对于网络中的主机来说，它并没有做任何额外的更改和处理，但是它的对外通信不会因为一台交换机损坏而中断。

39.5.3　VRRP 配置

在 S3610 交换机上配置 VRRP 可以按照以下步骤操作。

1. 创建备份组并配置虚拟 IP 地址

将一个本网段的虚拟 IP 地址指定给一个备份组。在 VLAN 接口视图下执行以下命令。

```
vrrp vrid virtual-router-id virtual-ip virtual-address
```

参数 *virtual-router-id* 定义了备份组号。备份组号范围为 $1 \sim 255$，虚拟 IP 地址可以是备份组所在网段中未被分配的 IP 地址，也可以是备份组中某设备的接口 IP 地址。接口 IP 地址与虚拟 IP 地址相同的路由器被称为"IP 地址拥有者"。当指定第一个虚拟 IP 地址到一个备份组时，系统会创建这个备份组，以后再指定虚拟 IP 地址到这个备份组时，系统仅将这个地址添加到这个备份组的虚拟 IP 地址列表中。这条命令需要在备份组的所有成员路由器的接口上配置，并且参数相同。

2. 设置备份组中的优先级

要配置备份组的优先级，在 VLAN 接口视图下使用如下命令。

```
vrrp vrid virtual-router-id priority priority-value
```

优先级的取值范围为 $0 \sim 255$（数值越大表明优先级越高），但是可配置的范围为 $1 \sim 254$。优先级 0 为系统保留给特殊用途来使用，优先级 255 则为系统保留给 IP 地址拥有者的。默认情况下，优先级的取值为 100。

VRRP 根据优先级来确定备份组中每台路由器的地位，备份组中优先级最高的路由器将成为 master。

优先级是可选参数，如果没有配置优先级，则 VRRP 将选举备份组接口 IP 地址较大的路由器为 master。

3. 设置备份组中的抢占方式

在 VLAN 接口视图下进行下列配置，命令如下。

```
vrrp vrid virtual-router-id preempt-mode [timer delay delay-value]
```

默认方式是允许抢占，延迟时间为 0s。

一旦备份组中的某台路由器成为 master，只要它没有出现故障，其他新加入的路由器即使拥有更高的优先级，也不会成为 master，除非被设置抢占方式。路由器如果设置为抢占方式，则它一旦发现自己的优先级比当前的 master 的优先级高，就会成为 master，原来的 master 将会变成 backup。

在设置抢占的同时，还可以设置延迟时间。这样可以使得 backup 延迟一段时间成为 master。如果没有延迟时间，在性能不够稳定的网络中，如果 backup 没有按时收到来自 master 的报文，就会立即成为 master。导致 backup 收不到报文的原因很可能是由于网络堵塞、丢包而非 master 无法正常工作，这样可能导致频繁的 VRRP 状态转换。如果设置了一定的延迟时间，backup 在延迟时间内可以继续等待来自 master 的报文，从而避免了频繁的状态切换。延迟时间以秒计，范围为 $0 \sim 255$。

4. 设置验证方式及验证字

VRRP 提供了 3 种验证方式。

（1）无验证。

（2）简单字符验证（simple）。

（3）MD5 验证。

采用无验证方式时,发送 VRRP 报文的路由器不对要发送的报文进行任何验证处理,而接收 VRRP 报文的路由器也不对接收到的报文进行任何验证。在这种情况下,用户不需要设置验证字。

将验证方式设置为 simple 后,发送 VRRP 报文的路由器就会将验证字以明文方式填入 VRRP 报文中;而接收 VRRP 报文的路由器会将接收到的 VRRP 报文中的验证字和本地配置的验证字进行比较,如果验证字相同,路由器就认为接收到的报文是真实而合法的 VRRP 报文,否则认为接收到的报文是非法的报文,并将其丢弃。在这种情况下,用户应当设置长度为不超过 8b 的验证字。

将验证方式设置为 MD5 后,路由器就会利用 MD5 算法来对 VRRP 报文进行验证。在这种情况下,用户应当设置长度不超过 16b 的验证字。对于没有通过验证的报文,路由器会将其丢弃。

在 VLAN 接口视图下进行下列配置,命令如下:

vrrp vrid *virtual - router - id* **authentication - mode{md5|simple}** *key*

默认验证方式为无验证。注意要把 VRRP 备份组内所有路由器接口的验证方式和密码设为一样。

5. 设置 VRRP 定时器

在 VLAN 接口视图下进行下列配置,命令如下:

vrrp vrid *virtual - router - id* **timer advertise** *adver - interval*

参数 *adver-interval* 的单位为秒,默认情况下值是 3。

VRRP 备份组中的 master 路由器通过定时(周期为 *adver-interval*)发送 VRRP 报文来向组内的路由器通知自己工作正常。如果 backup 超过一定时间(*master-down-interval*)没有收到 master 发送来的 VRRP 报文,则认为它已经无法正常工作,同时会将自己的状态转变为 master。

用户可以通过设置定时器的命令来调整 master 发送 VRRP 报文的间隔时间 *adver-interval*。而 backup 的 *master-down-interval* 的间隔时间则是 *adver-interval* 的 3 倍。由于网络流量过大或不同路由器上的定时器差异等因素,可能导致 *master-down-interval* 异常到时而使得状态转换。对于这种情况,可以通过延长 *adver-interval* 时间和设置延迟时间的办法来解决。

39.5.4　VRRP 配置示例

下面给出一个 VRRP 单备份组配置实例。如图 39-8 所示,主机 A 把 SWA 和 SWB 组成的 VRRP 备份组作为自己的默认网关,访问 Internet 上的主机。

要求虚拟 IP 地址为 10.110.32.1/20,SWA 为 master,SWB 为 backup,允许抢占。配置如下所述。

配置 SWA:

```
[SWA - VLAN - interface2]vrrp vrid 1 virtual - ip 10.110.32.1
[SWA - VLAN - interface2]vrrp vrid 1 priority 120
```

图 39-8　VRRP 配置示例组网图

配置 SWB：

```
[SWB - VLAN - interface2]vrrp vrid 1 virtual - ip 10.110.32.1
```

配置完成，备份组配置后不久就可以使用，主机 A 应将默认网关设为 10.110.32.1。正常情况下，SWA 优先级高，成为 master，执行网关工作。当 SWA 关机或出现故障时，SWB 将接替其执行网关工作。设置抢占方式的目的是当 SWA 恢复工作后，能够重新成为 master 执行网关工作。由于路由器默认就是抢占方式，不用额外配置。

在本例中，也可以配置多个备份组设置，实现负载分担。考虑将 SWA 作为备份组 1 的 master，同时又兼做备份组 2 的 backup，而 SWB 作为备份组 2 的 master，并兼做备份组 1 的 backup。一部分主机使用备份组 1 的虚拟 IP 地址作为网关，另一部分主机使用备份组 2 的虚拟 IP 地址作为网关。这样可以达到分担数据流，而又相互备份的目的。配置如下。

首先配置 SWA，创建一个备份组 1，并设置 SWA 优先级使其成为 master，创建备份组 2，采用默认优先级，使其作为备份组 2 的 backup。

```
[SWA - VLAN - interface2]vrrp vrid 1 virtual - ip 10.110.32.1
[SWA - VLAN - interface2]vrrp vrid 1 priority 120
[SWA - VLAN - interface2]vrrp vrid 2 virtual - ip 10.110.32.5
```

然后配置 SWB，使其成为备份组 1 的 backup 和备份组 2 的 master。

```
[SWB - VLAN - interface2]vrrp vrid 1 virtual - ip 10.110.32.1
[SWB - VLAN - interface2]vrrp vrid 2 virtual - ip 10.110.32.5
[SWB - VLAN - interface2]vrrp vrid 2 priority 120
```

配置完成。

39.6　本章总结

（1）可靠性设计不仅要关注设备和链路可靠性、关键应用需求等技术因素，也要关注用户投资计划、网络故障的代价及可靠性需求与其他需求之间的关系。

（2）提高可靠性主要通过提高设备可靠性、提高通信线路可靠性及使用具有较强冗余路径管理能力的通信协议和软件来实现。

（3）生成树协议可用于实现二层交换式局域网内的设备和链路备份。

（4）VRRP可用于实现局域网内的设备备份。

（5）静态路由和路由协议均可实现路由备份。

39.7　习题和解答

39.7.1　习题

1. 网络设计分层模型包括（　　）。
   A. 网络接口层　　　　B. 接入层　　　　　C. 汇聚层　　　　　D. 核心业务层

2. 局域网设备和链路备份通常采用（　　）技术。
   A. DCC　　　　　　　B. 链路聚合　　　　C. 生成树协议　　　D. VRRP

3. 要在一个拥有20台路由器和50台交换机的网络中实现路由备份，应使用（　　）。
   A. 备份中心　　　　　B. VRRP　　　　　　C. 生成树协议　　　D. 路由协议

4. 下列关于VRRP协议的描述，正确的是（　　）。
   A. 优先级影响虚拟路由器的选举结果
   B. 路由器如果设置为抢占方式，则它一旦发现自己的优先级比当前master的优先级高，就会成为master
   C. 发送VRRP报文的周期越小越好，因为这样可以迅速感知故障，降低故障恢复时间
   D. 发送VRRP报文的周期越大越好，因为这样可以避免偶然性丢包等带来的不必要切换

39.7.2　习题答案

1. BC　2. BCD　3. D　4. AB

第40章

网络管理介绍

随着网络技术的发展,网络的规模日益扩大,结构更加复杂,支持更多的用户,以及提供更多的服务,人们越来越认识到网络管理的重要性。与早期设备类型单一、应用简单的小型网络的分布式管理不同,网络管理提供了对复杂网络的集中维护、远程监控等功能,对大型网络中的设备提供统一管理的平台。SNMP(simple network management protocol,简单网络管理协议)和相关的 RMON(remote network monitoring,远程网络监视)规范就是在网络管理的需求下产生的标准,各个厂家通过这些标准完成网络管理软件的开发和应用。

本章从网络管理技术概述出发,首先介绍网络管理的基本概念和功能;其次介绍网络管理系统的组成和实现,重点介绍 SNMP;为了掌握网络管理的实际运用,在此基础上介绍了H3C 的网络管理产品和应用;最后对网络管理的发展趋势进行了介绍。

40.1　本章目标

学习完本章,应该能够达到以下目标。

(1) 描述网络管理的定义。

(2) 描述 SNMP 的特点和功能。

(3) 描述 H3C 网络管理系统。

40.2　网络管理概述

40.2.1　网络管理功能

在网络规模较小的时候,网络管理员承担着网络管理的角色,负责完成网络中设备的配置、维护,网络故障的排除,网络的扩展和优化。随着网络规模的增大和网络中设备种类的日益增多,如何有效地保证网络中设备可靠运行,如何使得网络的性能达到用户的满意程度,网络管理者工作的范围和复杂程度也不断增长,需要对大量的网络信息进行管理等。为了网络管理者更好地完成这些工作,逐渐出现了网络管理系统的概念,即网络的管理工作不再是全部由网络管理员完成,通过网络管理系统的运行,可以极大地提高网络维护的效率,实现智能化的网络管理。

网络管理系统由一组软件组成。不同的网络设备厂商通过开发网络管理系统,完善客户对设备可管理性的要求。随之也带来了一个问题,即对不同厂商网络设备的管理互操作性的需求。因此,各设备厂商在增强对网络管理有关标准支持的同时,提供一些开放的管理接口,部分地实现对第三方厂商产品的管理和与其他管理系统交换管理信息。在本章的第 4 节将重点介绍 H3C 的网络管理产品及其兼容性。

各设备厂商按照网络管理的标准协议进行网络管理系统的开发。当前网络管理标准化活动主要基于国际标准化组织（international organization for standardization，ISO）定义的 OSI 网络管理框架，划分了 5 个网络管理的功能区域，即网络管理实现了以下 5 个基本功能。

1. 故障管理

网络故障的发生，将影响网络不能达到正常的运行指标。故障管理即是对网络环境中的问题和故障进行定位的过程。网络管理提供的故障管理功能通过检测异常事件来发现故障，通过日志记录故障情况，根据故障现象采取相应的跟踪、诊断和测试措施。网络管理者通过该功能，可以快速地发现问题、定位问题和解决问题。

网络管理系统执行监控过程和周期性地生成异常报告，从而帮助网络管理员了解网络运行状态，及时发现故障。如通过预设门限动态监控状态变化，预测潜在的故障，常见的有监视线路利用率和网络拥塞情况，监控受管设备的温度等。有的网络管理系统可以启动诊断测试程序，同时还可以以日志的形式记录告警、诊断和处理结果。

2. 配置管理

配置管理的主要作用是它可以增强网络管理者对网络配置的能力。通过它，网络管理者可以很方便地查询网络当前的配置信息，并且根据需要方便地修改配置，实现对设备的配置功能。

3. 安全管理

安全管理提供安全策略，通过该策略，确保只有授权的合法用户可以访问受限的网络资源。如规定什么样的用户可以接入网络，哪些信息可以被用户获取等。

安全管理功能主要包括防止非法用户访问，在敏感的网络资源和用户之间建立映射关系，提供对数据链路加密和密钥的分配管理功能。同时，可以记录安全日志信息，提供审计跟踪和声音报警方法，提醒管理者预防潜在的安全性破坏。良好的安全管理措施可以预防病毒，提供灾难恢复功能。

4. 性能管理

性能管理功能包括选择网络中测量的对象和方式，收集和分析统计数据，并根据统计结果和分析进行调整，以控制网络性能。测量的对象可以是硬件、软件和媒体的性能；测量的项目可能有吞吐量、利用率、错误率和响应时间等。网络管理者通过这些数据分析网络的运行趋势，保证网络性能控制在一个可接受的水平。如网络管理者通过性能分析可以获得网络在不同时间段的利用率，从而可以选择在合适的时间安排大量的数据传输。

5. 计费管理

计费管理负责监视和记录用户对网络资源的使用，对其收取合理的费用。其主要功能包括收集计费记录，计算用户账单，提供运行和维护网络的相关费用的合理分配，同时可以帮助管理者进行网络经营预算，考察资费变更对网络运营的影响。

40.2.2　网络管理系统模型

可以把一个网络中的网络设备看作被管理的对象，网络中有一台主机用来作为网络管理主机或管理者，在管理者和被管理者上都运行网络管理软件，通过两者之间的接口建立通信连接，实现网络管理信息的传递和处理。这些包含网络管理软件的设备称为 NME（network management entity,网络管理实体),一般被管理系统的 NME 被认为是代理模块(agent module)或简称代理(agent),管理者和被管理系统的通信通过应用程序级别的网络管理协议来实现。图 40-1 示意了网络管理系统的管理模型。

图 40-1　网络管理系统模型

从图 40-1 中可以看出,网络管理模型包含以下一些主要元素。

(1) 管理者。

(2) 管理代理。

(3) 管理信息库 MIB。

(4) 网络管理协议。

管理者可以是工作站、计算机等,一般位于网络的主干或接近主干的位置,它是网络管理员到网络管理系统的接口。它应该具有网络管理应用软件,同时负责发出管理操作的命令,并接收来自代理的信息。

代理位于被管理设备的内部,把来自管理者的命令或信息请求转换为本被管理设备特有的指令,完成管理者的指示或返回它所在设备的信息。另外,代理也可以把自身系统中发生的事件主动通知给管理者。

管理者将管理要求通过指令传送给位于被管理系统中的代理,代理则直接管理被管理设备。代理也可能因为某种原因,如安全,拒绝管理者的指令。

从图 40-1 中可以看到管理者和代理之间的信息交换是双向的,通过简单网络管理协议实现它们之间的信息交换。

有一点需要明确的是一个管理者可以和多个代理进行信息交换,而一个代理也可以接受来自多个管理者的管理操作,但在这种情况下,代理需要处理来自多个管理者的多个操作之间的协调问题。

网络管理需要通过访问一个 MIB(management information base,管理信息库)来完成,MIB 是表征网络特征的对象的集合,这些对象被标准化。它也是网络管理协议的一个重要组成部分。管理者通过获取 MIB 对象的值来执行监视功能。关于网络管理协议和 MIB 的内容将在下一节重点讨论。

40.3　网络管理协议

前面讲过,网络管理中一般采用管理者—代理模型,如果各个厂商提供的管理者和代理之间的通信方式各不相同,将会大大地影响网络管理系统的通用性,影响不同厂商设备间的互联。因此,需要制定一个管理者和代理之间通信的标准,这就是网络管理协议。如一个网络中有多个厂家的设备,则分别由各厂家的网络管理平台进行管理,采用统一的标准协议之后,多个厂家的设备可以在一个统一的平台下进行管理。在这一节,首先介绍网络管理协议的发展,重点介绍 SNMP。

40.3.1　网络管理协议发展

在 TCP/IP 协议的发展历程中,直到 20 世纪 80 年代才出现了网络管理协议。在 20 世纪 70 年代后期,网络管理人员可以使用互联网控制信息协议(Internet control message protocol,ICMP)来检测网络运行的状况,ping(packet internet groups)即是其中的一个典型应用。随着网络复杂性的增长,促进了网络管理标准化协议的产生。1987 年 11 月推出的 SGMP(simple gateway management protocol,简单网关管理协议)是 1988 年 8 月发布的被广泛使用的 SNMP 的基础,与 SNMP 相比较,由 ISO 开发的 OSI 网络管理的协议未能得到广泛使用。不论是 SNMP 还是 OSI 网络管理协议都定义了一种 SMI(structure of management information,管理信息结构)和 MIB(management information base,管理信息库),要求在所有被管理的设备中使用同样的监视控制变量和格式。

RMON(remote monitoring,远程监视)规范定义了对 SNMP MIB 的补充,RMON 使网络管理员可以把子网视为一个整体来监视,使得 SNMP 的功能得到了十分重要的增强。

后来针对 SNMP 的缺陷,SNMP 在新版本中做了改进。目前,SNMP 有 V1、V2 和 V3 这 3 个版本。在下一节中,将对 SNMP 进行一个简单的介绍,深入的协议内容可以参考其他关于网络管理的书籍。

40.3.2　SNMP 协议

1. SNMP 操作模型

目前,计算机网络中应用得最广泛的网络管理协议是简单网络管理协议(SNMP)。图 40-2 简单示意了 SNMP 的操作模型。

图 40-2　SNMP 操作模型

从图 40-2 中可以看出,SNMP 的结构分为 NMS 和 agent 两部分,NMS 向 agent 发请求,agent 是驻留在被管设备上的一个进程或任务,它负责处理来自 NMS 的请求报文,进行解码分析,然后从设备上的相关模块中取出管理变量的值,生成 response 报文,编码返送回 NMS。代理通过 trap 报文主动向管理站报告网络异常情况,如接口故障或阈值告警等。

SNMP 固定承载在 UDP 之上,占用 161 和 162 两个端口号进行信息传输。代理在 161 端口侦听 request 消息,管理站在 162 端口侦听传来的 trap 报文。前面介绍过 UDP 是无连接的、不可靠的传输协议,所以在网络管理站和网络管理代理之间不需要保持连接来传输消息,这样降低了连接断开和建立所引起的系统开销。

图 40-3 进一步详细描述了 SNMP 的内容。从图 40-3 中可以看出,SNMP 使用 get/set 报文对管理信息变量进行操作。所谓管理变量,是在标准 MIB 中定义的。MIB 是一个树型结构的数据库,是各种管理变量的集合,它反映了被管理对象在系统中的状态。通过读取 MIB 中对象的值,网络管理站完成网络监视,也通过修改这些值来控制系统中的资源。关于 MIB 的结构在后面进行比较详细的介绍。

图 40-3 SNMP 框架

在 SNMP 中,网络管理站和网络管理代理中传递 5 种报文实现对变量的操作,具体如下。

(1) get request 报文:用于管理站从代理获取指定管理变量的值。

(2) get next request 报文:用于管理站从代理连续获取一组管理变量的值。

(3) get response 报文:用于代理响应管理站的请求,返回请求值或错误类型等。

(4) set request 报文:用于管理站设置代理中的指定的管理变量的值。

(5) trap 报文:用于代理向管理站发送非请求的管理变量的值。

当 SNMP 管理站接收到 trap 报文后,可产生相应的动作,如轮询检测(polling)来诊断故障,采取恢复措施,修改网管的相关数据库。

2. SNMP MIB

最初在 RFC1156 中定义了 SNMP 管理信息库的第一个版本 MIB-1,目前已经被在 RFC1213 中定义的 MIB-2 所代替。MIB-2 是 MIB-1 的补充,它增加了一些对象和组。如前面所述,MIB 是一个树型结构的数据库,它定义了被管理对象的各种管理变量。每个被管理对象对应树型结构的一个叶子接点,称为一个 object 或一个 MIB。

如图 40-4 所示,管理对象 B 可以用一串数字唯一确定{1.2.1.1},这串数字是管理对象的 object identifier(对象标识符)。通过 object identifier 可确定从根到 B 的一条路径。管理对象 A 的 object identifier 是{1.2.1.1.5}或{B 5},后一种表示方法表明 A 是 B 的第 5 个子节点。在 agent 中,这棵树是用较复杂的数据结构来实现的,幸运的是,建树这个工作可由 MIB 编译器完成。在

图 40-4 MIB 结构示意图

树的叶节点中,存放有访问函数的指针,agent 就是通过调用这些函数来从相关模块取得管理变量的值的。管理变量则表示管理对象类型在某一时刻的值(或称该类型的实例),SNMP 以管理变量作为操作对象。

管理变量的表示方法是这样规定的:形如 $x.y$,其中,x 是管理对象的 object identifier;y 是能唯一确定对象类型值的一组数字,在非表型变量中为 0,在表型变量中是这个表的索引,如接口表中的接口号或路由表中的目的网络地址等。如在 MIB 文件里定义了 ipAdEntNetMask 这一管理对象,其 object identifier 为 1.3.6.1.1.5.6.1.3,它是路由表中的一项,它的一个实例就是路由表中某一行的子网掩码,如果这行的索引、目的网络地址为 129.102.1.0,则这个变量名是 1.3.6.1.1.5.6.1.3.129.102.1.0。

驻留在被管设备上的 agent 从 UDP 端口 161 接受来自网络管理站的串行化报文,经解码、团体名验证、分析,得到管理变量在 MIB 树中对应的节点,从相应的模块中得到管理变量的值,再形成响应报文,编码发送回管理站;管理站得到响应报文后,再经同样的处理,最终显示结果。

3. 远程网络监视

由于 SNMP 使用轮询机制采集设备数据,也就是说,使用 SNMP,必须发出请求以取得响应。这种类型的轮询将产生大量的网络管理报文,一方面可能导致网络拥塞;另一方面也可能引起网管工作站的崩溃。

另外,SNMP 还有一些众所周知的缺点:它只具有一般的验证功能,无法提供可靠的安全保证;不支持分布式管理,而采用集中式管理。这使得数据采集和数据分析完全由网管工作站承担,所以网管工作站的处理能力可能成为瓶颈。

RMON 可以较好地解决 SNMP 在日益扩大的分布式网络中面临的局限性,可以提高传送管理报文的有效性、减少网管工作站的负载、满足网络管理员监控子网性能的需求。RMON 的优势促进了它在网络管理中的大量应用,从而使之真正成为众多厂家支持的标准网络监控规范。RMON 本质上是 IETF 定义的一组管理信息库,是对 MIB-2 的重要增强,所以经常被叫作 RMON MIB,它包含以下 9 组数据。

(1) 统计组(statistics):统计组信息反映设备上每个监控接口的统计值,包括数据包丢弃、数据包发送、广播数据包、CRC 错误、大小块、冲突及计数器的数据包。包长度范围覆盖 64～128B、128～256B、256～512B、512～1024B 以及 1024～1518B 范围。

(2) 历史组(history):历史组信息记录了那些被周期性地收集统计的样本,为了便于日后处理,这些样本被暂时存储起来,包括统计的周期、间隔等。它提供有关网络流量、错误包、广播包、利用率及碰撞次数等其他统计信息的历史数据。

(3) 告警组(alarm):告警组信息反映了那些周期性地从监视器的变量中选取出来的统计值。将这些值与阈值相比较,以确定是否产生告警。告警信息包括告警类型、间隔、阈值上限、阈值下限。

(4) 主机组(host):主机组信息反映了网络上发现的与每个主机相关的统计值。它包括主机地址、数据包、接收字节、传输字节、广播传送等。

(5) 最高主机组(host top N):最高主机组信息反映了准备描述主机的按照统计值排序列表。它包括统计值、主机、周期的开始和结束、速率基值、持续时间。

(6) 矩阵组(matrix):矩阵组信息反映了某特定子网上两个主机之间流量的信息,该信息以矩阵形式存储起来。它包括源地址和目的地址对、数据包、字节和每一对的错误。

(7) 过滤组(filter):过滤组信息反映了监视器观测与指定的过滤器匹配的数据包。它包括字节过滤器类型、过滤器表达式等。

（8）捕获组（capture）：捕获组信息反映了数据流过特定信道之后被捕获的信息。它包括所有通过过滤器的数据包或简单地记录基于这些数据包的统计。

（9）事件组（event）：事件组信息反映了所有关于 RMON 代理所产生的事件列表。它包括事件类型、描述、事件最后一个发送时间。

RMON 允许有多个监控者，它可以使用两种方法收集数据。

第一种方法是通过专门的 RMON probe（探测仪）。网管站直接从 RMON 探测仪获取管理信息并控制网络资源，这种方式可以获取 RMON MIB 的全部信息，但实现成本较高。

第二种方法是网络设备实现 RMON agent 的，使它们成为带 RMON probe 功能的网络设施，显然 RMON agent 将成为网络设备的一个进程。网管站利用 SNMP 的基本命令与设备进行数据信息交换，收集网络管理信息，但这种方式受设备资源限制，一般不能获取 RMON MIB 的所有数据，大多数只收集 4 个组的信息。这 4 个组是告警信息、事件信息、历史信息和统计信息。实现成本低廉。

H3C 的路由器和以太网交换机设备均以第二种方式实现 RMON。网络设备运行内置的支持 RMON 的 SNMP agent 进程，网管站可以获得这些与被管网络设备端口相连的网段上的整体流量、错误统计和性能统计等信息，实现对网络的远程管理。

标准 MIB 仅提供被管对象大量的关于端口的原始数据，而 RMON MIB 提供的是一个子网的统计数据和计算结果，主要由一组统计数据和分析数据组成。RMON 的 9 个信息组提供不同的数据以满足网络管理和监控的实际需要，每个组有自己的控制表和数据表，控制表可读写，定义数据表存放数据的格式；数据表可读，存放统计和分析数据。

40.4　H3C 网络管理产品

在了解了实现网络管理的基本协议和其操作方式之后，可以确切地知道网络管理系统是由实现这些协议的网络管理软件和运行这些软件的主机和设备组成的，完成故障管理、配置管理、安全管理、性能管理等功能，并提供图形化的用户界面，这样的网络管理系统一般称为网络管理平台。各个设备厂商都按照标准协议开发网络管理平台，完善产品的可维护性和管理性的需求。由于在大规模的网络中通常包括多个厂商的设备，所以各厂商的网络管理平台还应提供对其他厂商产品的管理和交换信息的功能，满足兼容性的需求。也有一些厂商提供公共的标准的网络管理平台，其他厂商可以在其基础上完成自己的网络管理软件的开发，HP 公司的 OpenView、IBM 公司的 NetView 就是标准的网络管理平台。

40.4.1　iMC 智能管理中心介绍

iMC（intelligent management center，智能管理中心）是 H3C 推出的下一代业务智能管理产品。它融合了当前多个产品，以统一风格提供与网络相关的各类管理、控制、监控等功能；同时，以全开放的、组件化的架构原型，向平台及其承载业务提供分布式、分级式交互管理特性；并为业务软件的下一代产品提供最可靠的、可扩展的、高性能的业务平台。

如图 40-5 所示，作为网管整体解决方案之一，iMC 智能管理中心提供了基于平台的组件化结构，并提供基础网管功能，包括网元管理、资源管理、告警管理、性能管理等功能模块。各个组件用于提供特定的业务功能，可根据实际需求灵活选配。所有组件的安装必须基于平台。

iMC 智能管理中心支持 Windows Server 2012 R2、Windows Server 2016、Red Hat

图 40-5　iMC 智能管理中心结构图

Enterprise Linux Server 7.3、CentOS 等多种操作系统平台，以适应不同级别的用户、不同规模的网络。iMC 平台分为专业版、标准版和中小企业版，各版本之间的在功能特性上有一定区别。

40.4.2　iMC 平台简介

　　iMC 智能管理中心平台可以实现对网络的基础管理，包括拓扑管理、告警管理、性能管理等，用户还可以根据需要灵活选用其他功能组件，有效地实现网管。下面对 iMC 平台的主要功能进行介绍。

　　1. 网络拓扑管理

　　拓扑管理用于构造并管理整个数据通信网络的网络拓扑结构。通过对网络设备进行定时（根据用户设定的每一设备的状态与配置轮询间隔时间）的轮询监视与设备上报 trap 处理，保证显示网络视图与实际网络拓扑相一致，用户可通过浏览网络视图来实时了解整个网络的运行情况。主要体现在以下几个方面。

　　（1）网络集中监视。

　　① 全网设备的统一拓扑视图，如图 40-6 所示。

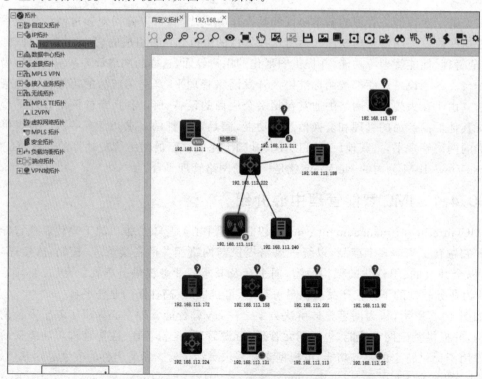

图 40-6　网络拓扑图

② 拓扑自动发现,拓扑结构动态刷新。

③ 可视化操作方式：拓扑视图节点直接单击进入设备操作面板。

④ 在网络、设备状态改变时,改变节点颜色,提示用户。

⑤ 对网络设备进行定时(轮询间隔时间可配置)的轮询监视和状态刷新并表现在网络视图上。

（2）管理多厂商设备。

① iMC 平台可管理所有支持标准 SNMP 网管协议的网络设备,为多厂商设备共存的网络提供了统一的管理方式。

② 支持根据设备厂商的 sysoid 值自定义标识不同厂商的设备。

③ 拓扑图自动发现多厂商设备。

④ 可以对设备进行性能监视,包括接口的流量监视、利用率监视等。

⑤ 可以接收设备告警,并进行告警信息显示。

（3）服务器监视管理。

① 服务器是企业 IP 架构中的重要组成部分,通过 iMC 平台实现服务器与设备的统一管理。

② 支持对 CPU、内存资源消耗的监视。

③ 支持对硬盘使用情况的监视。

④ 支持运行进程的资源监视。

⑤ 支持对服务的资源监视。

2. 简便直观的设备管理

iMC 平台向用户提供了网元管理功能,通过逼真的面板图片,直观地反映了设备运行情况。

如图 40-7 所示,iMC 平台通过面板图标,直观地反映设备的框、架、槽、卡、风扇、CPU、端口等关键部件的运行状态。

图 40-7　打开设备面板图

3. 智能的告警显示、过滤和关联

当设备或网络中存在异常时,告警是实时反映网络设备运行情况的有效途径。有效的告警管理可第一时间了解网络中可能存在的问题,快速定位问题来源,并根据告警信息提供的维护经验和修复建议来快速解决问题。告警管理既是整个网络运行情况的指示灯，也是快速修复网络故障的金钥匙，如图 40-8 所示。

图 40-8　浏览实时告警

主要告警功能如下。

（1）实时未确认告警：实时监控网络中的告警。

（2）存在故障的设备：展示了存在警告级别以上告警的设备，从整体上展示当前网络中设备的运行状态。

（3）浏览告警：提供简单和高级两个层次的查询，为准确定位告警提供方便。

（4）过滤规则设置：滤除不必要的告警，提高系统的性能，并方便告警的浏览。

（5）通知与转发设置：提供丰富的通知和转发告警功能，可以通过 E-mail 邮箱、移动电话接收符合特定条件的告警或将告警转发到其他的网管服务器以便监控。

4. 直观的性能监控

性能监控提供了统一采集和查看设备性能数据的功能，操作员可以查看设备当前的运行状况，也可以查看设备运行状况的历史数据。通过对性能历史数据的采集分析，可观察到网络性能的变化趋势，了解网络运行的基本情况和性能状态，找出影响性能的瓶颈，为规划和调整网络提供参考。

如图 40-9 所示，主要性能监控功能如下。

（1）查看网管中所有设备性能指标的 top N 数据。

（2）展示了系统当前监视的监视设备一览表。操作员可批量地增加和取消监视设备，批量修改监视设备的性能监视指标；同时，操作员还可以查看单个设备的性能数据一览，设置单个设备的性能指标阈值。

（3）设备性能数据一览。

（4）指标全局阈值一览表。

（5）以折线图方式展示性能监视指标在一定时间范围内的历史数据，并以表格方式列出汇总数据和数据明细。操作员可方便地查看不同时间范围的历史趋势，导出数据明细到指定格式的文件及打印报表。

图 40-9 设备性能数据一览

40.5 本章总结

（1）网络管理系统提供故障管理、配置管理、安全管理、性能管理和计费管理 5 大功能。

（2）网络管理系统采用管理站和代理的模型，通过网络管理协议实现管理站和代理的通信。

（3）SNMP 是目前最广泛应用的网络管理协议，目前有 V1、V2 和 V3 版本。

（4）SNMP 包括 get、set 和 trap 3 种操作，共 5 种类型报文。

（5）SNMP 的标准 MIB 包含了丰富的对于管理数据网络的信息，采用树型结构。

（6）RMON 是对于 SNMP 的增强，它定义了一组支持远程监视功能的管理对象，RMON MIB 包括 9 个组。

（7）H3C 提供适合各类用户网络管理的网管系统 iMC 智能管理中心。

40.6 习题和解答

40.6.1 习题

1. 简述网络管理系统的功能。

2. 简述 SNMP 的模型结构。

3. 简述 H3C iMC 平台的基本功能。

4. 当网络出现异常，SNMP 代理将主动发出_____报文向网管站汇报异常。

40.6.2　习题答案

1. 略　2. 略　3. 略　4. trap

第41章

堆叠技术介绍

在全面推行 IT 信息化的过程中,企业的用户数量往往随着业务开展与日俱增。设备端口密度即使越来越大,仍然与用户数量的增加不匹配,因此,网络设备数量也会急剧增加,随之带来管理工作的加重。随着信息化的全面应用,企业网络也不再仅提供简单的 IP 传送服务,高可靠性业务的开展进一步要求网络的健壮性,设备的高可靠、高冗余需求被提上议事日程。面临如此多的需求和压力,势必产生相应的技术来满足上述需求,堆叠技术在很大程度上解决了上述问题。

41.1 本章目标

学习完本章,应该能够达到以下目标。

(1)理解堆叠技术的产生背景和应用。

(2)熟悉堆叠技术的工作原理。

(3)配置堆叠设备。

(4)收集堆叠设备的运行状态信息。

(5)对堆叠设备进行故障排除。

41.2 IRF 堆叠

41.2.1 IRF 堆叠概述

IRF 通过精心设计的协议将一组设备融合成一个完美的联合体,此联合体在网络中的对外表现行为如同一个独立网络设备一样,而联合体内各设备相互备份,实现 $1:N$ 的冗余备份,因此,它具备更强的可靠性和稳定性,同时提高了端口接入密度。

IRF 主要具有以下优点。

(1)简化管理。IRF 形成之后,用户通过任意成员设备的任意端口都可以登录 IRF 系统,对 IRF 内所有成员设备进行统一管理。

(2) $1:N$ 备份。IRF 由多台成员设备组成,其中,主设备负责 IRF 的运行、管理和维护,从设备在作为备份的同时也可以处理业务。一旦主设备故障,系统会迅速自动选举新的主设备,以保证业务不中断,从而实现了设备的 $1:N$ 备份。

(3)跨成员设备的链路聚合。IRF 和上、下层设备之间的物理链路支持聚合功能,并且不同成员设备上的物理链路可以聚合成一个逻辑链路。多条物理链路之间可以互为备份,也可以进行负载分担。当某个成员设备离开 IRF,其他成员设备上的链路仍能收发报文,从而,提高了聚合链路的可靠性。

(4)强大的网络扩展能力。通过增加成员设备,可以轻松自如地扩展 IRF 的端口数、带宽。因为各成员设备都有 CPU，能够独立处理协议报文、进行报文转发，所以 IRF 还能轻松自如地扩展处理能力。

IRF 堆叠的拓扑结构常以环形拓扑和链形拓扑出现，但在实际应用中推荐采用环形拓扑，以保证堆叠链路的冗余备份或负载分担，更大程度地保障堆叠的可靠性。

41.2.2　IRF 基本概念

IRF 虚拟化技术涉及如下基本概念。

1. 角色

IRF 中每台设备都称为成员设备。成员设备按照功能不同，分为两种角色。

（1）主用设备（简称为主设备）：负责管理整个 IRF。

（2）从属设备（简称为从设备）：作为主设备的备份设备运行。当主设备发生故障时，系统会自动从从设备中选举一个新的主设备接替原主设备工作。

主设备和从设备均由角色选举产生。一个 IRF 中同时只能存在一台主设备，其他成员设备都是从设备。

2. IRF 端口

一种专用于 IRF 成员设备之间进行连接的逻辑接口，每台成员设备上可以配置两个 IRF 端口，分别为 IRF-port1 和 IRF-port2。它需要和物理端口绑定之后才能生效。

3. IRF 物理端口

与 IRF 端口绑定，用于 IRF 成员设备之间进行连接的物理接口。

4. IRF 域

IRF 域是一个逻辑概念，一个 IRF 对应一个 IRF 域。

为了适应各种组网应用，同一个网络里可以部署多个 IRF，IRF 之间使用域编号（domain ID）来以示区别。

41.2.3　IRF 配置

在堆叠形成过程中，由于默认的 member-id 相同，因此，各成员设备必须重新分配 member-id；否则，由于 member-id 相同无法形成堆叠。因此，IRF 提供手工配置 member-id 的方法。其配置命令如下。

irf member *member - id* **renumber** *new - member - id*

其中主要参数如下。

（1）*member-id*：设备当前的成员编号，即当前数码管显示的数字。

（2）*new-member-id*：将要修改的目标成员编号，此编号在设备重启后生效。

注意：此配置必须重启设备才能生效。

用户可以通过 display irf configuration 命令查看设备当前的编号和重启后将使用的编号。

在堆叠中，以成员编号标识设备，在堆叠的配置文件中也使用设备编号来区分不同成员设备上的端口配置，所以，修改设备成员编号可能导致设备配置发生变化或丢失，需要慎重配置。

在堆叠形成过程中除了 member-id 的分配确认外，还需要选举堆叠的 master。在堆叠形成选举过程中，成员优先级越高将被选举为 master，其余成员设备为 slave。为了确保指定的成员设备能够成为master,可以事前给设备配置成员优先级。配置成员优先级的命令如下。

irf member *member - id* **priority** *priority*

其中主要参数如下。

(1) *member-id* : 设备当前的成员编号,即当前数码管显示的数字。

(2) *priority* : 设备的成员优先级,默认情况下,设备的成员优先级为1。

IRF 端口是一个逻辑的概念,只有配置 IRF 端口(即将 IRF 端口与 IRF 物理端口绑定)之后,设备的 IRF 功能才能使能。其配置命令如下。

irf - port *member - id/port - number*
port group interface *interface - type interface - number*

在 IRF 物理线缆连接好,并将 IRF 物理端口添加到 IRF 端口后,必须通过该命令手工激活 IRF 端口的配置才能形成 IRF。

irf - port - configuration active

在堆叠形成之后,即可登录堆叠,进行整个堆叠的管理。IRF 支持分布式管理,因此,从任何一个成员设备的管理串口登录都可以管理整个堆叠,或者通过任何链路远程登录到堆叠的管理 IP 也可管理整个堆叠。但默认情况下,管理员登录的实际上都是堆叠的 master,管理员所做的操作都由 master 执行或同步给 slave 执行。

41.2.4 IRF 的显示和维护

IRF 提供如下显示和维护命令,便于管理员查看堆叠的运行状况及相关配置信息。

用 **display irf** 命令可显示本堆叠的相关概要信息,以便于管理员了解整个堆叠的情况。具体信息命令如下:

```
< Sysname > display irf
MemberID        Role        Priority        CPU - Mac              Description
  1             Slave       1               00e0 - fcbe - 3102    F1Num001
  * + 2         Master      5               00e0 - fcb1 - ade2    F1Num002
 ---------------------------------------------------------------
 *  indicates the device is the master.
 +  indicates the device through which the user logs in.

The Bridge MAC of the IRF is: 00e0 - fc00 - 1000
Auto upgrade                              : yes
Mac persistent                            : always
Domain ID                                 : 30
```

用 **display irf topology** 命令可显示本堆叠的拓扑信息,主要描述各成员设备之间的链接关系,有助于管理员掌握堆叠的拓扑结构。具体信息命令如下:

```
< Sysname > display irf topology
                                Topology Info
 ---------------------------------------------------------------
              IRF - Port1              IRF - Port2
MemberID      Link        neighbor     Link        neighbor      Belong To
1             DOWN        —            UP          2             000f - cbb8 - 1a82
```

| 2 | | UP | 1 | | UP | 3 | 000f－cbb8－1a82 |
| 3 | | UP | 2 | | DIS | — | 000f－cbb8－1a82 |

　　用 **display irf configuration** 命令可显示堆叠中所有设备的预配置信息，预配置信息都需要重启才能生效；此命令辅助管理员对堆叠重启后的状态进行评估和判断。具体信息命令如下：

```
<Sysname> display irf configuration
MemberID    NewID         IRF－Port1                          IRF－Port2
2           2             Ten－GigabitEthernet2/0/25          Ten－GigabitEthernet2/0/26
5           5             Ten－GigabitEthernet5/0/25          Ten－GigabitEthernet5/0/26
                          Ten－GigabitEthernet5/0/27
                          Ten－GigabitEthernet5/0/28
10          10            Ten－GigabitEthernet10/0/25         Ten－GigabitEthernet10/0/26
                                                             Ten－GigabitEthernet10/0/27
                                                             Ten－GigabitEthernet10/0/28
```

41.2.5　IRF 堆叠配置举例

　　如图 41-1 所示，两台设备组成堆叠，SWA 和 SWB 通过聚合堆叠口连接。配置如下堆叠成员设备，确保堆叠成功后堆叠编号与图 41-1 所示保持一致，而且 member 1 被选举为 master。

图 41-1　IRF 堆叠配置组网

　　在实际配置堆叠之前，断开各设备之间的堆叠连接，并给两台设备分别加电，并按如下步骤完成配置。

　　SWA 上的配置。

```
<SWA> system－view
[SWA] interface range ten－gigabitethernet 1/0/45 to ten－gigabitethernet 1/0/46
[SWA－if－range] shutdown
[SWA－if－range] quit
[SWA] irf－port 1/1
[SWA－irf－port1/1] port group interface ten－gigabitethernet 1/0/45
[SWA－irf－port1/1] port group interface ten－gigabitethernet 1/0/46
[SWA－irf－port1/1] quit
[SWA] interface range ten－gigabitethernet 1/0/45 to ten－gigabitethernet 1/0/48
[SWA－if－range] undo shutdown
[SWA－if－range] quit
[SWA] save
[SWA] irf－port－configuration active
```

　　SWB 上的配置。

```
<SWB> system－view
[SWB] irf member 1 renumber 2
Renumbering the member ID may result in configuration change or loss. Continue?
```

```
[Y/N]:y
[SWB] quit
<SWB> reboot
[SWB] interface range ten－gigabitethernet 2/0/45 to ten－gigabitethernet 2/0/46
[SWB－if－range] shutdown
[SWB－if－range] quit
[SWB] irf－port 2/2
[SWB－irf－port2/2] port group interface ten－gigabitethernet 2/0/45
[SWB－irf－port2/2] port group interface ten－gigabitethernet 2/0/46
[SWB－irf－port2/2] quit
[SWB] interface range ten－gigabitethernet 2/0/45 to ten－gigabitethernet 2/0/48
[SWB－if－range] undo shutdown
[SWB－if－range] quit
[SWB] save
[SWB] irf－port－configuration active
```

41.3　本章总结

（1）堆叠的产生源于简化管理。但随着网络需求的发展，更高地要求也体现在堆叠特性中，如高可靠性、高密度、可扩展性等。

（2）IRF 在实现简化管理的基础上，进一步满足了高密度接入、易扩展、高可靠性等需求，而且配置维护简单。

41.4　习题和解答

41.4.1　习题

1. 堆叠的主要功能包括（　　）。
    A. 简化管理　　　　　　　　　　　B. 增加端口接入密度
    C. 提高设备可靠性　　　　　　　　D. 减低成本
2. IRF 堆叠支持的拓扑结构有（　　）。
    A. 环形拓扑　　　　　　　　　　　B. 链形拓扑
    C. 新型拓扑　　　　　　　　　　　D. 树型拓扑
3. IRF 堆叠中 master 的编号肯定为 0，slave 的编号肯定为 1。上述说法正确吗？（　　）
    T. True　　　　　　　　F. False

41.4.2　习题答案

1. ABC　2. AB　3. F

第42章

网络故障排除基础

随着网络规模的日益增大,网络应用越来越复杂,网络中的故障种类繁多且难以排查。掌握常见的故障排除手段和方法,是对网络维护人员的基本要求。本章将对网络故障进行分类,介绍网络故障排除的步骤,常见的故障排除工具,并给出一些故障排除的方法和建议。

42.1 本章目标

学习完本章,应该能够达到以下目标。

(1)描述故障排除的基本方法和步骤。

(2)掌握故障排除常用工具、软件的使用。

(3)分析处理基本的网络故障问题。

42.2 网络故障排除综述

计算机网络的成功部署需要支持众多协议,例如,局域网协议、广域网协议、TCP/IP协议、路由协议及安全可靠性协议等实现某种特性的协议。计算机网络的传输介质也多种多样,如同轴电缆、各类双绞线、光纤、无线电波等。同时,网络的规模也不断扩张,从基于简单协议的网络和使用点到点连接的校园网络到高度复杂的、大型的甚至跨国广域网络。而且现代的互联网络要求支持更广泛的应用,从过去的数据传输服务到现在的包括数据、语音、视频的基于IP的集成传输。相应地,新业务的应用对网络带宽和网络传输技术也提出了更高的要求,导致网络带宽不断增长,新网络协议不断出现。例如,十兆以太网向百兆以太网、千兆以太网和万兆以太网的发展;MPLS、组播和QoS等技术的出现。应用新技术的同时还要兼顾传统的技术。例如,传统的SNA体系结构仍在金融证券领域得到广泛使用,为了实现TCP/IP协议和SNA架构的兼容,DLSW作为通过TCP/IP承载SNA的一种技术而被应用。可以说,当今的计算机网络互联环境是十分复杂的。

网络环境越复杂,意味着网络故障发生的可能性越大。网络中采用的协议、技术越多,则引发故障的原因也就越多。同时,由于人们越来越多地依赖网络处理日常的工作和事务,一旦网络故障不能及时修复,所造成的损失可能很大甚至是灾难性的。

能够正确地维护网络,并确保在出现故障之后能够迅速、准确地定位问题并排除故障,对网络维护人员和网络管理人员来说是个挑战,这不但要求他们对相关网络协议和技术有着深入的理解,更重要的是要建立一个系统化的故障排除思想并合理应用于实践中,以将一个复杂的问题隔离、分解或缩减排错范围,从而及时修复网络故障。

42.2.1 网络故障的分类

根据网络故障对网络应用的影响程度,网络故障一般分为连通性故障和性能故障两大类。

连通性故障指网络中断、业务无法进行,它是最严重的网络故障;性能故障指网络的性能下降、传输速率变慢、业务受到一定程度的影响,但并未中断。

不同的网络故障类型具有不同的故障原因。

1. 连通性故障

连通性故障的表现形式主要有以下几种。

(1)硬件、介质、电源故障。硬件故障是引起连通性故障的最常见原因。网络中的网络设备是由主机设备、板卡、电源等硬件组成,并由电缆等介质所连接起来的。如果设备遭到撞击、安装板卡时有静电、电缆使用错误,都可能会引起硬件损坏,从而导致网络无法连通。另外,人为性的电源中断,如交换机的电源线连接松脱,也是引起硬件连通性故障的常见原因。

(2)配置错误。设备的正常运行离不开软件的正确配置。如果软件配置错误,则很可能导致网络连通性故障。目前,网络协议种类众多且配置复杂,如果某一种协议的某一个参数没有正确配置,则很有可能导致网络连通性问题。

(3)设备间兼容性问题。计算机网络的构建需要许多网络设备,从终端计算机到网络核心的路由器、交换机,同时网络也很可能是由多个厂商的网络设备组成。这时,网络设备的互操作性显得十分必要,如果网络设备不能很好地兼容,设备间的协议报文交互有问题,则会导致网络连通性故障。

2. 性能故障

也许网络连通性没有问题,但是可能某一天网络维护人员突然发现,网络访问速度慢了下来,或者某些业务的流量阻塞,而其他业务流量正常。这时,则意味着网络中出现了性能故障。一般来说,计算机网络性能故障主要原因如下。

(1)网络拥塞:如果网络中某一个节点的性能出现问题,则会导致网络拥塞。这时,需要查找到网络的瓶颈节点,并进行优化、解决问题。

(2)到目的地不是最佳路由:如果在网络中使用了某种路由协议,但在部署协议时并没有仔细规划,则可能会导致数据经次优路线到达目的网络。

(3)供电不足:确保网络设备电源达到规定的电压水平,否则,会导致设备处理性能出现问题,从而影响整个网络。

(4)网络环路:交换网络中,如果有物理环路存在,则可能引发广播风暴、降低网络性能。而距离矢量路由协议也可能会产生路由环路。因此,在交换网络中,一定要避免环路的产生,而在网络中应用路由协议时,也要选择没有路由环路的协议或采取措施来避免路由环路发生。

网络故障发生时,维护人员首先要判断是连通性故障还是性能故障。然后根据故障类型进行相应的检查。连通性故障首先检查网络设备的硬件,查看电源是否正常、电缆是否正确等。如果是性能问题,则重点从以上几个方面来考虑,查找具体的故障原因。

42.2.2 网络故障的一般解决步骤

前面基本了解了计算机网络故障的大致种类,那么,如何排除网络故障呢?建议采用系统化故障排除思想。故障排除系统化是合理地、一步一步地找出故障原因,并解决故障的总体原则。它的基本思想是系统的,将可能的故障原因所构成的一个大集合缩减(或隔离)成几个小的子集,从而使问题的复杂度迅速下降。

在故障排除时,有序的思路有助于解决所遇到的任何困难,图 42-1 给出了一般网络故障排除流程。

图 42-1　网络故障排除基本步骤

第 1 步：故障现象观察。

要想对网络故障做出准确的分析，首先应该能够完整、清晰地描述网络故障现象，标示故障发生的时间、地点，故障所导致的后果，然后才能确定可能产生这些现象的故障根源或症结。因此，准确观察故障现象，对网络故障做出完整、清晰地描述是重要的一步。

第 2 步：故障案例相关信息收集。

本步骤是收集有助于查找故障原因的更详细的信息，主要有 3 种途径。

（1）向受影响的用户、网络人员或其他关键人员提出问题。

（2）根据故障描述性质，使用各种工具收集情况，如网络管理系统、协议分析仪、相关 display 和 debugging 命令等。

（3）测试目前网络性能，将测试结果与网络基线进行比较。

第 3 步：经验判断和理论分析。

利用前两个步骤收集到的数据，并根据自己以往的故障排除经验和所掌握的网络设备和协议的知识，来确定一个排错范围。通过范围的划分，就只需要注意某一故障或与故障情况相关的那一部分产品、介质和主机。

第 4 步：各种可能原因列表。

根据潜在症结制订故障的排除计划，依据故障可能性高低的顺序，列出每一种认为可能的故障原因。从最有可能的症结入手，每次只做一次改动，然后观察改正的效果。之所以每次只做一次改动，是因为这样有助于确定针对特定故障的解决方法。如果同时做了两处或更多处改动，也许能够解决故障，但是难以确定最终是哪些改动消除了故障的症状，而且对日后解决同样的故障也没有太大的帮助。

第 5 步：对每一原因实施排错方案。

根据制订的故障排除计划，对每一个可能故障原因，逐步实施排除方案。在故障排除过程中，如果某一可能原因经验证无效，则务必恢复到故障排除前的状态，然后验证下一个可能原因。如果列出的所有可能原因都验证无效，那么就说明没有收集到足够的故障信息，没有找到故障发生点，则返回到第 2 步，继续收集故障相关信息、分析故障原因，再重复此过程，直到找到故障原因并且排除网络故障。

第 6 步：观察故障排除结果。

当对某一原因执行排错方案后，需要对结果进行分析，判断问题是否解决，是否引入新的问题。如果问题解决，那么就可以直接进入文档化过程；如果没有解决问题，那么就需要再次循环，进行故障排除过程。

第 7 步：循环进行故障排除过程。

当一个方案的实施没有达到预期的排错目的时，进入到该步骤。这是一个努力缩小可能原因的故障排除过程。

在进行下一循环之前，必须做的事情就是将网络恢复到实施上一方案前的状态。如果保留上一方案对网络的改动，很可能导致新的问题。例如，假设修改了访问列表但没有产生预期的结果，此时，如果不将访问列表恢复到原始状态，则会导致出现不可预期的结果。

循环排错可以有两个切入点。

（1）当针对某一可能原因的排错方案没有达到预期目的时，循环进入下一可能原因，制定排错方案并实施。

（2）当所有可能原因列表的排错方案均没有达到排错目的时，重新进行故障相关信息收集，以分析新的可能故障原因。

第 8 步：故障排除过程文档化。

在最终排除网络故障后，排除流程的最后一步就是对所做的工作进行文字记录。文档化过程绝不是一个可有可无的工作，原因如下。

（1）文档是排错宝贵经验的总结，是"经验判断和理论分析"这一过程中最重要的参考资料。

（2）文档记录了在这次排错中网络参数所做的修改，这也是下一次网络故障应收集的相关信息。

文档记录主要包括以下几个方面。

（1）故障现象描述及收集的相关信息。

（2）网络拓扑图绘制。

（3）网络中使用的设备清单和介质清单。

（4）网络中使用的协议清单和应用清单。

（5）故障发生的可能原因。

（6）对每一可能原因制定的方案和实施结果。

（7）本次排错的心得体会。

（8）其他。如排错中使用的参考资料列表等。

说明：该流程是网络维护人员所能够采用的排错模型中的一种。如果根据自己的经验和实践总结了其他的排错模型，并证明它是行之有效的，可继续使用它。网络故障解决的处理流程是可以变化的，但故障排除有序化的思维模式是不变的。

42.3　故障排除常用方法

42.3.1　分层故障排除法

基本所有的网络技术模型是分层的。当模型的所有低层结构工作正常时，它的高层结构才能正常工作。层次化的网络故障分析方法有利于快速及准确地进行故障定位。

例如，在一个帧中继网络中，由于物理层的不稳定，帧中继链路经常出现间歇性中断。这个问题的直接表象是到达远程端点的路由总是出现间歇性中断。这使得维护人员第一反应是路由协议出了问题，然后凭借着这个感觉来对路由协议进行大量故障诊断和配置，其结果是可想而知的。如果能够从 OSI 模型的底层逐步向上来探究原因的话，维护人员将不会做出这个错误的假设，并能够迅速定位和排除问题。

在使用分层故障排除法进行故障排除时，具体每一层次的关注点有所不同。

（1）物理层：物理层负责通过某种介质提供到另一设备的物理连接，包括端点间的二进制流的发送与接收，完成与数据链路层的交互操作等功能。

物理层需要关注电缆、连接头、信号电平、编码、时钟和组帧，这些都是导致端口处于 down 状态的因素。

（2）数据链路层：数据链路层负责在网络层与物理层之间进行信息传输；规定了介质如何接入和共享；站点如何进行标识；如何根据物理层接收的二进制数据建立帧。封装的不一致是导致数据链路层故障的最常见原因。当使用 display interface 命令显示端口和协议均为 up 时，基本可以认为数据链路层工作正常；而如果端口为 up 而协议为 down，那么数据链路层存在故障。

链路的利用率也和数据链路层有关，端口和协议是无故障的，但链路带宽有可能被过度使用，从而引起间歇性的连接中断或网络性能下降。

（3）网络层：网络层负责实现数据的分段封装与重组，以及差错报告，更重要的是它负责信息通过网络的最佳路径的选择。

地址错误和子网掩码错误是引起网络层故障最常见的原因；网络地址重复是网络故障的另一个可能原因；另外，路由协议是网络层的一部分，也是排错重点关注的内容。

排除网络层故障的基本方法是沿着从源到目的地的路径查看路由器上的路由表，同时，检查那些路由器接口的 IP 地址是否正确。如果所需路由没有在路由表中出现，则应该检查路由器上的相关配置，然后手工添加静态路由或排除动态路由协议的故障，以使路由表更新。

（4）传输层、应用层：传输层负责端到端的数据传输；应用层是各种网络应用软件工作的地方。如果确保网络层以下没有出现问题，而传输层或应用层出现问题，那么很可能就是网络终端软件出现故障，这时应该检查网络中的计算机、服务器等网络终端，确保应用程序正常工作，终端设备软、硬件运行良好。

42.3.2　分块故障排除法

H3C 系列路由器和交换机等网络设备的配置文件中包括以下部分。

（1）管理部分（路由器名称、口令、服务、日志等）。

（2）端口部分（地址、封装、cost、认证等）。

（3）路由协议部分（静态路由、RIP、OSPF、BGP、路由引入等）。

（4）策略部分（路由策略、策略路由、安全配置等）。

（5）接入部分（主控制台、telnet 登录或哑终端、拨号等）。

（6）其他应用部分（语言配置、VPN 配置、QoS 配置等）。

上述分类给故障定位提供了一个原始框架，当出现一个故障案例现象时，可以把它归入上述某一类或某几类中，从而有助于缩减故障定位范围。

例如,使用 display ip routing-table 命令时,输出结果只显示了直连路由,没有其他路由。那么问题可能发生在哪里呢？查看配置文件分类,其中与路由相关的有 3 部分:路由协议、策略、端口。如果没有配置路由协议或配置不当,则路由表可能为空;如果访问列表配置错误,则可能妨碍路由的更新;如果端口的地址、掩码或认证配置错误,则可能导致路由表错误。

42.3.3　分段故障排除法

当一个故障涉及的范围较大,可以通过分段故障排除法来将故障范围缩小。例如,如果两个路由器跨越电信部门提供的线路而不能相互通信时,可以按照如下分段,依次进行故障排除。

(1) 主机到路由器 LAN 接口的一段。

(2) 路由器到 CSU/DSU 接口的一段。

(3) CSU/DSU 到电信部门接口的一段。

(4) WAN 电路。

(5) CSU/DSU 本身问题。

(6) 路由器本身问题。

42.3.4　替换法

这是检查硬件是否存在问题最常用的方法。例如,当怀疑是网线问题时,更换一根确定是好的网线进行尝试;当怀疑是接口模块有问题时,更换一个其他接口模块进行尝试。

在实际网络故障排错时,可以先采用分段法确定故障点,再通过分层或其他方法排除故障。

42.4　常用诊断工具介绍

H3C 系列路由器提供了一套完整的命令集,可以用于监控网络互联环境的工作状况和解决基本的网络故障。主要包括以下命令。

(1) ping 命令。

(2) tracert 命令。

(3) display 命令。

(4) reset 命令。

(5) debugging 命令。

42.4.1　ping 命令

ping 命令可用于验证了两个节点间 IP 层的可达性。在 H3C 系列路由器上,ping 命令的格式如下。

```
ping [ip][- a source - ip | - c count | - f | - h ttl | - i interface - type interface - number | - m interval | - n | - p pad | - q | - r | - s packet - size | - t timeout | - tos tos | - v | - vpn - instance vpn - instance - name] host
```

其中重要参数如下。

(1) -c:ping 报文的个数,默认值为 5。

(2) -t:设置 ping 报文的超时时间,单位为毫秒,默认值为 2000。

（3）**-s**：设置 ping 报文的大小，以字节为单位，默认值为 56。

例如，向主机 10.15.50.1 发出两个 8100B 的 ping 报文。

```
< H3C > ping - c 2 - s 8100 10.15.50.1
 PING 10.15.50.1: 8100 data bytes, press CTRL_C to break
    Reply from 10.15.50.1: bytes = 8100 Sequence = 0 ttl = 123 time =  538 ms
    Reply from 10.15.50.1: bytes = 8100 Sequence = 1 ttl = 123 time =  730 ms

  --- 10.15.50.1 ping statistics ---
    2 packets transmitted
    2 packets received
    0.00 % packet loss
    round - trip min/avg/max  = 538/634/730 ms
```

在基于 Windows 操作系统为平台的 PC 机或服务器上，ping 命令的格式如下。

```
ping [ - n  count] [ - t  ] [ - l  size]  ip - address
```

其中重要参数如下。

（1）**-n**：ping 报文的个数。

（2）**-t**：持续地发送 ping 报文。

（3）**-l**：设置 ping 报文所携带的数据部分的字节数，设置范围为 0～65500。

例如，向主机 10.15.50.1 发出两个数据部分大小为 3000B 的 ping 报文。

```
C:\> ping - l 3000 - n 2 10.15.50.1
Pinging 10.15.50.1 with 3000 bytes of data
Reply from 10.15.50.1: bytes = 3000 time = 321ms TTL = 123
Reply from 10.15.50.1: bytes = 3000 time = 297ms TTL = 123
Ping statistics for 10.15.50.1:
    Packets: Sent = 2, Received = 2, Lost = 0 (0 % loss),
Approximate round trip times in milli - seconds:
    Minimum = 297ms, Maximum = 321ms, Average = 309ms
```

以下是利用 ping 命令进行故障排除的几个案例。

案例 1：连通性问题还是性能问题？

工程师小 L 在配置完一台路由器之后执行 ping 命令检测链路是否通畅。发现 5 个报文都没有 ping 通，于是检查双方的配置命令并查看路由表，却一直没有找到错误所在。最后，又重复执行了一遍相同的 ping 命令，发现这一次 5 个报文中有 1 个 ping 通了——原来是线路质量不好存在比较严重的丢包现象。

工程师小 L 又配置了一台路由器，然后执行 ping 命令访问 Internet 上某站点的 IP 地址，但没有 ping 通。有了上次教训的小 L，再一次 ping 了 20 个报文，仍旧没有响应。于是，小 L 断定是网络故障。但是，在费尽周折检查了配置链路之后，仍没有发现任何可疑之处。最后，小 L 采取逐段检测的方法对链路中的网关进行逐级测试，发现都可以 ping 通，但是响应的时间越来越长，最后一个网关的响应时间在 1800ms 左右。会不会是由于超时而导致显示为 ping 不通呢？受此启发，小 L 将 ping 命令报文的超时时间改为 4000ms，这次成功 ping 通了，显示所有的报文响应时间都在 2200ms 左右。

真的是 ping 不通吗？这个问题需要定位清楚，因为连通性问题和性能问题排错的关注点是不一样的——问题定位错误必然会导致排错过程的周折。使用一般的 ping 命令，默认是发送 5 个报文的,超时时长是 2000ms。如果 ping 超时情况发生,最好能够再用带参数-c 和-t 的 ping 命令再执行一遍,如 ping -c 20 -t 4000 ip-address,即连续发送 20 个报文,每个报文的超时时长为 4000ms,这样一般可以判断出到底是连通性问题还是性能问题。

案例 2：A 能 ping 通 B,B 就一定能 ping 通 A 吗?

网络拓扑如图 42-2 所示。

图 42-2　案例 2 的网络拓扑

在 RTA 上配置一条指向 2.0.0.0/8 的静态路由。

```
[RTA]ip route - static 2.0.0.0 255.0.0.0 1.1.1.2
```

在 RTA 上 ping 路由器 RTB 的以太网地址 2.2.2.2,显示可以正常 ping 通;但是在 RTB 上 ping 路由器 RTA 的以太网地址 3.3.3.3,却无法 ping 通。

分析一下,发现由于在 RTB 上没有配置到 3.0.0.0/8 的路由,所以从 RTB 上 ping 不通 RTA 的以太网口 3.3.3.3。

但是为何在 RTA 上可以 ping 通 2.2.2.2 呢? 同样是没有回程路由呀? 打开路由器上的 IP 报文调试开关发现,原来从 RTA 上发出的 ICMP request 报文的源地址填写的是 1.1.1.1 而不是 3.3.3.3,由于两台路由器的 S0/0 口处于同一网段,所以 request 报文可以顺利到达 RTB,而 RTB 同样可以发现到 1.1.1.1 的直连路由,这样 RTB 发出的 echo reply 报文就可以顺利到达 RTA。

A 能够 ping 通 B,则 B 一定能够 ping 通 A(不考虑防火墙的因素),这句话的对错取决于 A 和 B 到底是指主机还是指路由器。

(1) 如果是指两台主机,那么这句话就是正确的。

(2) 如果是指两台路由器,那就是错误的,因为路由器通常会有多个 IP 地址。现在就有如下问题：当从一台路由器上执行 ping 命令,它发出的 ICMP echo 报文的源地址究竟选择哪一个呢? 一般情况下,路由器选择发出报文的接口 IP 地址作为 ICMP 报文的源地址。

42.4.2　tracert 命令

tracert 命令用于测试数据报文从发送主机到目的地所经过的网关,主要用于检查网络连接是否可达,以及分析网络什么地方发生了故障。在 H3C 系列路由器上,tracert 命令的格式如下。

tracert [**- a** *ip - address*] [**- f** *first_TTL*] [**- m** *max_TTL*] [**- p** *port*] [**- q** *nqueries*] [**- w** *timeout*] *host*

其中重要参数如下。

(1) **-a**：指定一个发送 UDP 报文的源地址。

(2) **-f**：指定初始报文的 TTL 大小,默认值为 1。

(3) **-m**：指定最大 TTL 大小,默认值为 30。

(4) **-p**：目的主机的端口号,默认值为 33434。

（5）**-q**：每次发送的探测报文的个数，默认值为 3。

（6）**-w**：指明 UDP 报文的超时时间，单位为毫秒，默认值为 5000。

例如，查看到目的主机 10.15.50.1 中间所经过的网关。

```
[H3C] tracert 10.15.50.1
traceroute to 10.15.50.1(10.15.50.1) 30 hops max,40 bytes packet
1 10.110.40.1            14 ms 5 ms 5 ms
2 10.110.0.64            10 ms 5 ms 5 ms
3 10.110.7.254           10 ms 5 ms 5 ms
4 10.3.0.177             175 ms 160 ms 145 ms
5 129.9.181.254          185 ms 210 ms 260 ms
6 10.15.50.1             230 ms 185 ms 220 ms
```

在基于 Windows 平台的计算机或服务器上，tracert 命令的格式如下。

tracert [**-d**] [**-h** *maximum_hops*] [**-j** *host - list*] [**-w** *timeout*] **host**

其中重要参数如下。

（1）**-d**：不解析主机名。

（2）**-h**：指定最大 TTL 大小。

（3）**-j**：设定松散源地址路由列表。

（4）**-w**：用于设置 UDP 报文的超时时间，单位毫秒。

例如，查看到目的节点 10.15.50.1 路径所经过的前两个网关。

```
C:\> tracert - h 2 10.15.50.1
Tracing route to 10.15.50.1 over a maximum of 2 hops:
  1        3 ms        2 ms        2 ms        10.110.40.1
  2        5 ms        3 ms        2 ms        10.110.0.64
Trace complete.
```

以下是使用 tracert 命令进行故障排除的两个案例。

案例 3：使用 tracert 工具定位配置不当的网络点。

某校园网络拓扑如图 42-3 所示。

图 42-3　使用 tracert 命令定位不当的网络配置点

当主机 4.0.0.2 访问数据库服务器 5.0.0.2 时，用户抱怨访问性能差。

登录到 RTC，使用带参数的 ping 命令，ping 远端路由器 RTA 的接口 IP 地址 5.0.0.1，显示如下。

```
[RTC]ping - c 10 - s 4000 - t 6000 5.0.0.1
  PING 5.0.0.1: 4000 data bytes, press CTRL_C to break
```

```
Reply from 5.0.0.1: bytes = 4000 Sequence = 1 ttl = 254 time = 539 ms
Reply from 5.0.0.1: bytes = 4000 Sequence = 2 ttl = 254 time = 34 ms
Reply from 5.0.0.1: bytes = 4000 Sequence = 3 ttl = 254 time = 540 ms
Reply from 5.0.0.1: bytes = 4000 Sequence = 4 ttl = 254 time = 34 ms
Reply from 5.0.0.1: bytes = 4000 Sequence = 5 ttl = 254 time = 539 ms
Reply from 5.0.0.1: bytes = 4000 Sequence = 6 ttl = 254 time = 34 ms
Reply from 5.0.0.1: bytes = 4000 Sequence = 7 ttl = 254 time = 539 ms
Reply from 5.0.0.1: bytes = 4000 Sequence = 8 ttl = 254 time = 34 ms
Reply from 5.0.0.1: bytes = 4000 Sequence = 9 ttl = 254 time = 540 ms
Reply from 5.0.0.1: bytes = 4000 Sequence = 10 ttl = 254 time = 34 ms
```

上面的 ping 输出显示出一个规律：序列号为偶数的报文返回时间很短，而奇数报文返回时间很长(是偶数报文的 10 倍多)。可以初步判断奇数报文和偶数报文是通过不同的路径传输的。现在需要使用 tracert 命令来追踪这些不同的路径。在 RTC 上，tracert 远端服务器的 IP 地址为 5.0.0.2。

```
<RTC> tracert -q 8 5.0.0.2
traceroute to 5.0.0.2(5.0.0.2) 30 hops max,40 bytes packet, press CTRL_C to break
1   3.0.0.1 <1 ms <1 ms 1 ms 1 ms <1 ms <1 ms 1 ms 1 ms
2   2.0.0.2 17 ms 1.0.0.2 1 ms 2.0.0.2 17 ms 1.0.0.2 2 ms 2.0.0.2 17 ms 1.0.0.2
1   ms 2.0.0.2 17 ms 1.0.0.2 1 ms
...
```

从上面的显示可看到，至 3.0.0.1，ICMP 探测报文的返回时长都基本一致；而到 RTB 和 RTA 之间，则发生明显变化，呈现到 2.0.0.2 的报文时间长，到 1.0.0.2 的报文时间短的现象。于是判断，问题发生在 RTB 到 RTA 之间。

通过询问该段网络的管理员，得知这两路由器间有一主一备两串行链路，主链路为 2.048Mbps(S0/0 口之间)，备份链路为 128Kbps(S0/1 口之间)。网络管理员在这两路由器间配置了静态路由。

RTB 上配置命令如下：

```
[RTB]ip route-static 5.0.0.0 255.0.0.0 1.0.0.2
[RTB]ip route-static 5.0.0.0 255.0.0.0 2.0.0.2
```

RTA 上配置命令如下：

```
[RTA]ip route-static 0.0.0.0 0.0.0.0 1.0.0.1
[RTA]ip route-static 0.0.0.0 0.0.0.0 2.0.0.1
```

于是问题原因就找到了。由于管理员配置时没有给出静态路由的优先级，这两条路由项的优先级就同为默认值 60，于是就同时出现在路由表中，实现了负载分担，而不是主备的目的。

针对以上问题原因，可以有两种处理方法来解决故障。

(1) 继续使用静态路由，进行配置更改。

RTB 上进行如下更改：

```
[RTB]ip route 5.0.0.0 255.0.0.0 1.0.0.2 (主链路仍使用默认优先级 60)
[RTB]ip route 5.0.0.0 255.0.0.0 2.0.0.2 100(备份链路的优先级降低至 100)
```

RTA 上进行如下更改：

[RTA]ip route - static 0.0.0.0 0.0.0.0 1.0.0.1(主链路仍使用默认优先级 60)
[RTA]ip route - static 0.0.0.0 0.0.0.0 2.0.0.1 100(备份链路的优先级降低至 100)

这样,只有当主链路发生故障,备份链路的路由项才会出现在路由表中,从而接替主链路完成报文转发,实现主备目的。

（2）在两路由器上运行 OSPF 动态路由协议,但不要运行 RIP(因为 RIP 以跳数作为度量值)。

本案例的目的不是解释网络配置问题,而是用来展示如何使用 ping 命令和 tracert 命令的相互配合来找到网络问题的发生点。尤其在一个复杂或规模较大的网络环境中,维护人员可能无法沿着转发径逐个排除,此时,能够迅速定位出故障点的位置就非常重要了。

案例 4：使用 tracert 命令发现路由环路。

网络拓扑如图 42-4 所示。

图 42-4　使用 tracert 命令发现路由环路

3 台路由器均配置静态路由。在 RTA 上 ping 主机 4.0.0.2,发现不通。

```
[RTA]ping - c 6 - t 5000 4.0.0.2
  PING 4.0.0.1: 56 data bytes, press CTRL_C to break
    Request time out
    Request time out
    Request time out
```

接着执行 tracert 操作,命令如下。

```
[RTA]tracert 4.0.0.2
  traceroute to 4.0.0.2(4.0.0.2) 30 hops max,40 bytes packet
1 1.0.0.1 6 ms 4 ms 4 ms (RTB)
2 1.0.0.2 8 ms 8 ms 8 ms (RTA)
3 1.0.0.1 12 ms 12 ms 12 ms (RTB)
4 1.0.0.2 16 ms 16 ms 16 ms (RTA)
...
```

从上面的 tracert 命令输出可以发现,在 RTA 和 RTB 间产生了路由环路。由于配置了静态路由,所以基本可以断定是 RTA 或 RTB 的静态路由配置错误。

检查 RTA 的路由表,配置的是默认静态路由 ip route 0.0.0.0 0.0.0.0 1.0.0.1,没有问题。

检查 RTB 的路由表,配置到 4.0.0.0 网络的静态路由为 ip route-static 4.0.0.0 255.0.0.0 1.0.0.2。其下一跳配置的是 1.0.0.2,而不是 3.0.0.1。这正是错误所在。

原因找到了,处理方法就很容易了。修改 RTB 的配置命令如下。

```
[RTB] undo ip route - static 4.0.0.0 255.0.0.0 1.0.0.2
[RTB] ip route - static 4.0.0.0 255.0.0.0 3.0.0.1
```

故障排除了。

使用 tracert 命令能够发现路由环路等潜在问题。当 RTA 认为 RTB 知道到达目的地的路径,而 RTB 也认为 RTA 知道目的地时,就是路由环路发生了。使用 ping 命令只能知道接收端出现超时错误,而 tracert 能够立即发现环路所在。

当通过 tracert 发现路由环路后,检查相关路由协议配置。常见的情况有以下几种。

(1) 如果配置了静态路由,则几乎可以肯定是配置错误,如本案例所示。

(2) 如果配置了动态路由,如 OSPF 协议等,则很可能是路由聚合产生的问题。

(3) 如果配置了多个路由协议,则注意检查是否路由引入不当而产生环路。

42.4.3 display 命令

display 命令是用于了解路由器的当前状况、检测相邻路由器、从总体上监控网络、隔离因特网络中故障的最重要的工具之一。几乎在任何故障排除和监控场合,display 命令都是必不可少的。

下面介绍最常用的、全局性的 display 命令。与各协议相关的 display 命令,在相应的各协议章节中有详细介绍。

1. display version 命令

display version 命令是最基本的命令之一,它用于显示路由器硬件和软件的基本信息。对于网络设备来说,不同的硬件和软件版本有不同的特征,实现的功能也不完全相同,所以,查看硬件和软件的信息是解决问题的重要一步。在进行故障排除时,通常从这个命令开始收集数据。该命令将帮助用户收集下列信息。

(1) Comware 软件版本。

(2) 设备系列名称。

(3) 处理器的信息。

(4) RAM 的容量。

(5) 配置寄存器的设置。

(6) 硬件的版本。

(7) 引导程序的版本。

示例如下。

```
< H3C > display version
H3C Comware Software, Version 7.1.059, Alpha 7159
Copyright (c) 2004 - 2014 Hangzhou H3C Tech. Co., Ltd. All rights reserved.
H3C MSR36 uptime is 0 weeks, 0 days, 0 hours, 1 minute
Last reboot reason: User reboot
Boot image: flash:/msr36 - cmw710 - boot - a5901.bin
Boot image version: 7.1.059, Alpha 7159
  Compiled Sep 24 2014 16:10:27
Boot image: flash:/msr36 - cmw710 - system - a5901.bin
Boot image version: 7.1.059, Alpha 7159
  Compiled Sep 24 2014 16:10:27
```

```
CPU ID: 0x2
512M bytes DDR3 SDRAM Memory
1024M bytes Flash Memory
PCB                     Version: 2.0
CPLD                    Version: 1.0
Basic      BootWare Version: 1.42
Extended BootWare Version: 1.42
```

2. display current-configuration 命令和 display saved-configuration 命令

display current-configuration 命令用于查看当前的配置信息。

display saved-configuration 命令用于显示 NVRAM、Flash 等存储介质中的路由器配置文件，即路由器下次启动时所用的配置文件。

注意：current-configuration 是路由器目前正在运行的配置文件，当更改某一配置时，current-configuration 会立即改变；如果不使用 save 命令将改变后的配置信息保存到启动配置文件 saved-configuration 中，路由器重启时该改动将丢失。因此，修改运行配置并验证正确后，应当保存到启动配置文件中。

设备的配置文件为文本格式。另外还有如下特点。

（1）文件中的语句以命令格式保存。

（2）为节约空间，只保存非默认的参数命令；相关的命令组织成节，节间以注释行隔开（以"＃"开始的语句为注释行）。

（3）系统视图相关命令在文件的开始，然后是接口视图命令，协议视图命令等。

（4）文件以 return 为结束。

示例如下。

```
[RTA]display current - configuration
#
sysname H3C
#
interface Aux0
async mode flow
link – protocol ppp
#
interface Ethernet0/0
#
interface Ethernet1/0
#
interface Serial0/0
clock DTECLK1
link – protocol ppp
#
interface NULL0
#
user – interface con 0
user – interface aux 0
user – interface vty 0 4
#
return
```

强烈建议网络维护或管理人员保存一份启动配置文件的备份,存放到路由器以外的其他设备上。这有如下几点好处。

（1）这将使维护人员能够迅速配置一个替代的路由器。

（2）这个保存在外部的文本文件,也可以按上述规定的格式编辑,然后使用命令加载到路由器上。

（3）可以将配置文件发给其他技术支持人员以帮助定位配置问题。

3. display interface 命令

display interface 命令可以显示所有接口的当前状态,如果只是想查看特定接口的状态,则应在该命令后输入接口类型和接口号,例如,display interface serial0/0 命令将查看串口 0/0 的运行状态和相关信息。

42.4.4　reset 命令

reset 命令的作用是清空当前的统计信息以排除以前积累的数据的干扰。

reset 命令中最主要的是 reset counters interface 命令和 reset ip counters 命令。reset counters interface 命令用于清空二层数据帧收发计数器的统计信息；而 reset ip counters 命令用于清空三层报文收发计数器的统计。

reset 命令经常和 display interface 命令结合起来使用。一般情况下,首先使用 reset 命令清空统计值,排除以前积累数据的干扰,然后使用 ping 命令使路由器端口收发报文,最后使用 display 命令来查看统计值。

display interface 命令可用来查看接口收发二层数据帧的统计信息；display ip interface 命令来查看接口收发三层数据报文的统计信息。另外,display 命令所输出的统计值是自从路由器运行以来(或上次 reset 命令后)的统计值。

例如,通过 display interface e0/0 命令观察到端口 E0/0 有如下统计数据。

```
10 input errors,5 CRC,1 frame errors
0 overrunners,0 aborted sequences, 0 input no buffers
```

从以上信息得知,端口收到了错误帧。为了确认这些错误帧的产生时间,可用 reset counters interface e0/0 命令来进行刷新,再通过 ping 命令发出 ICMP 报文,最后再使用 display interface e0/0 命令查看结果统计。如果仍然显示发生错误,则需要分析原因,进行故障排除。

42.4.5　debugging 命令

1. debugging 命令概述

H3C 系列路由器提供大量的 debugging 命令,可以帮助用户在网络发生故障时,获得路由器中交换的报文和数据帧的细节信息,这些信息对网络故障的定位是至关重要的。

在 Comware 软件中,debugging 命令信息及其他提示信息的输出是由信息中心(info-center)来统一管理的。因此,用户要查看调试信息,需要先开启信息中心,然后打开相应的调试命令并将信息在终端上打印出来,如下所示。

第 1 步:开启 info-center 功能。

```
[H3C]info－center enable
```

第2步：打开相应的调试开关。

例如，打开 IP packet 调试开关的命令如下。

<H3C> debugging ip packet

第3步：打开相应的终端显示命令。

<H3C> terminal debugging
<H3C> terminal monitor

2. debugging 命令使用注意事项

由于调试信息的输出在 CPU 处理中赋予了很高的优先级，debugging 命令会占用大量的 CPU 运行时间，在负荷高的路由器上运行可能会引起严重的网络故障（如网络性能迅速下降）。但 debugging 命令的输出信息对于定位网络故障又是如此的重要，是维护人员必须使用的工具。因此，维护人员在使用 debugging 命令时，要注意以下要点。

（1）应当使用 debugging 命令来查找故障，而不是用来监控正常的网络运行。

（2）尽量在网络使用的低峰期或网络用户较少时使用，以降低 debugging 命令对系统的影响性。

（3）在没有完全掌握某 debugging 命令的工作过程，以及它所提供的信息前，不要轻易使用该 debugging 命令。

（4）尽量使用某些特定的 debugging 命令，以减少无用信息的输出，降低网络设备资源的占用率。

（5）在使用 debugging 命令获得足够多的信息后，应立即以 undo debugging 命令终止 debugging 命令的执行。

可以使用 display debugging 命令查看当前已打开哪些调试开关，使用相应命令关闭；使用 undo debugging all 命令可以关闭所有调试开关。

3. display 命令和 debugging 命令的配合使用

display 命令能够提供某个时间点的设备运行状况，而 debugging 命令能够展示一段时间内设备运行的变化情况（动态）。因此，要在故障排除时了解系统运行的总体情况，必须同时使用这两个命令。例如，当进行 OSPF 协议的故障排除时，需要使用 display ip routing-table 命令来了解路由器当前有哪些路由表项，需要使用 debugging ospf event 命令来了解路由表是如何更新的。debugging 命令并不能直接显示设备已知道的信息，而 display 命令则不能显示路由表的变化情况，两者的配合使用，才能全面地了解正在发生的事情。

一般说来，display 命令不会影响系统的运行性能，而 debugging 命令则会对系统性能造成影响。因此，在故障排除时，首先使用相关的 display 命令查看设备当前的运行状况、分析可能原因、缩减故障到适当范围，然后打开某个特定的 debugging 命令观察变化情况，以定位和排除问题。

42.5　故障排除案例

某校园网中有 3 个局域网段，其中 10.11.0.0/16 为一个用户网段，但这个用户网段有一台日志服务器 10.11.56.118/16；129.9.0.0/16 是另外一个用户网段；10.15.0.0/16 是一个集中了很多应用服务器的网段。

某天,用户报告,日志服务器与 10.15.0.0/16 网段的备份服务器间备份发生问题,如图 42-5 所示。

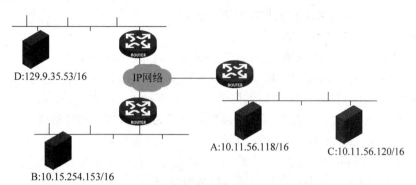

图 42-5　服务器 FTP 业务传输速度慢

1. 故障现象观察

如上述案例,"日志服务器与 10.15.0.0/16 网段的备份服务器间备份发生问题"就是一个不完整、不清晰的故障现象描述,因为这个描述没有讲述清楚下列问题。

(1) 这个问题是连续出现,还是间断出现的?

(2) 是完全不能备份,还是备份的速度慢(即性能下降)?

(3) 哪些局域网服务器受到影响,地址是什么?

对实际的故障现象较好的描述是:

在网络的高峰期,日志服务器 10.11.56.118 到集中备份服务器 10.15.254.153 之间进行备份时,FTP 传输速度很慢,大约是 0.6Mbps。

2. 故障案例相关信息收集

如上述案例,可以向用户提问或自行收集下列相关信息。

(1) 网络结构或设备配置是否最近修改过,即问题出现是否与网络变化有关?

(2) 是否有用户访问受影响的服务器时,服务器没有问题?

(3) 在非高峰期日志服务器和备份服务器间 FTP 传输速度是多少?

通过该步骤,收集到了下面一些相关信息。

(1) 最近 10.11.0.0/16 网段的客户机不断在增加。

(2) 129.9.0.0/16 网段的机器与备份服务器间进行 FTP 传输时,速度正常为 7Mbps,与日志服务器间进行 FTP 传输时,速度慢,只有 0.6Mbps。

(3) 在非高峰期日志服务器和备份服务器间,FTP 传输速度正常,大约为 6Mbps。

3. 经验判断和理论分析

如上述案例,现在能够确定是一个网络性能下降问题。那么,是网段 10.11.0.0/16 的性能问题? 是中间网络的性能问题? 还是 10.15.0.0/16 网段的性能问题呢?

由于 129.9.0.0/16 网段的机器与备份服务器间进行 FTP 传输时,正常速度为 7Mbps,所以可以排除掉 10.15.0.0/16 网段的性能问题。

4. 各种可能原因列表

如上述案例,网段 10.11.0.0/16 的性能问题,其原因可能如下。

(1) 网络 10.11.0.0/16 到网络 10.15.0.0/16 的路由不是最佳路由。

（2）日志服务器 A 的性能问题。

（3）10.11.0.0/16 网络的网关性能问题。

（4）10.11.0.0/16 网络本身的性能问题。

5. 对每一原因实施排错方案

如上述案例，在列出可能原因列表后，开始制定方案，进行故障排除。

可能原因 1：网络 10.11.0.0/16 到网络 10.15.0.0/16 的路由不是最佳路由。

测试方案：在 10.11.0.0/16 网段的网关上使用 ping 10.15.254.153 命令，发现探测报文返回时长仅为 10ms，表明该可能原因并不是造成故障的原因，进入循环排错过程。

可能原因 2：日志服务器 A 的性能问题。

测试方案：测试同一网段的主机 C(10.11.56.120) 和日志服务器 (10.11.56.118) 间的 FTP 传输速度是 6Mbps(正常)，可见问题与服务器 A 无关。

可能原因 3：10.11.0.0/16 网络的网关性能问题。

测试方案：测试主机 C 和备份服务器 B(10.15.254.153) 间 FTP 传输速度是 7Mbps(正常)。排除了网关因素，因为 B、C 在不同网段上而速度正常。

可能原因 4：10.11.0.0/16 网络本身的性能问题。

测试方案：在网段 10.11.0.0 的以太网交换机上使用 display mac-address 命令，输出如下。

Port	Rcv – Unicast	Rcv – Multicast	Rcv – Broadcast
6/32	10317812	0	8665

Port	Xmit – Unicast	Xmit – Multicast	Xmit – Broadcast
6/32	6667987	286652	2474038

Port	Rcv – Octet	Xmit – Octet
6/32	14094829358	1516443041

可见其发送的广播与单播报文之比约为 1∶3，比例太大。

在网段 10.15.0.0/16 上的以太网交换机上使用 display mac-address 命令，输出如下。

Port	Rcv – Unicast	Rcv – Multicast	Rcv – Broadcast
6/36	55780287	0	285

Port	Xmit – Unicast	Xmit – Multicast	Xmit – Broadcast
6/36	27879749	190257	119430

Port	Rcv – Octet	Xmit – Octet
6/36	67172587081	4998816809

可见其发送的广播与单播报文之比约为 1∶270，比例处于正常范围。

由此知道,网段10.11.0.0/16上广播包和单播包比例为1∶3,确实太大了。再次询问用户该网段主要运行的业务是什么,从而得出了故障最终原因如下:10.11.0.0/16是普通用户网段,由于业务原因,每个用户需要发送大量广播包和组播包,随着近期越来越多的用户接入该网络,在这个网段上的服务器需要花费更多的资源来处理越来越多的广播和组播包,因此,其服务的传输速度自然减慢。

由于这是一个网络布局不恰当的问题,于是重新安排服务器的位置,将服务器移到10.15.0.0/16网段后,故障排除。

6. 故障排除过程文档化

当最终排除了网络故障后,最后一步就是对所做的工作进行文档记录。文档记录主要包括以下几个方面。

(1) 故障现象描述及收集的相关信息。

(2) 网络拓扑图绘制。

(3) 网络中使用的设备清单和介质清单。

(4) 网络中使用的协议清单和应用清单。

(5) 故障发生的可能原因。

(6) 对每一可能原因制定的方案和实施结果。

(7) 本次排错的心得体会。

(8) 其他。如排错中使用的参考资料列表等。

对照上述案例完成文档记录工作。

42.6　本章总结

(1) 网络故障排除的一般步骤。

(2) 网络排错方法有分层故障排除法、分段故障排除法、分块故障排除法和替换法等。

(3) 熟悉使用故障排除常见工具。

(4) 通过案例分析和实验,初步掌握网络设备常见故障现象的排除方法。

42.7　习题和解答

42.7.1　习题

1. 一般来说,(　　)可能会导致计算机网络性能故障。

　　A. 网络拥塞　　　　B. 网络环路　　　　C. 非最佳路由　　　　D. 电源中断

2. 网络故障的一般解决步骤包括(　　)。

　　A. 现象观察与信息收集　　　　　　B. 可能原因列表

　　C. 排障方案实施　　　　　　　　　D. 排障经验文档化

3. (　　)信息能够在设备上通过display version命令来收集。

　　A. 处理器与内存　　　　　　　　　B. 引导程序版本

　　C. 协议配置　　　　　　　　　　　D. 设备名称

4. 当怀疑硬件如线缆损坏时,可以用(　　)来进行故障排除。

　　A. 分块故障排除法　　　　　　　　B. 分段故障排除法

　　C. 替换法　　　　　　　　　　　　D. 分层故障排除法

5. (   )可用于故障信息收集及排除。

    A. ping 命令   B. tracert 命令

    C. display 命令   D. debugging 命令

42.7.2 习题答案

1. ABC   2. ABCD   3. ABD   4. C   5. ABCD

第 11 篇
网络技术发展

第43章

虚拟化技术基础

虚拟化技术是计算机领域的一种资源管理(优化)技术,将计算机的各种物理资源(如CPU、内存及磁盘空间等)予以抽象、转换,然后呈现出一个可供分割并任意组合为一个或多个(虚拟)计算机的配置环境。

虚拟化的主要思想是通过分层将底层复杂、难用的资源虚拟抽象成简单、易用的资源,提供给上层使用。计算机发展的过程本质也是一个不断虚拟的过程,将底层复杂的接口转换成上层容易使用的接口。

云计算就是建立在虚拟化技术的基础上,随着云计算环境的大规模部署,其资源弹性伸缩、灵活调度的特性,促使网络虚拟化技术的发展。

43.1 本章目标

学习完本章,应该能够达到以下目标。

(1) 理解和掌握虚拟化的概念和分类。

(2) 理解计算(服务器)虚拟化原理及实现方式。

(3) 理解存储虚拟化原理及实现方式。

(4) 理解网络虚拟化原理及实现方式。

43.2 虚拟化技术

43.2.1 传统数据中心挑战

在第四次技术革命浪潮中,数据是最重要的生产要素,但由于数据与其他传统生产要素不同,有效的海量数据往往依托多主体生成,其交互和利用效率依赖于与其相匹配的信息化基础设施,数据中心则成为数据安全存储和充分利用的根本保证。数据中心是承载数据的基础物理单元,应用于生产和生活的各个环节,成为各行业数字化转型的重要支撑,推动数字经济快速发展。

数据中心除了需要部署大规模的服务器、存储、网络等IT基础设施,还需要大量配套的电力、冷却等基础设施,投资巨大。数据中心在发展到一定的规模时候,一般都会面临或多或少的一些问题,典型的问题有以下几个。

(1) 资源利用率低:传统IT系统采用所谓竖井式IT架构,是指为每个业务构建独立的IT架构,包含计算、网络、存储等组件,但并不是每时每刻都会有大量的业务数据需要处理,在业务量比较小的时段会有大量的数据中心资源处于闲置状态,各个业务之间的架构是独立的,无法共享底层资源,会造成大量资源浪费。

(2) 业务部署缓慢:新业务上线可能涉及不同的硬件、软件产品,从业务评估到软、硬件部署,都需要较长周期,通常一个业务上线需要 2～3 个月。

（3）管理策略分散:不同业务系统可能基于不同的软、硬件架构,基于不同的管理平台,而各平台之间通常没有接口,统一管理困难。

（4）业务扩容困难:随着业务量扩展,将会逐渐增加相应的组件,硬件扩容通常涉及业务迁移、扩容、回迁;软件升级通常涉及数据备份、迁移、升级,还需要制定可靠的回退措施,操作管理复杂。

（5）运维成本上升:竖井式 IT 架构需要各个厂家支持,需要配备多个专业的运维人员,随着业务持续增长,设备维护成本将直线上升。

因此,如何解决或者缓解上述问题、提升数据中心资源利用率和资源管理效率一直是数据中心面临的重要问题。

43.2.2　数据中心虚拟化起源

随着云计算的发展,传统的数据中心逐渐过渡到云数据中心,新 IT 架构颠覆了传统竖井式 IT 架构,将硬件资源抽象池化,并按需为应用提供资源,其中核心技术即为虚拟化技术。

虚拟化是一个广义的术语,是指计算机元件在虚拟的基础上而不是真实的基础上运行,是一个为了简化管理,优化资源的解决方案。如同空旷、通透的写字楼,整个楼层没有固定的墙壁,用户可以用同样的成本构建出更加自主适用的办公空间,进而节省成本,发挥空间的最大利用率。这种把有限的固定资源根据不同需求进行重新规划以达到最大利用率的思路,在 IT领域就叫作虚拟化技术。

如图 43-1 所示,虚拟化技术经历了漫长的发展,从早期大型机的分时共享系统到虚拟机系统,从磁盘 RAID 到 SAN,从 VLAN 到 VXLAN。在 IT 领域中,虚拟化技术无处不在。

43.2.3　数据中心虚拟化实现

现代计算机系统是一个庞大的整体,整个系统的复杂性是不言而喻的。因此,整个计算机系统被分成了多个自下而上的层次,每一个层次都向上一层次呈现一个抽象,并且每一层只需要知道下层抽象的接口,而不需要了解其内部运作机制。以分层的方式抽象资源的好处是每一层只需要考虑本层设计,以及与相邻层间的相互交互,从而大大降低了系统设计的复杂性、提高了软件的移植性。

本质上,虚拟化就是由位于下层的软件模块,通过向上一层软件模块提供一个与它原先所期待的运行环境完全一致的接口,抽象出一个虚拟的软件或硬件接口,使得上层软件可以直接运行在虚拟的环境上。虚拟化可以发生在现代计算机系统的各个层次上,不同层次的虚拟化会带来不同的虚拟化概念。

如图 43-2 所示,通过虚拟化可以将计算、存储、网络等硬件资源形成资源池,通过云计算可以将池化的资源按需创建虚拟机提供给最终用户。虚拟机（virtual machine）是指通过软件模拟的、具有完整硬件系统功能的、运行在一个完全隔离环境中的完整计算机系统。在实体计算机中能够完成的工作在虚拟机中都能够实现。但是虚拟机可以快速地创建和释放,可以灵活地迁移和备份,实现资源的弹性供给、提升资源使用率、降低系统维护管理成本。

实现虚拟化技术的核心是对计算资源、存储资源和网络资源进行虚拟化。

（1）计算虚拟化在云计算中是最重要和最关键的,是将一个或多个物理服务器虚拟成多个逻辑上的服务器,集中管理,能跨越物理平台而不受物理平台的限制。

图43-1 虚拟化技术发展史

图 43-2　虚拟化实现方式

（2）存储虚拟化是把分布的异构存储设备统一为一个或几个大的存储池，方便用户的使用和管理。

（3）网络虚拟化是在底层物理网络和网络用户之间增加一个抽象层，该抽象层向下对物理网络资源进行分割，向上提供虚拟网络。

43.2.4　虚拟化技术分类

如图 43-3 所示，按照技术领域来划分，虚拟化技术可以分为网络虚拟化、存储虚拟化和计算（服务器）虚拟化，在数据中心内部，三者是相辅相成的关系。

图 43-3　虚拟化技术分类

网络虚拟化通常包括虚拟局域网和虚拟专用网。虚拟局域网是其典型的代表，它可以将一个物理局域网划分成多个虚拟局域网，或者将多个物理局域网中的节点划分到一个虚拟局域网中，这样提供一个灵活、便捷的网络管理环境，使得大型网络更加易于管理，可以通过集中配置不同位置的物理设备来实现网络的最优化。而虚拟专用网可以帮助管理员维护 IT 环境，防止来自内网或外网中的威胁，使用户能够快速、安全地访问应用程序和数据。目前，虚拟专用网在大量的办公环境中使用。在云计算技术尚未落地之前，传统的网络虚拟化技术能够较好地满足业务需求，而随着计算虚拟化的蓬勃发展，计算节点不断增多、网络变更愈加频繁、对网络的冲击越来越大，从而暴露了传统网络虚拟化技术在云计算数据中心内面临的一系列技术难题，种种现状最终推动了网络虚拟化技术的发展。

　　典型的网络虚拟化技术有 VLAN、VPLS、VXLAN，典型的计算虚拟化技术有时分共享技术、x86 虚拟化技术，广为人知的存储虚拟化技术主要有 RAID。在实际应用时，这些虚拟化领域可能存在交叉，如 vSwitch 技术，其实是网络虚拟化和计算虚拟化的结合，其在操作系统层面实现了物理网络"一虚多"，并提供多张虚拟网络供不同虚拟主机使用。而 FCOE（fiber channel over ethernet，以太网光纤通道）技术可以将光纤通道映射到以太网，从而让服务器-SAN 存储设备的光纤通道请求和数据通过以太网连接来进行传输。

　　在云计算数据中心内，这 3 种虚拟化技术紧密结合了起来，并得以大规模应用。H3C UIS 超融合管理平台是 H3C 公司推出的构建云计算基础架构的资源管理平台，它集成了计算、存储、网络、安全、运维监控、云平台 6 大软件功能，实现了物理硬件、计算、存储、网络、虚拟化资源的统一监控和管理。

43.2.5　虚拟化的特点

　　虚拟化是资源的逻辑表示，并不受物理资源所处位置的影响。通过在物理硬件层上添加虚拟化层，将硬件层的资源抽象成另一种形式的资源，把新的资源称为虚拟资源，从而提供给上层操作系统或应用使用。可以实现 IT 资源的动态分配、灵活调度、跨域共享，提高 IT 资源利用率，使 IT 资源能够真正成为社会基础设施，服务于各行各业中的灵活多变的应用需求。

　　虚拟化主要包括如下 3 个特点。

　　（1）虚拟化的对象是各种各样的资源。例如，计算、存储、网络等 IT 资源。

　　（2）经过虚拟化后的逻辑资源对用户隐藏了不必要的细节。例如，使用虚拟机的用户不需要了解虚拟机的 CPU 和内存是通过硬件模拟还是软件模拟，也不需要了解存储资源是来自本地存储还是网络存储，阵列使用的是 RAID1 还是 RAID5 等类似细节。

　　（3）虚拟化环境可以实现真实环境部分或全部功能。例如，用户使用一台安装 CentOS 的虚拟机，在该虚拟机上可以部署 Web server，也可以部署数据库，不管是从功能上还是性能上来看，都和部署在一台物理主机上没有差异。

43.2.6　虚拟化技术的优势与不足

　　虚拟化技术是云计算中重要的组成部分，硬件资源经过虚拟化后，其主要优势如下。

　　（1）更高的资源利用率。虚拟化技术可以实现物理资源和资源池的动态共享、提高资源利用率，特别是针对那些平均需求远低于需要为其提供专用资源的业务场景。

　　（2）降低管理成本。虚拟化技术可通过以下途径来提高工作人员的效率。减少必须进行管理的物理资源的数量；隐藏物理资源的部分复杂性；通过实现自动化，获得更好的信息和实现中央管理来简化公共管理任务；实现负载管理自动化。另外，虚拟化技术还可以支持在多个平台上使用公共的工具。

　　（3）提高使用灵活性。通过虚拟化技术可以实现动态的资源部署和重配置，满足不断变化的业务需求。并且虚拟机可在不影响用户的情况下，对物理资源进行删除、升级或改变。

　　（4）提高安全性。虚拟化技术可实现较简单的共享机制无法实现的隔离和划分，这些特性可实现对数据和服务进行可控和安全的访问。

　　（5）更高的可扩展性。根据不同的产品，资源分区和汇聚可支持实现比个体物理资源小得多或大得多的虚拟资源，这意味着可以在不改变物理资源配置的情况下，进行规模调整。

当然虚拟化技术也是有缺点的，主要的缺点如下。

（1）由于虚拟机间接访问硬件，因此，虚拟机效率不如实际机器。

（2）如果虚拟机太多，可能会发生物理资源争抢问题。

（3）在引入虚拟化层后，导致上层系统应用出错概率增加，从而导致故障排查困难。

（4）成本昂贵。购买虚拟化软件和硬件，以及维护或更换基础设施的费用可能会导致高昂的成本。可以尝试每月租赁或与托管提供商合作以降低成本。

（5）软件限制。许多虚拟化软件在使用之前都有需要考虑其限制。

（6）入门门槛较高。IT员工可能需要一些时间才能接受虚拟化技术方面的专业培训。

（7）操作可能受到限制。在虚拟化环境中，一些链接必须协作才能执行任务，这需要用户一起工作；否则，其中一个链接出现问题可能会导致整个操作失败。

43.3　计算（服务器）虚拟化

43.3.1　计算（服务器）虚拟化概念

计算（服务器）虚拟化可以说是最为大家所熟悉的，是让多个操作系统和应用程序同时运行在不同的虚拟机上，而这些虚拟机建立在同一个物理服务器上。一个物理服务器上的虚拟服务器数量取决于硬件的能力，所有虚拟服务器共享相同的硬件，但是相互独立运行，单独的虚拟服务器可以自行升级、启动，不会影响到其他虚拟服务器。通过虚拟化层可以隔离同一台服务器、不同操作系统中运行的程序，避免资源的冲突。另外，计算（服务器）虚拟化可以动态调度没有被充分利用的硬件资源到最需要的应用程序中，从而提高底层硬件资源的利用率。

服务器的虚拟化技术按实现方法，可以分类为池化、抽象、分区。从应用架构场景上来分类，可以分为x86服务器虚拟化、大型机虚拟化等，从技术原理来分可以分为时分复用共享虚拟机话等，本文主要介绍当前使用最广泛的x86服务器虚拟化技术。

如图43-4所示，一台完整可用的计算机应该包括硬件、系统软件及应用程序。在现代计算机架构中，拥有"计算"能力的硬件包括有CPU、内存及I/O。需要完成计算虚拟化，就意味着要对上述3种硬件进行虚拟，使其成为能够被虚拟机所使用的资源，并且每个虚拟机中的应用程序可以在相对独立的空间内运行，而且相互不会影响。

图 43-4　计算（服务器）虚拟化概念

43.3.2　x86 服务器虚拟化技术概述

x86 服务器虚拟化技术按运行平台分类,可分为如下两种。

(1) x86 平台。由于 x86 体系结构服务器的蓬勃发展,基于 x86 体系的虚拟化技术也有了很大的进步。目前,比较流行的基于 x86 体系的虚拟厂商有 VMware Microsoft、Citrix、IBM System x 系列服务器。

(2) 非 x86 平台。非 x86 平台的虚拟化鼻祖是 IBM 公司,早在 20 世纪 60 年代,IBM 公司就在大型机上实现了虚拟化的商用。目前,IBM 公司的虚拟化技术包括大型机的 System z 系列服务器,中小企业应用的 System p 系列服务器;HP 的虚拟服务器环境(virtual server environment,VSE),以及虚拟 vPar、nPartition 和 Integrity 虚拟机(IVM)也是非 x86 平台虚拟化的重要力量。

所谓 x86 服务器虚拟化,就是在硬件和操作系统之间引入了虚拟化层,如图 43-5 所示。虚拟化层允许多个操作系统同时运行在一台物理服务器上,动态分区和共享所有可用的物理资源,包括 CPU、内存、存储和 I/O 设备。

图 43-5　基于 x86 体系的虚拟化

43.3.3　x86 服务器虚拟化与 VMM

在 x86 架构中,虚拟化层由虚拟机监视器(virtual machine monitor,VMM,也称为 hypervisor)实现。它运行在物理服务器到操作系统之间的中间软件层,可允许多个操作系统和应用共享硬件。

hypervisor 是一种在虚拟环境中的"元"操作系统。它们可以访问服务器上包括磁盘和内存在内的所有物理设备。hypervisor 不但协调着这些硬件资源的访问,而且同时在各个虚拟机之间施加防护。当服务器启动并执行 hypervisor 时,它会加载所有虚拟机客户端的操作系统,同时会分配给每一台虚拟机适量的内存、CPU、网络和磁盘。

VMM 的一大供应商是 VMware,美国上市公司。它的 VMM 产品目前有两大系列免费的 ESXi,收费的 vSphere。ESXi 支持服务器整合等基本的 VMM 功能,而 vSphere 则支持了更多的更高级的特性,如动态迁移、负载均衡,这些高级功能可以让基于 VMM 上的应用有更高的可用性、可靠性、容灾度等。当然,vSphere 也是比较昂贵的。

VMM 另一大供应商是 Citrix。Citrix 的产品也分成了两大类免费的 XenServer,收费的 Essentials。XenServer 虽说是免费的,但是声称支持企业级应用,所以有动态迁移等功能。而 Essentials 当然也是功能齐备了。目前,Essentials 的价格还不算很贵。

微软也有自己的 VMM 产品：Hyper-V。Hyper-V 集成在 Windows Server 2008 里，可以实现服务器整合、快速迁移等功能。因为 Windows Server 是收费的，这个也应该算收费的。微软的号召力也很强大，有很多的第三方软件公司基于 Hyper-V 进行二次开发，进一步提升 Hyper-V 的功能。

提到 VMM 一定要讲 XEN。XEN 本身是开源的，很多商业的发行 Linux 中集成了 XEN 的 RPM 包（red hat package manager，本义是 red hat 软件包管理，顾名思义是 red hat 贡献出来的软件包管理，是一种以数据库记录的方式将所需要的软件安装到 Linux 主机的一套管理程序），一些企业也在使用这些不同版本的 XEN 搭建虚拟化环境。

43.3.4　x86 服务器虚拟化常见架构

计算虚拟化是通过 VMM 将服务器物理资源抽象成逻辑资源，在一台物理服务器上创建并运行几台甚至上百台相互隔离的虚拟服务器。资源不再受限于物理上的界限，CPU、内存、I/O 等硬件变成可以动态管理的资源池，从而提高资源的利用率、简化系统管理、实现服务器整合，让 IT 对业务的变化更具适应性。

基于 VMM 所在位置与虚拟化范围不同，计算（服务器）虚拟化可分为 4 种类型，分别是寄居虚拟化、裸金属虚拟化、操作系统虚拟化和混合模式虚拟化。

1. 寄居虚拟化

对寄居虚拟化来说，物理硬件上是一层操作系统，称为宿主机操作系统。如图 43-6 所示，在该操作系统上再安装虚拟化管理程序软件（VMM 或 hypervisor），通过虚拟化软件可以划分出多个虚拟机，各个虚拟机上再安装各自独立的操作系统，称为客户机操作系统，然后就可以部署应用了。在宿主模型中，物理资源是由宿主机操作系统管理，宿主机操作系统是传统操作系统，本身不具备虚拟化功能，实际的操作系统由 VMM 来提供，VMM 通常是宿主机操作系统独立的内核模块，通过调用宿主机操作系统的服务来获得资源，实现处理器、内存和 I/O 设备的虚拟化。

图 43-6　寄居虚拟化

（1）图 43-6 中应用 1 直接安装在宿主机操作系统上，该场景没有使用虚拟化技术。

（2）图 43-6 中应用 2 部署在虚拟机操作系统上，就是寄居虚拟化使用场景。

可以看出，这种虚拟化方式存在两层操作系统，虚拟机的操作系统是寄居在物理机的操作系统上，并由 VMM 来在中间整合的。

寄居虚拟化的优点是简单、易于实现，缺点是需要依赖于宿主机操作系统支撑，资源的调度需要依靠宿主机操作系统来完成，所以管理开销大、性能损耗也很大。

寄居虚拟化的代表的产品有 VMware server、Vmware workstation、Virtual PC 等。

VMware server 采用宿主模型，宿主机操作系统可以是 Windows 或者 Linux。VMware workstation 是 VMware 面向桌面的主打产品，也是基于宿主模型，与 VMware server 不同，VMware workstation 专门针对桌面应用做了优化，如为虚拟机分配 USB 设备等。Microsoft 的 virtual PC 是面向桌面的虚拟化产品，virtual server 是面向服务器的入门级虚拟化产品，也都是基于宿主模式。

2. 裸金属虚拟化

裸金属虚拟化又称为硬件抽象层虚拟化,如图 43-7 所示。其实现的方式是直接在硬件层上部署虚拟化平台软件,而不再需要宿主机操作系统来支撑。由于客户机操作系统所看到的是虚拟化层,因此,可以认为客户机操作系统的功能和在宿主机操作系统功能几乎没有什么区别。

理论上,宿主机操作系统和客户机操作系统的指令集架构相同,所以客户机操作系统大部分指令是可以直接调用 CPU 来执行的,只有那些需要虚拟化的指令才会由虚拟化层(VMM)进行处理。

裸金属虚拟化的优点是不需要依赖宿主机操作系统、支持多种操作系统,与寄居虚拟化相比,缩短了虚拟机到物理硬件的路径,从而减少应用的响应时间、改善用户的体验;同时具备管理物理资源和虚拟化的功能,因此,物理资源虚拟化的效率会高一些。在安全方面,虚拟机的安全只依赖 VMM 的安全,不像宿主模型中,需要同时依赖 VMM 和宿主机操作系统的安全。

裸金属虚拟化的缺点是 VMM 完全拥有物理资源,包括设备驱动。设备驱动的开发工作量很大,使得虚拟化层内核开发难度大、价格也就更为昂贵,多用于大型企业级应用。

裸金属虚拟化的代表的产品有 Vmware vSphere 及 H3C CAS 等。

3. 操作系统虚拟化

操作系统虚拟化是指宿主机操作系统的内核提供多个相互隔离的实例,如图 43-8 所示。这些实例并不是平常说的虚拟机,而是容器。

图 43-7 裸金属虚拟化

图 43-8 操作系统虚拟化

容器是一种更加轻量的应用级虚拟化技术,将应用的可执行文件及其所需的运行环境与依赖库打包,实现一次构建,导出运行的目标。相比虚拟化,容器技术多了容器引擎层(如docker),但上层应用无须与 Guest OS 绑定,可以实现秒级部署、跨平台迁移,具有灵活的资源分配、弹性调度管理等优势。

容器可以看作一台真实的计算机,里面有自己的独立文件系统、网络、系统设置、函数库等。通俗点的理解就是一个装应用软件的箱子,箱子里面有软件运行所需的依赖库和配置。开发人员可以把这个箱子搬到任何机器上,且不影响里面软件的运行。

操作系统虚拟化是由宿主机操作系统本身的内核提供的,因此,操作系统层上的虚拟化是比较高效的,它对虚拟化资源和性能开销要求比较低,也不需要特殊硬件的支持。但是每个容器的操作系统必须和底层硬件的操作系统相同,灵活性较差。

操作系统虚拟化的优点是简单、易于实现,而且管理开销非常低;缺点是隔离性较差,如果容器被攻击,则可能会把攻击传播到宿主机操作系统和其他容器。另外,多个容器共享同一个操作系统,容器迁移也存在一定局限性。

容器、微服务与 DevOps 为云计算原生的 3 大要素,是推动企业技术平台建设与微服务化转型不可或缺的组件。

4. 混合模式虚拟化

混合模式虚拟化是寄居虚拟化和裸金属虚拟化的汇合体。在混合模式虚拟化中,VMM依然位于最底层,拥有所有的物理资源,同时,VMM 会让出大部分 I/O 设备的控制权,交由一个运行在特权虚拟机中的特权操作系统来控制。VMM 的虚拟化功能也被分担,处理器和内存的虚拟化依然由 VMM 来完成,而 I/O 的虚拟化则由 VMM 和特权操作系统共同合作完成。

Windows Server 2008 是混合模型,Hyper-V 作为 hypervisor 运行在最底层,Windows Server 2008 作为特权操作系统运行在 Hyper-V 上,采用硬件虚拟化技术,必须运行、支持 InterVT 技术。

Xen 是一款基于 GPL 授权的开源虚拟机软件,起源于英国剑桥大学,属于混合模型,基于 Xen 的虚拟化产品有 Ctrix,Redhat,Novell 等。

混合模式虚拟化相对于寄居虚拟化架构性能较高,相对于裸金属虚拟化架构不需要开发内核,并且可支持多种操作系统,但是需要底层硬件支持虚拟化扩展功能。

43.3.5　x86 服务器虚拟化技术的基本分类

按虚拟化的对象分类,可以把 x86 服务器虚拟化技术分为:CPU 虚拟化、内存虚拟化、I/O 虚拟化、存储虚拟化。

前面讲到,服务器虚拟化的 3 大特征:一致性、可控性、高效性。

但是要满足这 3 点,并非易事,因为系统的指令集架构(ISA)需要相应地满足 4 个的条件。

(1) CPU 能支持多个特权级,并且 VM 上面运行的指令能在底层特权级(如 Ring 3)下正确执行。

(2) 非特权指令(允许用户直接使用的指令)的执行效果不依赖于 CPU 的特权级。

(3) 敏感指令(对系统资源配置有影响的指令)都是特权指令(不允许用户直接使用的指令)。敏感指令引入虚拟化后,Guest OS 就不能运行在 Ring 0 上。因此,原本需要在最高级别下执行的指令就不能够直接执行,而是交由 VMM 处理执行。这部分指令称为敏感指令 。当执行这些指令时,理论上都要产生 trap 被 VMM 捕获执行。

(4) 必须支持一种内存保护机制来保证多个虚拟机之间在内存方面的隔离,如段保护或页保护。

虽然 x86 架构在计算机市场占据绝对的垄断地位,但是由于其在初始设计时,并没有考虑到虚拟化需求,所以它对虚拟化的支持不够,特别是它没有满足上面 4 个条件里面的第 3 个,其因为是 x86 的 ISA 有 17 条敏感指令(如 LGDT 等)不属于特权指令。也就是说,当虚拟机执行到这些敏感指令的时候,很有可能出现错误,这将会影响到整个机器的稳定。更困难的是,上面所提出的问题只是 x86 虚拟化所需要面对问题的一小部分而已,还有许多问题未涉及。

可以说,后续的所有虚拟化技术,都是围绕满足这 4 个条件来进行发展的,重点就在于硬件资源的调度。按硬件资源调用虚拟化的模式,可以分为以下 3 种。

(1) 全虚拟化。虚拟操作系统与底层硬件完全隔离,由中间的 hypervisor 层转化虚拟客户操作系统对底层硬件的调用代码,全虚拟化无须更改客户端操作系统,兼容性好。典型代表是 VMare workstation、ESX server 早期版本、Microsoft vitrual server 等。

(2) 半虚拟化。在虚拟客户操作系统中,加入特定的虚拟化指令,通过这些指令可以直接通过 hypervisor 层调用硬件资源,免除有 hypervisor 层转换指令的性能开销。半虚拟化的典型代表 Microsoft Hyper-V、Vmware 的 vSphere 等。

(3) 硬件辅助虚拟化。在 CPU 或硬件芯片中加入了新的指令集和处理器运行模式,完成虚拟操作系统对硬件资源的直接调用。典型技术是 Intel VT、AMD-V 等。

43.4　存储虚拟化

43.4.1　存储虚拟化的概念

存储虚拟化(storage virtualization)最通俗的理解就是对存储硬件资源进行抽象化表现。通过将一个(或多个)目标(target)服务或功能与其他附加的功能集成,统一提供有用的全面功能服务。典型的虚拟化包括屏蔽系统的复杂性,增加或集成新的功能,仿真、整合或分解现有的服务功能等。虚拟化是作用在一个或多个实体上的,而这些实体则是用来提供存储资源或/及服务的。

在虚拟化领域流传着一个故事。一个好的虚拟化解决方案就好像游历一个虚拟现实的主题公园。当游客想象他正在城市上空滑翔时,传感器就会把相应的真实感觉传递给游客,并同时隐藏真实的力学环境。同样,一个好的虚拟化工具可以对企业的存储设备做相同的工作,只不过过程也许会反过来——首先建立一个框架,让数据感觉自己是存储在一个真实的物理环境里,之后操作者可以任意改变数据存储的位置,同时保证数据的集中安全。

存储虚拟化是一种贯穿于整个 IT 环境、用于简化本来可能会相对复杂的底层基础架构的技术。存储虚拟化的思想是将资源的逻辑映像与物理存储分开,从而为系统和管理员提供一幅简化、无缝的资源虚拟视图。

对于用户来说,虚拟化的存储资源就像是一个巨大的存储池,用户不会看到具体的磁盘、磁带,也不必关心自己的数据经过哪一条路径通往哪一个具体的存储设备。

从管理的角度来看,虚拟存储池是采取集中化的管理,并根据具体的需求把存储资源动态地分配给各个应用。值得特别指出的是,利用虚拟化技术,可以用磁盘阵列模拟磁带库,为应用提供速度像磁盘一样快、容量却像磁带库一样大的存储资源,这就是当今应用越来越广泛的虚拟磁带库(virtual tape library,VTL),在当今企业存储系统中扮演着越来越重要的角色。

将存储作为池子一样,存储空间如同一个池子里流动的水一样,可以任意地根据需要进行分配。

43.4.2　存储虚拟化的优点

将存储资源虚拟成一个存储池,这样做的好处是把许多零散的存储资源整合起来,从而提高整体利用率,同时降低系统管理成本。与存储虚拟化配套的资源分配功能具有资源分割和分配能力,可以依据服务水平协议(service level agreement)的要求对整合起来的存储池进行划分,以最高的效率、最低的成本来满足各类不同应用在性能和容量等方面的需求。特别是虚拟磁带库,对于提升备份、恢复和归档等应用服务水平起到了非常显著的作用,极大地节省了企业的时间和成本。

　　除了时间和成本方面的好处,存储虚拟化还可以提升存储环境的整体性能和可用性水平,这主要是得益于:在单一的控制界面动态地管理和分配存储资源。

　　在当今的企业运行环境中,数据的增长速度非常快,而企业管理数据能力的提高速度总是远远落在后面。通过虚拟化,许多既消耗时间又多次重复的工作,如备份/恢复、数据归档和存储资源分配等,可以通过自动化的方式来进行,大大地减少了人工作业。因此,通过将数据管理工作纳入单一的自动化管理体系,存储虚拟化可以显著地缩短数据增长速度与企业数据管理能力之间的差距。

　　只有网络级的虚拟化,才是真正意义上的存储虚拟化。它能将存储网络上的各种品牌的存储子系统整合成一个或多个可以集中管理的存储池(存储池可跨多个存储子系统),并在存储池中按需要建立一个或多个不同大小的虚卷,并将这些虚卷按一定的读写授权分配给存储网络上的各种应用服务器。这样就达到了充分利用存储容量、集中管理存储、降低存储成本的目的。

43.4.3　存储虚拟化分类

　　如图43-9所示,存储的虚拟化可以分为基于主机的存储虚拟化、基于存储设备的存储虚拟化和基于网络的存储虚拟化。

基于主机或存储设备的存储虚拟化　　　　　　基于网络设备的存储虚拟化

图43-9　存储虚拟化分类

　　基于主机的存储虚拟化通常称为分布式存储虚拟化,是指通过将服务器主机的本地存储资源虚拟化为资源池,为服务器应用提供存储空间。在此应用场景中,服务器不再需要外接独立的存储设备。

　　基于存储设备的存储虚拟化主要有 N : 1 形式的存储集群和 1 : N 形式的 virtual domain。存储集群通过 scale out 的方式,将多台存储虚拟为一台存储,从而扩展存储容量并提供设备级可靠性。Virtual Domains 是一款虚拟机软件,又称为虚拟专用阵列,可为不同的应用和用户群提供安全的访问和强大的存储服务。所有用户只能访问经过授权的 virtual domain,可以独立管理和监控自己的存储资源,为用户之间提供安全隔离。

　　基于网络的存储虚拟化,指将存储 SCSI(small computer system interface,小型计算机系统接口)命令和数据封装在 IP 或 FC 网络中传输,服务器通过网络挂载相应的存储资源。相比本地存储,基于网络的存储虚拟化可以挂载更多的磁盘、支持更远距离、提升存储资源的使用率。

43.4.4 基于主机的存储虚拟化

基于主机的虚拟存储依赖于代理或管理软件,它们安装在一个或多个主机上,实现存储虚拟化的控制和管理。由于控制软件运行在主机上,这就会占用主机的处理时间。因此,这种的可扩充性较差、实际运行的性能不是很好。基于主机的储存虚拟化也有可能影响到系统的稳定性和安全性,因为有可能导致不经意间越权访问到受保护的数据。这种虚拟化要求在主机上安装适当的控制软件,因此,一个主机的故障可能影响整个 SAN 系统中数据的完整性。软件控制的存储虚拟化还可能由于不同存储厂商软、硬件的差异而带来不必要的互操作性开销,所以这种虚拟化的灵活性也比较差。

但是,因为不需要任何附加硬件,基于主机的储存虚拟化最容易实现,其设备成本最低。使用这种虚拟化的供应商趋向于成为存储管理领域的软件厂商,而且已经有成熟的软件产品。这些软件可以提供便于使用的图形接口,方便地用于 SAN 的管理和虚拟化,在主机和小型 SAN 结构中有着良好的负载平衡机制。从这个意义上看,基于主机的存储虚拟化是一种性价比不错的方法。

当主机服务器需要访问多个磁盘阵列,可以使用基于主机的存储虚拟化技术,虚拟化的工作通过特定的软件在主机服务器上完成,经过虚拟化的存储空间可以跨越多个异构的磁盘阵列。

如图 43-10 所示,主机 1 可以使用磁盘阵列 1 和磁盘阵列 2 上的存储空间,主机 2 可以使用磁盘阵列 2 上的存储空间,主机 3 和 4 均可使用磁盘阵列 3 和磁盘阵列 4 上的存储空间。

图 43-10 基于主机的存储虚拟化架构

该技术的优点如下。

(1)支持异构的存储系统。

(2)容易实现,不需要额外的特殊硬件。

(3)开销低,不需要硬件支持,不修改现有系统架构。

该技术的缺点如下。

(1)占用主机资源,降低应用性能。

(2)存在操作系统和应用的兼容性问题。

(3)导致主机升级、维护、扩展复杂,容易造成系统不稳定。

(4)需要复杂的数据迁移过程,影响业务连续性。

43.4.5　基于存储设备的存储虚拟化

基于存储设备的存储虚拟化方法依赖于提供相关功能的存储模块。如果没有第三方的虚拟软件，则基于存储设备的存储虚拟化经常只能提供一种不完全的存储虚拟化解决方案。对于包含多厂商存储设备的 SAN 存储系统，这种方法的运行效果并不是很好。依赖于存储供应商的功能模块将会在系统中排斥 JBODS(just a bunch of disks，简单的硬盘组)和简单存储设备的使用，因为这些设备并没有提供存储虚拟化的功能。当然，利用这种方法意味着最终将锁定某一家单独的存储供应商。

基于存储设备的存储虚拟化也有一些优势。在存储系统中这种虚拟化较容易实现；容易和某个特定存储供应商的设备相协调，所以更容易管理；同时，它对用户或管理人员都是透明的。但是必须注意到，因为缺乏足够的软件进行支持，这就使得解决方案更难以客户化和监控。

当有多个主机服务器需要访问同一个存储设备的时候，可以采用基于存储设备控制器的虚拟化技术。基于存储设备的虚拟化能够实现存储资源提供给多个主机使用，但是不能够跨越各个存储设备间的限制，无法打破设备间的不兼容性。

如图 43-11 所示，磁盘阵列 1 的存储空间可以提供给主机 1 和主机 2 使用，磁盘阵列 2 的存储空间可以提供给主机 2～主机 4 使用。

图 43-11　基于存储设备的存储虚拟化架构

该技术的优点是与主机无关、不占用主机资源、数据管理功能丰富。

该技术缺点是一般只能实现对本设备内磁盘的虚拟化，不同厂商间的数据管理功能不能互操作，多套存储设备需要配置多套数据管理软件，成本较高。

43.5　网络虚拟化

43.5.1　网络虚拟化的概念

在介绍网络虚拟化之前，需要考虑一个问题——为什么需要网络虚拟化呢？之所以要对网络进行虚拟化，是因为在没有进行虚拟化之前，每个服务器都有自己独立的网卡，服务器上的 OS 独占物理网卡的使用。而现在通过虚拟化技术在一台物理服务器需要运行多个 VM，而多个 VM 都要有自己的网卡，VM 之间的网卡彼此之间是独立的，但一台服务器物理网卡是有限的,为了解决 VM 之间的通信、VM 与外网通信等问题,所以有了网络虚拟化。

虚拟化是对所有 IT 资源的虚拟化,以此来提高物理硬件的灵活性及利用效率。云计算中的计算和存储资源分别由计算虚拟化和存储虚拟化提供,而网络作为 IT 的重要资源也有相应的虚拟化技术,网络资源则是由网络虚拟化提供的。网络是由各种设备组成,有传统的物理网络,还有运行在服务器上看不到的虚拟网络,而网络虚拟化的首要目标就是如何呈现和管理它们。

将物理网络虚拟出多个相互隔离的虚拟网络,从而使得不同用户之间使用独立的网络资源,提高网络资源的利用率,实现弹性的网络。VLAN 就是一种网络虚拟化,在原有网络基础上通过 VLAN tag 划分出多个广播域。网络虚拟化保障创建出来的虚拟机可以正常通信、访问网络。

43.5.2　网络虚拟化的特点

1. 与物理层解耦

接管所有的网络服务、特性和应用的虚拟网络必要的配置,简化这些服务、配置,将它们映射给虚拟化层,使用服务的应用只需要和虚拟化网络层打交道。虚拟机可以跨二层/三层迁移,甚至可以跨广域网进行迁移。逻辑网络和物理网络解耦,不受物理网络限制,逻辑网络可以跨越二层/三层物理网络。

2. 网络服务抽象化

虚拟网络层可以提供逻辑接口、逻辑交换机和路由器等,并确保这些网络设备和服务的监控、QoS 和安全,可以和任意安全策略自由结合成任意拓扑的虚拟网络。

3. 网络按需自动化

通过 API 自动化部署,一个完整的、功能丰富的虚拟网络可以自由部署在底层物理设备上。通过网络虚拟化,每个应用的虚拟网络和安全拓扑拥有移动性。

4. 多租户网络安全隔离

网络虚拟化后,不同租户的流量是相互隔离的,不同租户默认不能相互访问,不同租户的 IP/MAC 地址可以独立规划,甚至可以重叠。这使得多种业务或不同租户资源共享同一个数据中心资源,但其同时需要为多租户提供安全隔离网络。

43.5.3　网络虚拟化分类

传统数据中心主要提供互联网访问,流量多来自互联网用户的访问,这些流量通常被称为南北流量,数据中心内部服务器之间的流量则称为东西流量。在传统数据中心,南北流量几乎占据到 80%。

基于流量的特点,传统数据中心采用三层网络架构,即整个网络由接入层、汇聚层和核心层组成,流量纵向经过接入层、汇聚层网络,收敛至骨干核心层。

但随着云计算的发展,尤其是大数据分析和人工智能的兴起,大量的数据分析、搜索和挖掘在数据中心内部进行,东西流量开始取代南北流量,在数据中心占据主导地位,比例可达 70% 以上。

云数据中心网络需要解决数据中心内部的数据同步传送大流量、备份大流量、虚拟机迁移大流量等问题。同时,还需要采用统一的交换网络减少布线、维护工作量和扩容成本。引入虚拟化技术后,在不改变传统数据中心网络设计的物理拓扑和布线方式的前提下,可以实现网络各层的横向整合,形成一个统一的交换架构。

数据中心网络虚拟化分为核心层、接入层和虚拟机网络虚拟化3个方面。

1. 核心层网络虚拟化

（1）核心层网络虚拟化,主要指的是数据中心核心网络设备的虚拟化。

（2）要求核心层网络具备超大规模的数据交换能力,以及足够的万兆接入能力。

（3）可以将多个交换机连接在一起虚拟成一个逻辑单元,简化设备管理、提高资源利用率、提高交换系统的灵活性和扩展性,为资源的灵活调度和动态伸缩提供支撑。

2. 接入层网络虚拟化

（1）接入层网络虚拟化实现数据中心接入层的分级设计。

（2）接入层交换机要求能够支持各种灵活的部署方式和新的以太网技术。

3. 虚拟机网络虚拟化

（1）虚拟机网络交互包括物理网卡虚拟化和虚拟网络交换机,在服务器内部虚拟出相应的交换机和网卡功能。

（2）数据包从虚拟机的虚拟网卡流出,通过 hypervisor 内部的虚拟交换机,再经过服务器的物理网卡流出到上联交换机。

43.5.4　虚拟网卡

网络将各个计算实例连接起来,以形成协作的整体。在当今的大数据和互联网时代,网络是各分布式系统底层的核心基础设施。虚拟网络是云计算的网络基础,也是云计算得以成功应用的保障。无论是云平台对容器或虚拟机等虚拟实例的管理,还是虚拟实例之间通信,以及虚拟实例向外提供服务等,都需要借助网卡虚拟化技术。

网卡虚拟化在云环境下必不可少,在虚拟机或容器中,由于虚拟实例的隔离性,应用无法直接使用主机的物理网卡,这时需要借助网卡虚拟化技术。其核心是为各虚拟实例构建虚拟网卡和虚拟网桥等虚拟网络设备,将各虚拟实例的数据传输和网络管理连接到外部的物理网络。关于云环境中网卡虚拟化的目标如下。

（1）虚拟网卡和虚拟网桥的数据传输性能是重要的目标。

（2）高管理性也是网卡虚拟化追求的目标。例如,网络隔离性和虚拟实例可移植性等。

（3）根据特定场景,网卡虚拟化还需满足其他目标。例如,网络通信安全等。

网卡虚拟化属于 I/O 虚拟化的范畴,按实现方式可以分为基于硬件的网卡虚拟化,如设备直达和 SR-IOV 等,基于软件的网卡虚拟化,如全虚拟化、半虚拟化和其他虚拟化等。

1. 基于硬件的网卡虚拟化

基于硬件的网卡虚拟化让虚拟机或容器直接使用物理网卡,不用经过软件虚拟层。具体的硬件虚拟化方法有设备直达和 SR-IOV。

1）设备直达

在虚拟机中,物理网卡可以通过 PCI 透传技术分配给虚拟机,供虚拟机独占使用。PCI 透传技术需要 VT-d 或 IOMMU 等硬件支持,其作用是将 PCI 设备地址空间映射到客户虚拟机中,因此,客户虚拟机和主机一样,在安装物理网卡驱动后便可直接使用该网卡。PCI 透传技术确保单个虚拟机独占网卡设备,实现了网络隔离,以及与原生网卡相当的性能,但不利于网卡设备被多个虚拟机共享使用,无法应用于多个虚拟机用户的场景中。此外,虚拟机独占会导致宿主机无法对物理网卡进行管控,而且虚拟机在迁移过程中,需要重新配置对应的物理网卡接口。

2) SR-IOV

SR-IOV(single root I/O virtualization)在设备直达的基础上,解决了多个虚拟实例无法共享物理网卡的问题。SR-IOV 从一个物理网卡设备虚拟出多个接口,各虚拟实例可以分别使用各个接口。SR-IOV 能够虚拟出具有完整设备功能的 PF(physical function)及轻量级功能的 VF(virtual function)。其中,PF 可以完全配置或控制整个网卡设备,而 VF 仅能控制自身的配置资源,其 PCI 内存空间与其他 VF 分开。通常,一个具备 SR-IOV 功能的物理网卡都可提供一个 PF 及多个 VF,其中,VF 的数量与具体网卡的硬件资源相关。对于虚拟机,各个VF 接口可以通过 PCI 透传的方式分配给客户机直接使用。对于容器,各 VF 接口也可以分配到不同的容器网络命名空间。如图 43-12 所示,当虚拟实例的数据包进入物理网卡的VF 接口后,物理网卡内部的硬件桥接模块将数据包进行转发,从相应的 PF 或 VF 接口发出。

图 43-12　SR-IOV 基本结构

在设备直达的基础上,SR-IOV 既满足了虚拟实例对物理网卡设备的共享使用,也实现了网卡接口的隔离。并且由于 SR-IOV 的虚拟化工作均由硬件完成,其网络性能与物理网卡相当。但是各虚拟实例的数据包仍然直达硬件网卡设备,网卡接口配置与物理网络耦合,因此,SR-IOV 缺乏可移植性。另外物理网卡的硬件资源限制了 VF 数量,因此,仅使用 SR-IOV 难以适应大规模虚拟实例的场景。

2. 基于软件的网卡虚拟化

基于硬件的网卡虚拟化,如 SR-IOV 等,需要硬件支持,同时受限于硬件资源,难以应用于大规模虚拟实例集群。基于软件的网卡虚拟化,在实现上更加灵活.按照是否完全模拟网卡设备功能和硬件接口,网卡虚拟化可以分为全虚拟化和半虚拟化。此外,还有针对容器的虚拟网卡,如 veth pair。

1) 全虚拟化

由虚拟机监视器完整模拟网卡设备。虚拟机监视器完整地实现了物理网卡设备的功能和接口,包括网卡每条 I/O 请求的处理逻辑。客户机虚拟网卡在执行任何 I/O 指令时,均会陷入虚拟机监视器,后者将 I/O 指令按照既定的处理逻辑,通过软件模拟或交给硬件进行处理,在操作完成后,虚拟机监视器会将结果反馈给虚拟机。全虚拟化架构如图 43-13 所示,虚拟机不用修改自身操作系统,直接使用现有的物理网卡驱动就可以执行网络 I/O。

图 43-13　基于软件的网卡虚拟化

全虚拟化尽管对虚拟机中的原生网络应用实现了无缝支持,但是需要监视器模拟物理网卡的所有功能和接口,因此,全虚拟化适合硬件功能简单和普遍使用的网卡类型。此外,全虚拟化每条 I/O 请求的处理路径过长,上下文切换和数据备份次数过多,导致网络 I/O 的性能下降,也消耗了更多的 CPU 资源。

2）半虚拟化

全虚拟化网卡实现比较复杂,而且存在过多的切换和备份开销,因此,出现了更通用且更高性能的半虚拟化网卡。半虚拟化技术并未完整按照原生硬件模拟设备的功能和硬件接口,而是采用自定义功能和接口的方式。如图 43-13 所示,半虚拟化通过前后端框架的协作来完成网络 I/O 功能的模拟。其中后端位于虚拟机监视器层,作为一个可定制的 I/O 设备,前端位于客户机中,视为后端设备的特有驱动。前、后端通过共享队列、特征协商和事件通知等机制为客户机提供高性能与定制化的 I/O 功能。

在半虚拟化技术中,前、后端通过控制命令进行特征协商,确定网卡接口具备的功能集合及初始化共享队列。在完成初始化后,虚拟机使用虚拟网卡发送数据时,通常由其前端驱动将数据写入共享队列,然后触发 I/O 指令陷入虚拟机监视器。后端收到事件通知,从对应的共享队列中读取数据,然后由虚拟网桥或物理网卡进行传输。反之亦然,虚拟机要接收数据时,由后端将数据写入共享队列,通过监视器向虚拟机注入中断,虚拟机前端从共享队列读取数据并传输给应用。

半虚拟化技术简化了网卡设备的虚拟化过程,通过共享队列机制,减少了虚拟机切换和数据备份的次数,提高了网络 I/O 的性能。此外,特征位协商机制让半虚拟化的兼容性更强,易于形成适应各虚拟机监视器平台和各虚拟设备的通用协议标准。但是半虚拟化技术需要前、后端搭配,在使用特定的半虚拟化设备时,虚拟机无法使用原生驱动,需要重新部署与后端对应的前端驱动。

目前,virtio 已经成为最主要的半虚拟化标准,按照 virtio 的半虚拟化标准出现了多种半虚拟化网卡,如 virtio-net、vhost-net 和 vhost-user-net。它们的后端模块实现层次不同,因此,在数据的传输或同步上存在差异。

virtio-net 后端实现在监视器内部,共享队列位于虚拟机进程用户空间,数据在传输后仍需备份和切换到内核进一步处理。

vhost-net 后端实现在内核空间,共享队列的数据可交由内核其他模块,如网桥或协议栈等直接处理,不需要额外备份和切换开销。

vhost-user-net 中后端从虚拟机进程解耦,位于另一进程的用户空间,借助 DPDK 等处理库,后端收发数据可以绕过主机内核,通过轮询也避免了虚拟机陷入和注入中断等开销。

3）其他虚拟化

容器的网络隔离方式与虚拟机不同,容器基于内核的网络命名空间实现。因此,容器采用的虚拟网卡不需要具备独立的设备形态,仅需要对网卡接口完成模拟。对于不同的网络命名空间,虚拟网卡的接口是隔离的。但是,容器的网络 I/O 仍需要数据包跨网络命名空间进出,例如,不同容器间通信或容器与外界通信。为了解决这一问题,出现了 veth-pair。它是一对特殊的虚拟网卡接口,网卡接口分别位于不同的网络命名空间,数据包可以从一端无障碍地流向对端网卡接口。

43.5.5 虚拟网桥

在多个虚拟实例的场景下,需要使用网桥将各虚拟实例的网卡进行桥接,以便进行统一的数据处理和转发。除了基于硬件的网卡虚拟化,如 SR-IOV,虚拟网桥需要由软件模拟。其中,虚拟网桥的实现层次及对数据包的处理方式,会影响虚拟网络的性能和管理。

虚拟网桥的主要功能是对来自虚拟网卡数据包进行统一的处理和转发。虚拟网桥具备不同的端口,用以连接多个的虚拟网卡。如图 43-14 所示,根据虚拟网桥功能的实现层次,虚拟网桥通常可以分为以下 3 种:内核虚拟化、用户态网桥和多层网桥。

图 43-14　虚拟网桥

1. 内核虚拟化

如图 43-14 所示,虚拟网桥功能完全在内核态实现,如 Linux bridge。通常,各个虚拟网卡在桥接虚拟网桥时,会注册该虚拟网桥的处理函数,虚拟网卡的数据包在内核协议栈处理后,会通过对应的函数进行转发处理,当数据包从端口进入网桥后,网桥会自动学习对应数据包的MAC 地址,和网桥端口建立对应关系,形成数据包的转发表。当数据包从网桥转发时,根据目的 MAC 地址,从转发表中寻找对应的端口号,然后数据包按端口号转发。若未找到对应端口,则数据包从虚拟网桥向各端口广播。

2. 用户态网桥

虚拟网桥的功能完全在用户态实现,如 Snabb Switch。用户态网桥通常与用户态网络协议栈配合使用。此时,用户空间应用程序的数据不需要备份到内核,无须切换上下文,由用户协议栈进行处理。如图 43-14 所示,当数据包由用户态网桥进行转发时,在经过处理后,可以通过物理网卡的用户态驱动进行收发。

3. 多层网桥

虚拟网桥的功能由内核模块和用户空间守护进程共同完成。通常多层网桥的应用场景和功能比前两者都要强大,更容易适应复杂的虚拟化网络场景。目前,流行的多层网桥有 Open VSwitch(OVS)。通过对 OpenFlow 协议的支持,OVS 可以无缝对接物理交换机等网络设备,设置复杂的数据转发或处理机制,完成高效统一的网络管理。在大规模的复杂网络场景中,其流表规则通常由 OpenFlow 控制中心下发到各主机的用户空间守护进程,数据包仅在第一次通过网桥时,才切换到用户空间进行流表匹配,之后,匹配的规则结果会以缓存的方式存在于内核中,用于处理后续的数据包。基于网络数据流的局部性,OVS 高效地完成了功能复杂的数据包处理。

43.5.6　虚拟交换机

为了解决同一台服务器上的多台虚拟机之间的通信问题,同时,由于共享物理设备,引出了新的安全隔离,以及对流控更高的需求,对虚拟交换机技术的诉求由此产生。

为统一和简化对各台主机的虚拟交换机的配置管理,引入了分布式虚拟交换机。分布式虚拟交换机一方面可以对多台服务器的虚拟交换机统一配置、管理、监控;另一方面,也可以保障虚拟机在服务器之间迁移时,网络配置一致性。

虚拟交换实现形式一般分为以下3种。

(1) 在服务器 CPU 上实现虚拟交换。

(2) 在服务器网卡上实现虚拟交换。

(3) 在物理交换机上实现虚拟交换。

1. 基于服务器 CPU 实现虚拟交换

使用服务器内部的 CPU 和内存资源,在云环境中创建一个虚拟分布式交换机,这个交换机跨越了云环境中需要通信的两台服务器,用于实现这两台服务器内所有虚拟机的完整虚拟交换功能。虚拟机的虚拟网卡对应虚拟交换的一个虚拟端口,服务器的物理网卡作为虚拟交换的上行链路端口。

虚拟机的报文接收流程为:虚拟交换机首先从虚拟端口/物理端口接收以太网报文,之后根据虚拟机 MAC、VLAN,查找二层转发表,找到对应的虚拟端口/物理端口,然后根据具体的端口,转发报文。

该方案的特点如下。

(1) 服务器内部的通信性能强。同一服务器上的虚拟机间报文转发性能好、时延低。虚拟交换机实现虚拟机之间报文的二层软件转发,报文不出服务器,转发路径短、性能高。

(2) 跨服务器通信的性能较弱。跨服务器需要经物理交换机进行转发,相比物理交换机实现虚拟交换,由于虚拟交换模块的消耗,性能稍低于物理交换机实现虚拟交换。

(3) 扩展灵活。服务器实现虚拟交换,由于采用软件实现,相比采用 L3 芯片的物理交换机,功能扩展灵活、快速,可以更好地满足云计算的网络需求扩展。

(4) 规格容量大。服务器内存大,相比物理交换机,L2 交换容量远大于物理交换机。

2. 基于物理网卡实现虚拟交换

基于物理网卡实现虚拟交换,设计思想是将虚拟交换功能从服务器的 CPU 移植到服务器物理网卡上,通过网卡硬件改善虚拟交换机占用 CPU 资源而影响虚拟机性能的问题。同时,借助物理网卡的直通能力,加速虚拟交换的性能。

传统的 SR-IOV 商业网卡,可以支持虚拟交换的功能,但是由于其自身设计的原因,传统的商业网卡难以支持热迁移等虚拟化特性。

该方案的特点如下。

(1) 相对于虚拟交换机,减少了 CPU 占用率。采用网卡实现交换的功能,不再需要 CPU 参与虚拟交换处理。

(2) 对于物理网卡实现虚拟直通功能时,由于实现了虚拟机对 PCIe 设备的直接访问和操作,显著减少了从虚拟机到物理网卡的报文处理延时。

(3) 传统商业网卡无法支持热迁移,同时功能简单、无法支持灵活的安全隔离等特性,且功能扩展困难。

3. 基于物理交换机实现虚拟交换

基于物理交换机实现的虚拟交换,将虚拟机的网络流量接入物理交换机进行处理,需要依赖物理交换机相应的功能来实现虚拟交换,基于物理交换机实现的虚拟交换是一种优选的技术方案。业界有两种实现技术:802.1Qbg VEPA 和 802.1Qbh bridge port extension。

(1) 802.1Qbg VEPA。802.1Qbg VEPA 的实现是基于实现的 IEEE 标准,不必为报文增加新的二层标签,只要对 VMM 软件和交换机的软件升级就可以支持。与 VEB 方案类似,VEPA 方案可以采用存软件方式实现,也能通过支持 SR-IOV 的网卡实现硬件 VEPA。VEPA 的优点在于完全基于 IEEE 标准,没有专用的报文格式。而且容易实现,通常只需要对网卡驱动、VMM 桥模块和外部交换机的软件做很小的改动,从而实现低成本方案目标。

(2) 802.1Qbh bridge port extension。端口扩展设备是一种功能有限的物理交换机,通常作为一个上行物理交换机的线卡使用。端口扩展技术需要为以太网报文增加 tag,而端口扩展设备借助报文 tag 中的信息,将端口扩展设备上的物理端口映射成上行物理交换机的一个虚拟端口,并且使用 tag 中的信息来实现报文转发和策略控制。

43.5.7　虚拟网络

目前,比较常见的网络虚拟化应用包括虚拟局域网(VLAN),虚拟专用网(VPN),以及虚拟二层延伸网络等。

VLAN(virtual local area network,虚拟局域网)是一种传统的局域网虚拟化技术,VLAN 将同一网络划分为多个逻辑上的虚拟子网,不同子网间不能直接互通,防止广播报文泛滥,同时组网也更加灵活。对于局域网规模的扩展具有非常重要的意义。

但随着虚拟化技术的发展,促使云计算服务提供商采用物理设备虚拟多台虚拟机的方式来进行组网,因此,对于支持 VLAN 的数量要求也在提升。但传统 VLAN 技术最多支持 4094 个 VLAN,已经无法满足需求。且传统交换机的一个端口连接一个物理主机对应一个 MAC 地址,但现在交换机的一个端口可能连接几十个甚至上百个虚拟机和相应数量的 MAC 地址。整个数据中心的 MAC 地址可能多了几十甚至上百倍,相应的交换机里面的 MAC 地址表也需要同比例扩大。这大大地增加了交换机的负担,影响交换机正常工作。

同时,云数据中心内部存在大量的虚拟机动态迁移,为了保证迁移时业务不中断,就要求在迁移时,不仅虚拟机的 IP 地址不变,而且虚拟机的运行状态也必须保持原状(如 TCP 会话状态),所以虚拟机的动态迁移只能在同一个二层区域中进行,而不能跨二层区域迁移。

一般情况下,多数据中心之间的连接是通过三层路由连通的。而要实现通过三层网络连接的两个二层网络直接互通,就要使用到虚拟二层延伸网络,也被称为大二层网络。目前应用比较广泛的大二层网络技术主要有 VXLAN(virtual extensible local area network,虚拟扩展局域网)、NVGRE(network virtualization using generic routing encapsulation,使用通用路由协议封装实现网络虚拟化)等网络虚拟化技术。VXLAN、NVGRE 都是通过将 MAC 地址封装在 IP 上,实现对物理网络的屏蔽,解决了物理网络 VLAN 数量限制、接入交换机 MAC 地址表资源有限等问题。同时,通过提供统一的逻辑网络管理工具,更方便地实现了虚拟机在进行迁移时网络策略跟随的问题,大大地降低了虚拟化对网络的依赖。

虚拟专用网络(virtual private network,VPN)是指在共用网络上建立专用网络的技术。之所以称为虚拟网,主要是因为整个 VPN 网络的任意两个节点之间的连接并没有传统专网建设所需的点到点的物理链路,而是架构在公用网络服务商 ISP 所提供的网络平台上的逻辑网络。用户的数据是通过 ISP 在公共网络(Internet)中建立的逻辑隧道(tunnel),即点到点的虚拟专线进行传输的。通过相应的加密和认证技术来保证用户内部网络数据在公网上安全传输,从而真正实现网络数据的专有性。

43.5.8 网络设备虚拟化

网络设备虚拟化(network device virualization)分为 $N:1$ 和 $1:N$ 两类。$N:1$ 虚拟化是指将多个物理资源虚拟化为一个逻辑资源,$1:N$ 虚拟化是指将一个物理资源虚拟化为多个逻辑资源,如图 43-15 所示。

图 43-15　网络设备虚拟化

常见的 $N:1$ 虚拟化形式有计算机集群、IRF(intelligent resilient framework,智能弹性架构)、M-LAG(multichassis link aggregation group,跨设备链路聚合组)和存储集群。通过 $N:1$ 虚拟化可以将多个物理设备虚拟为一台逻辑设备,可以扩展计算能力、交换能力及存储容量,并提供设备级可靠性。另外,还可以把不同类型的网络设备虚拟化为一台逻辑设备,把整个网络中的核心层、汇聚层等物理设备虚拟化为一台逻辑设备、简化网络结构、统一管理和配置网络。

常见的 $1:N$ 虚拟化有服务器虚拟化、MDC(multitenant device context,多租户设备环境)和存储设备虚拟化。可以将设备的网络功能从物理上分离为几个独立的单元,供不同的用户使用,这些用户的业务虽然都由这一台设备完成,但是网络之间是完全隔离,业务完全不能互访,保证了用户数据的安全。具有物理资源复用、逻辑资源隔离、弹性等优点。

43.6　本章总结

(1)虚拟化技术产生背景,理解虚拟化的技术的优势与不足。

(2)计算虚拟化,存储虚拟化、网络虚拟化的定义、分类及技术特点。

43.7 习题和解答

43.7.1 习题

1. 虚拟化技术,按照技术领域来划分包括( )。
   A. 计算虚拟化 B. 存储虚拟化
   C. 硬件虚拟化 D. 网络虚拟化

2. x86 服务器虚拟化的常见架构是( )。
   A. 寄居虚拟化 B. 裸金属虚拟化
   C. 操作系统虚拟化 D. 混合模式虚拟化

3. 网络虚拟化的特点为( )。
   A. 与物理层解耦 B. 网络按需自动化
   C. 多租户网络安全隔离 D. 网络服务抽象化

4. 虚拟网桥的分类主要有( )。
   A. 内核虚拟化 B. 用户态网桥
   C. 多层网桥 D. 生产态网桥

5. 虚拟交换实现形式一般分为( )。
   A. 在服务器 CPU 上实现虚拟交换 B. 在服务器内存上实现虚拟交换
   C. 在服务器网卡上实现虚拟交换 D. 在物理交换机上实现虚拟交换

43.7.2 习题答案

1. ABD 2. ABCD 3. ABCD 4. ABC 5. ACD

第44章

SDN与NFV概述

传统网络最初只解决了连通的问题,当初的设计者甚至都没有想到过网络的规模会大到如今的地步。科技飞速发展,万物互联的时代正在到来。伴随越来越多的节点接入网络,越来越多的信息依赖于网络来传递,日益庞大的网络就像当今发达城市的交通系统一样不堪重负。网络的基础设施建设跟不上流量的爆炸性增长,提高网络的使用效率自然就成了有效缓解流量日益增长和网络建设滞后之间矛盾的一种可行思路。如果把数据比作车,从车的视角来看,传统网络可以看作相对静止的。所谓"静止"体现在,数据的转发路径由每个转发节点上的预配置决定,从指定的源到指定的目的,总是会经过固定的路径。这样的数据转发方式所带来的弊端是,即使某条转发路径上出现拥塞,网络也无法动态、智能、自动地做出相应的调整。其实现在大部分行车导航软件早已有了应对拥堵的方案,能够在导航过程中随时发现拥堵,动态地调整行车路线,实时躲避拥堵。

那么,为什么这么迫切地需要 SDN 呢?总的来说,就是希望通过 SDN 能够让网络做得更快、更好、更简单。

44.1 本章目标

学习完本章,应该能够达到以下目标。

(1) 了解 SDN 网络的产生背景。

(2) 掌握 SDN 网络的基本概念及网络架构。

(3) 了解 SDN 的价值。

(4) 了解 NFV 的相关概念、NFV 与 SDN 的关系及 H3C 的 NFV 相关产品和架构。

44.2 SDN 的由来

44.2.1 计算机产业现状

从 1946 年第一代电子管计算机面世到如今,计算机的形态也发生了翻天覆地的变化。从大型机到个人计算机,计算机在不断地推陈出新,且创新发展的势头越加猛烈。究其原因,可以发现计算机产业从大型机的软、硬件一体化逐渐走向了标准、开放的一套软、硬件架构。

(1) 标准的硬件架构。例如,大多数计算机或服务器采用的 x86 架构来设计硬件,并满足 x86 指令集的要求,这使得服务器在硬件层面实现了标准化。

(2) 开放的操作系统。例如,操作系统部署在 x86 等通用硬件上,屏蔽了底层硬件的复杂性,从而使用户不需要关心底层硬件的实现。同时,操作系统提供了开放的接口,使得用户按需要快速定制应用,满足千变万化的市场需求。

44.2.2　传统网络架构

从一台网络设备的组成来说,同样可以类似于 x86 服务器那样分为硬件、操作系统和应用。不幸的是,网络产业仍旧处于软、硬件一体化的时代,从网络设备厂商购买到的网络设备仍旧是高度定制化的不可分割的单一功能产品。随着网络进入万物互联时代,网络规模不断扩大,网络设备本身也越加复杂,一些问题逐渐暴露出来。

(1) 系统复杂。硬件集成度越来越高,耗电量越来越大;网络协议越来越多,代码越来越多。

(2) 创新周期长。从概念提出、协议标准化、开发软件、优化硬件到商用部署需要 3～5 年的时间,这样的速度,已经 hold 不住网络上运营业务的各种快速网络调整需求。

(3) 产业生态不健康。行业门槛越来越高,由少数几家网络巨头把持。

如图 44-1 所示,传统网络设备被设计成了"分布控制、协同工作"的架构,在这个架构中,网络设备是独立的,它们之间通过链路连接实现互联互通。对于一台网络设备而言,决定如何转发的大脑与执行转发动作的身体是合二为一的,每台网络设备都有一个自己的大脑,也就是说,每台网络设备存在独立的转发平面、控制平面和管理平面。

图 44-1　传统网络设备逻辑架构

(1) 转发平面提供高速、无阻塞数据通道,实现各个业务模块之间的业务交换功能。交换机的基本任务是处理和转发交换机各不同端口上各种类型的数据。

(2) 控制平面完成系统的协议处理、路由运算、转发控制、业务调度、流量统计、系统安全等功能,提供了转发平面数据转发前所必需的网络信息和转发查询表项。

(3) 管理平面完成系统的运行状态监控、环境监控、日志和告警信息处理、系统加载和升级等功能,网络管理人员可以使用 Web 或远程登录等方式来进入管理平台来管理设备,并支持、理解和执行管理人员对于网络设备各种网络协议的配置命令。

这样的架构对早期网络发展来说有个无法拒绝的优势,即当一台网络设备故障后,其他的网络设备仍旧可以按照自己的大脑(控制平面)指挥,来执行转发报文的动作。但是,在网络发展到一定规模后,网络管理员发现需要管理的设备实在是太多了,设备互联互通也变得越加复杂,网络变得难以驾驭。

44.2.3　传统网络面临的问题

随着网络进入万物互联时代,网络规模不断扩大,网络设备需要具备的功能越来越多,本身也愈加复杂,传统网络的弊端逐渐暴露出来。

（1）运维管理难。传统网络采用的是分布式控制平面,控制协议数量多,标准数量数以千计。如此庞大的控制协议体系,使得网络的管理运维变得复杂,对维护人员的技能要求高。同时,设备厂商在实现这些标准协议时,都进行了一些特定的私有扩展,使得设备的操作维护变得更加复杂,进一步加剧了网络管理员操作、维护网络的难度,大幅增加了网络的运维成本。这种管理模式随着网络规模的扩大和新业务的引入,很难实现对业务的高效管理和对故障的快速排除。

（2）业务部署慢。新业务部署或业务调整涉及设备配置修改,需要逐台设备进行配置,效率低。当前网络在部署一个全局业务策略时,需要逐一配置每台设备。随着网络规模的扩大和新业务的引入,管理、运维越加复杂。并且,随着云计算业务的发展和大数据服务的兴起,传统网络技术及架构无法提供新业务所需的动态配置、按需调用、自动负载均衡等需求。

（3）系统复杂。IP 技术使用"打补丁"式的发展策略,随着业务发展对网络设备功能的要求越来越多,网络协议也越来越多,代码越来越多,复杂度显著增加。这也造成了网络行业门槛越来越高,由少数几家网络巨头把持,产业生态不健康。

（4）创新周期长。分布式网络控制机制使得任何一个新技术的引入都需要建立相关的标准和协议,实现设备间的协同,从相关概念提出、协议标准化、开发软件、优化硬件到商用部署需要 3～5 年的时间,严重制约网络的发展。

44.2.4　SDN 思想诞生

在学术界,以斯坦福大学为主导,联合美国国家自然科学基金会及工业界合作伙伴,启动了 Clean Slate 项目。此项目中,Martin Casado(Nicira 创始人之一)博士领导了一个关于网络安全与管理的子项目 Ethane。该项目试图通过一个集中式的控制器,以方便网络管理员自主定义基于网络流的安全控制策略,并把这些安全策略应用到各种网络设备中,从而实现对整个网络通信的安全控制。

受 Ethane 项目的启发,Martin 和他的导师 Nick Mekeown 教授发现,如果将 Ethane 的设计更一般化,将传统网络设备的数据转发与数据控制两个功能模块相分离,通过集中式的控制器以标准化的接口对各种网络设计进行管理和配置,那么这将为网络资源的设计、管理和使用提供更多的可能性,从而更容易推动网络的革新和发展。

基于此思想,业界进一步提出了软件定义网络(software defined network,SDN)的概念。控制器作为新型网络的集中式管理平台,将网络中的所有被管资源抽象化,同时提供北向的标准可编程接口。用户可以基于这个平台开发各种应用软件,并进一步设计个性化的底层的逻辑拓扑,灵活满足业务对于网络资源的各种要求,如图 44-2 所示。

各个厂商的网络设备都有着不同的配置方式,要想通过同一个控制器软件来统一控制不同厂家的网络设备,采用传统的网管方式是非常困难的。SDN 仅有一个集中控制的指导思想还不够,还需要选择一种标准的通信接口,用于控制器指导设备进行数据转发。于是业界定义了一种全新的控制器与网络设备之间的通用交互标准,使得控制器能够通过下发简单的指令指导异构的网络设备识别流量并作出对应的转发动作。在最初发表转发和控制平面分离思想的同时,OpenFlow 协议作为控制器与网络设备之间交互的标准也被提出。

图 44-2　SDN 思想框架

44.3　SDN 基本概念

44.3.1　SDN 的起源——OpenFlow

OpenFlow 对于 SDN 来说就好比是 x86 的指令集对于计算机系统,OpenFlow 定义了 SDN 控制转发的一种实现方式,即定义了控制平面与数据平面之间的南向接口。

如图 44-3 所示,OpenFlow 网络由 OpenFlow 交换机(OpenFlow switch)和控制器(OpenFlow controller)组成,两者之间通过 OpenFlow 通道(OpenFlow channel)连接。OpenFlow 网络设备作为转发平面承载报文转发,控制器作为控制平面,通过 OpenFlow 通道跟转发平面建立连接。控制器通过 OpenFlow 通道下发流表(flow table)给转发平面,转发平面依据 OpenFlow 流表做出转发行为。

图 44-3　OpenFlow 网络组成

转发平面一般由多台 OpenFlow 交换机组成,这些 OpenFlow 交换机在物理上是分散的, 每台 OpenFlow 交换机都会通过 OpenFlow 通道跟控制器建立连接,按照控制器统筹规划后下发的 OpenFlow 流表转发。这样整个网络的控制能力得以收束在控制器手中,从而实现网络的集中控制和管理。

44.3.2　OpenFlow 流表

如图 44-4 所示，OpenFlow 将多个流表连接起来，提供报文的匹配、转发、包修改功能，实现了类似流水线的处理机制。每张流表间通过指令 goto table 连接起来。如果指令中没有goto table 指令，则报文就执行动作，即不会继续往下一级流表处理，直接执行 action。

图 44-4　OpenFlow 的流水线处理机制

（1）流水线（pipeline）：OpenFlow 交换机当中一系列连接起来的流表，提供了匹配、转发和包修改的功能。

（2）流表（flow table）：流水线的一个阶段，流表存在于 OpenFlow 交换机，并指示交换机如何处理进入交换机的流量。OpenFlow 控制器将根据各种流和控制器的物理拓扑结构，将流表下发到 OpenFlow 交换机，流表包含了流表项。

（3）流表项（flow entry）：流表的一个元素，用于匹配和处理包。OpenFlow 控制器通过设置流表项来实现对 OpenFlow 交换机的控制，进入交换机的每个分组通过查询流表项来决定需要执行的操作与转发的端口。每个流表项由匹配字段、优先级、计数器、指令、计时器、cookie、标识 7 部分组成，如图 44-5 所示。其中，对于数据转发比较关键的两个字段是匹配字段和指令。

图 44-5　OpenFlow 流表项

① 匹配字段（match fields）：用于区分不同类型的数据分组，以便对不同的数据流执行不同的指令。匹配字段的内容除了设备端口、MAC 层、网络层及传输层信息外，还包括 VLAN ID、VLAN 优先级等多项内容，相比传统网络主要依赖 MAC 地址表和 IP 路由表进行转发，OpenFlow 交换机可以利用流表项丰富的匹配字段，在进行数据转发时，可以使用更丰富的策略和规则。

② 优先级（priority）：定义了流表项之间的匹配顺序，优先级高的先匹配。

③ 计数器：统计有多少个报文和字节匹配到该流表项。

④ 指令(instructions)：用来标识匹配成功之后需要执行的动作命令，如输出，即将数据转发到特定端口。

⑤ 计时器(timeouts)：用来记录流表项的超时时间，包括了 idle time 和 hard time。

⑥ cookie：controller 下发的流表项的标识。

⑦ 标识：用来改变流表项的管理方式。

如图 44-6 所示，当 OpenFlow 交换机接收到数据报文时，先由设备解析报文，然后从第一个流表 table 0 开始匹配，按优先级高低，依次匹配该流表中的流表项。此处通常根据报文的类型、报文头的字段，如源 MAC 地址、目的 MAC 地址、源 IP 地址、目的 IP 地址等来匹配；也可以通过入端口或元数据(metadata)信息来匹配。元数据通常用于在一个交换机内部的不同流表中传递信息。报文匹配按照现有的报文字段进行，如前一个流表改变了该报文的某个字段，则下一个表项按修改后的字段进行匹配。如果匹配表项成功，则按照指令集里的动作更新动作集或更新报文/匹配集字段或更新元数据，同时更新计数器。并且，根据指令是否包含继续前往下一个表，不包含则执行动作集，包含继续前往下一个表的指令则前往下一个表继续匹配。

图 44-6　OpenFlow 转发流程

如果报文没有匹配上任意流表项，则会匹配默认流表项 table-miss。table-miss 表项会定义如何处理匹配失败的报文，处理的动作包括上送控制器处理、丢弃报文或 normal 转发等。table-miss 表项的优先级为 0，如果 table-miss 表项不存在，则默认行为是丢弃报文。

44.3.3　传统网络与 SDN 网络转发方式对比

如图 44-7 所示，在传统网络中，网络设备通过控制平面之间的交互来学习、生成控制信息，包括路由表、MAC 地址表等，这些控制信息会通过网络操作系统下发至转发平面的二、三层转发表项，数据报文依靠硬件的二、三层转发表项进行转发。路由器或交换机的控制平面只能从自身节点在拓扑中的位置出发，看到一个自治区域网络拓扑中一个位置的视图。然后，从已建立的路由表中找出从这个节点到达目的网络与目的主机的最佳输出路径，再由数据平面将分组转发出去。

图 44-7　传统网络转发方式

如图 44-8 所示,在 SDN 网络中,网络设备之间不再进行控制信息的交互,统一由 SDN 控制器下发控制信息至网络设备。在这样的架构下,控制器可以从全网络视角,根据动态的流量、延时、服务质量与安全状态,决定各个节点的路由和分组转发策略,然后将控制指令即流表推送到路由器与交换机,动态调整数据转发路径。由于所有的控制信息都由 SDN 控制器计算生成,网络设备本身不再需要复杂的计算能力,硬件资源得以解放,网络设备得以更专注于转发能力的提升。

图 44-8　SDN 网络转发方式

44.3.4　SDN 定义及特点

SDN 软件定义网络并非一个具体的技术,而是一种网络的设计理念。这种设计理念将网络规划成了各个组成部分(包括软件、硬件、转发平面和控制平面)以及各个部分之间的关联互动关系,如图 44-9 所示,其特征属性包括以下几点。

图 44-9　SDN 的特点

（1）控制平面与转发平面分离。传统网络的控制能力分散在每一台网络设备中。通过协议标准抽象，传统网络设备分散的控制能力被抽离集中，形成控制器；而网络协议和网络硬件等设备能力被标准化，通过标准的协议接口与控制器通信。

（2）开放的可编程接口。SDN集中控制器对网络设备而言使用标准的协议接口对接，而对上层应用而言使用RESTful风格的API(application programming interface)接口对接。这些RESTful API使得SDN控制器的功能被开放出来，第三方可以通过调用API实现网络的定义和编排。

（3）集中化的网络控制。通过控制层面集中化，SDN控制器将原本分散的各个网络设备的控制能力集中起来，从而能够在全网范围内对网络进行集中控制管理。

（4）网络业务的自动化应用程序控制。通过将网络设备的控制能力集中，以及对上层云平台等应用的开放接口，SDN控制器能够让网络具备业务的自动化部署和快速上线能力。

44.3.5 SDN网络架构

如图44-10所示，SDN体系架构定义了三层结构及相应接口。

图44-10 SDN网络架构

（1）最底层是转发层，也是仍旧由硬件网络设备承担的层面，该层面主要负责底层数据报文的转发。在SDN网络的转发平面中，网络设备之间不再进行控制信息的交互，所有的控制信息都由SDN控制器计算生成，网络设备本身不再需要复杂的计算能力，硬件资源得以解放，网络设备得以更专注于转发能力的提升。

（2）第二层是控制层，也是把传统硬件网络设备的控制能力抽离出来形成的一层，负责协议报文的处理、全网转发路径的计算和下发。同时，控制层将底层网络资源抽象成可操作的信息模型，提供给应用层，能够根据应用程序的网络需求发出操作指令。控制层是整个架构的核心，主要由SDN控制器担当，控制器与转发层之间通过标准的南向接口协议对接。

（3）最上层是应用层，又称为编排层，其运行在SDN控制器上，为业务应用或更复杂的需求提供统一入口，典型的应用包括OSS(operation support system，运营支撑系统)、云平台、第三方App等。在云计算数据中心中，应用层一般由云平台担任，云平台为客户提供计算、存储和网络资源的统一管理和服务，并可按租户的需求进行一定程度的业务编排。应用层主要通过SDN控制器的北向接口与SDN网络进行对接，由SDN控制器接受应用层的网络资源申请，通过南向接口转换成网络设备可以理解的语言，在底层网络中实现租户的网络需求。

（4）NBI北向接口：北向接口为控制器对接协同应用层的接口，SDN控制器能够提供标准的北向 Java API 或 Rest API 接口供应用程序调用，用户能够以自身业务为驱动，开发出最适合自己的云平台或者 App。

（5）SBI 南向接口：南向接口为控制器与设备交互的协议，包括 NETCONF、SNMP、OpenFlow、OVSDB 等。

44.3.6　开源 SDN 控制器

为了应对日益增长的带宽需求，服务提供商希望网络可以更加敏捷、高效，并且能够从创新型服务和新型业务模式中分一杯羹，以得到更好的发展，至此 SDN 的呼声越来越高。而 SDN 中控制器占重要部分，是兵家必争之地，陆陆续续已经出现了很多 SDN 控制器，如 OpenDaylight、Floodlight、NOX 等，其中最受瞩目的莫过于 OpenDaylight 了。

2013 年，Linux Foundation 联合思科、Juniper 和 Broadcom 多家网络设备商创立了开源项目 OpenDaylight，它的发起者和赞助商多为设备厂商而非运营商等网络设备消费者。OpenDaylight 项目的发展目标在于推出一个通用的 SDN 控制平台和网络操作系统，管理不同的网络设备，如 Linux 和 Windows 等操作系统可以在不同的底层设备上运行一样。如此，便能使用户减少网络运营的复杂度，扩展其现有网络架构中硬件的生命周期，同时，还能够支持 SDN 新业务和新能力的创新。

OpenDaylight 支持多种南向协议，包括 OpenFlow 1.0 和 1.3 版本、NETCONF 和 OVSDB 等，是一个广义的 SDN 控制平台，而不是仅支持 OpenFlow 的狭义 SDN 控制器。

OpenDaylight 虽然打着开放的旗号，但是 OpenDaylight 一直排斥基于开放的协议方案，而是想采用折中的方案，即以开放专用接口的方式保留传统设备，采取以退为进的方式维护自己的利益。在这样的压力下，运营商不得不采取应对措施。于是，运营商推出了开放网络操作系统 ONOS。

ONOS 是由 ON. Lab 使用 Java 及 Apache 实现发布的首款开源 SDN 网络操作系统，主要面向服务提供商和企业骨干网。ONOS 的设计宗旨是满足网络需求，实现可靠性强、性能好、灵活度高。此外，ONOS 的北向接口抽象层和 API 支持简单的应用开发，而通过南向接口抽象层则可以管控 OpenFlow 或传统设备。总体而言，ONOS 将会实现多个功能。

（1）SDN 控制层面实现电信级特征（可靠性强、性能好、灵活度高）。

（2）提供网络敏捷性强有力保证。

（3）帮助服务提供商从现有网络迁移到白盒化设备。

（4）减少服务提供商的资本开支和运营开支。

44.3.7　SDN 相关组织标准

2011 年，德国电信（DT）、Facebook、Google、Microsoft、Verizon、Yahoo 6 家公司联合成立了开放网络基金会（Open Networking Fundation，ONF）。ONF 是一个非营利性的组织，主要目标是推动基于 OpenFlow 的 SDN 成为新的网络标准并发展新的解决方案。

中国在这波 SDN 热潮中也快速跟进，在 2012 年 12 月，举办了首届 SDN 与开放网络高峰会议，众多国内外运营商、厂商及业界专家学者参与。会议当天，中国 SDN 与开放网络专业委员会宣布正式成立，成员单位涉及科研机构、运营商、设备商及大型互联网公司等，产业链覆盖广泛，产学研全面结合。

2014 年 11 月 4 日，由工信部电信研究院联合业界 15 家单位共同发起的 SDN 产业联盟宣布成立,该联盟将秉承"开放、创新、协同、落地"的宗旨,聚焦 SDN 商用实践,推动 SDN 产业发展。联盟由来自全球的 33 家成员组成,将定位于全球 SDN 产业的推动。

44.4 SDN 的价值

44.4.1 SDN 网络价值

SDN 的本质诉求是让网络更加开放、灵活和简单。它的实现方式是为网络构建一个集中的大脑,通过全局视图集中控制,实现业务快速部署、流量调优、网络业务开放等目标。

相比传统网络,SDN 网络的价值主要体现在以下几点。

(1) 快速上线。通过集中化的控制平面,SDN 网络得以实现自动化,从而业务快速上线成为可能。在 SDN 网络中,只需要应用层发起网络资源申请,SDN 控制器就能自行进行业务上线的评估,并自动完成底层网络的部署和网络资源的分配。

(2) 动态优化。SDN 控制器能根据整网的流量情况对网络转发路径进行灵活调整和调度,在链路质量发生变化时进行基于应用的路径优选。同时,可基于应用优先级对全网流量转发路径和服务质量进行优化。

(3) 统一管理。在控制平面集中化后,网络的管理也实现了集中化,特别是在网络支持搭载大数据智能引擎后,能做到应用故障诊断和网络故障自愈。

(4) 降低成本。屏蔽技术细节,降低网络复杂度。

44.4.2 SDN 网络发展

网络产业正处于几十年来发展变化最剧烈的时刻,从 2008 年 OpenFlow 提出至今,SDN 的含义也在发展过程中发生了变化。当初 SDN 几乎等同于 OpenFlow,人们对 SDN 的认识局限于转控分离、集中控制等概念,而现在抽象和可编程成为 SDN 的核心。从未来网络的发展道路上来看,SDN 网络具有无可比拟的优势,而这一切优势都是 SDN 要求开放的可编程接口带来的。

首先,从目前的发展趋势来看,人们对网络设备的需求更加向统一、标准靠拢,人们希望网络设备像计算机一样拥有开放、标准的接口,实现不同厂商网络设备的对接。而 SDN 控制器天然支持基于 RFC 的标准南向接口,这为 SDN 控制器管理不同厂商设备提供了无限的可能性。同时,SDN 控制器对上层应用提供北向 API 接口,对上层应用而言,通过北向 API 接口的调用和编程可以实现对网络的自定义编排。

其次,未来网络可能会通过标准的南向接口彻底实现网络设备的白盒化,不同厂商的白盒设备实现少数几个南向的标准协议,并由 SDN 控制器统一管理和调度。SDN 的分层解耦及接口的开放和标准化,打破了原有的供需关系,为新兴厂商进入相对封闭的通信设备市场提供了更多的机会,促进了网络设备的创新。SDN 开放的北向接口为上层业务应用更高效地使用网络资源奠定了基础,激发了业务创新活力,有助于建立更加丰富的产业生态。

另外,从网络创新的角度来说,SDN 通过开放的可编程接口构建了从上层应用到网络设备硬件的开发架构,北向 API 接口提供的业务编排能力能更好地适用于业务新需求的快速上线。同时,全网架构的开放和标准大大缩短了网络创新功能的实现周期,使网络创新速度迈入新阶段。

44.5 NFV 与 SDN

44.5.1 NFV 产生背景

通信行业为了追求通信设备的高可靠性、高性能,往往采用软件和硬件结合的专用设备来构建网络。如专用的路由器、交换机、防火墙等设备,均为专用硬件加专用软件的架构,一般由专门企业进行开发。电信运营商为了提供网络服务,部署了大规模的专用网络设备,并且为了提供新服务不断增加专用硬件的投入。

随着近几年数据中心、云计算、移动互联网的快速发展,用户除了基本的上网需求外,对业务的丰富性和体验感要求越来越高,这些变化对于传统的以提供互联互通为主业的电信运营商来说,面临的问题越来越突出。

(1)增量不增收。业务流量呈现爆炸式的增长,流量的增长需要不断扩容现有的网络,增加带宽,以满足用户的需求,但由于政府持续推进网络提速降费及营收模式的限制导致运营商收入并没有随着流量的增长而增长,反而和流量的剪刀差越来越明显。同时,面对虚拟运营商和互联网厂商的竞争,压力也越来越大。

(2)网络成本高。流量的持续增长及新业务上线需要购买和部署新的物理设备,而这些网络设备各自封闭的系统需要专门的人员来熟悉,技能难以复用,造成维护成本很高;专用硬件需要提供大量的存放空间、电力供应,也会导致运营成本的上升。

(3)业务交付慢。由于各设备系统封闭,缺乏标准的开放接口和自动化的部署工具,因此,每开通一个新业务,要求各设备之间配合设计、开发和调试,不仅涉及各个部门、不同厂商的协调,而且硬件设备需要挨个站点安装、升级和调试,整个周期很长,无法满足客户业务快速上线的需求。

面对上述的这些问题,运营商需要对现有网络进行变革,构建一个开放的网络平台,实现业务的灵活创新和快速交付,同时能够降低成本。来自 IT 界的启示,给网络产业带来了网络架构和设备架构两个层面的思考。网络架构层面引入对 SDN 控制器的思考,设备架构层面引入对设备部署形态的思考。

44.5.2 NFV 起源

2012 年 10 月,13 家 top 运营商(AT&T、Verizon、VDF、DT、T-Mobile、BT、Telefonica 等)在 SDN 和 OpenFlow 世界大会上发布 NFV(network functions virtualization)第一版白皮书,该白皮书中写道:"NFV 将许多网络设备由目前的专用平台迁移到通用的 x86 平台上来,帮助运营商和数据中心更加敏捷地为客户创建和部署网络特性,降低设备投资和运营费用。"此外,白皮书还宣布在欧洲电信标准协会(ETSI)的主持下组建 NFV ISG(industry specification group,行业规范组)来推动网络虚拟化的需求定义和系统架构的制定。

2012 年 10 月—2014 年 10 月,ETSI 开展了第一阶段工作,制定了 11 项 ETSI 组规范,包含了基础设施综述、更新的架构框架、基础设施的计算、管理程序和网络域,管理和编排、安全和信任、弹性及服务质量度量。此阶段进展缓慢,两年时间仅仅完成了 NFV 总体规范的定义,并未涉及架构、方案、设计和接口领域,完全没有到商业化的阶段。

2014 年 Linux 基金会成立开源组织 OPNFV,汇聚业界的优势资源,积极打造 NFV 产业生态。随后,ETSI 开展了第二阶段工作,关注于 NFV 的落地,开始逐步推进 NFV 商业化进程,主要工作聚焦于稳定性、协同性、可靠性、易用性、可维护性,开始加强和其他组织的合作,建立广泛的生态系统,增强应用系统的验证和测试,定义接口、性能和安全。ETSI 于 2016 年发布了 NFV 规范第二版。

ETSI 和 OPNFV 关系主要体现在以下两个方面。

(1) ETSI NFV ISG 制定 NFV 整体标准框架及接口。

(2) OPNFV 以 ETSI 标准为基础,以现有开源工具为基础,制定 NFV 具体的落地方案及参考平台。

44.5.3　NFV 基本概念

ETSI 对 NFV 的定义如下:NFV 利用虚拟化技术,将现有的各类网络设备功能整合进标准的工业 IT 设备(高密度服务器、交换机、存储),网络功能运行在工业标准硬件上。

虚拟化具有分区、隔离、封装和相对于硬件独立的特征,能够很好地匹配 NFV 的需求。虚拟化之后的网络功能被称为 VNF(virtualized network function),VNF 是指路由器、防火墙等传统网元在虚拟化之后的实现,传统的网元是嵌入式的软、硬件结合的设备形态,而 VNF 是以纯软件的方式安装在通用硬件上的。

目前,在 NFV 上使用最为广泛的标准工业 IT 设备为 x86 服务器,因此,也可以将 NFV 简单理解为在 x86 服务器上部署虚拟化系统,利用虚拟化系统在虚拟机中部署网络设备功能,如路由功能、交换功能、防火墙功能等,这样就能够实现把 x86 服务器当作某种功能的网络设备来进行部署和使用。

44.5.4　NFV 价值

NFV 是电信运营商为了解决自身面临问题而提出的,给运营商带来的价值如下。

(1) 提升业务上线效率。在 NFV 架构的网络中,增加新的网络节点不再需要复杂的工程勘察、硬件安装过程,业务部署只需要申请虚拟化资源(计算/存储/网络等),加载软件即可,网络部署效率大大提升。如果需要更新业务逻辑,则只需要更新软件或加载新业务模块,业务创新变得更加方便。

(2) 降低网络成本。虚拟化后的网元能够合并到通用设备(COTS)中,降低专用设备占比,节省机房空间,降低能耗。

(3) 提升网络灵活性和可扩展性。利用通用化硬件构建统一的资源池,根据业务的实际需要动态按需分配资源,实现资源共享,灵活可扩展,提升网络资源利用率。

(4) 构建开放的生态系统。传统电信网络专有软、硬件的模式,决定了它是一个封闭系统。NFV 架构下的电信网络,基于标准的硬件平台和虚拟化的软件架构,更易于开放平台和开放接口,引入第三方开发者,使得运营商可以共同和第三方合作伙伴共建开放的生态系统。

44.5.5　ETSI NFV 架构

如图 44-11 所示,ETSI NFV 架构中包括以下 3 个主要构件。

1. NFVI(NFV infrastructure)

NFV 的基础资源层,包括所需的硬件及软件,通过对计算、存储、网络等物理资源进行虚拟化,形成标准的、易于切割的虚拟资源,为 VNF 提供和硬件无关的运行环境。

(1) hardware resources:硬件层,包括提供计算、网络、存储资源能力的硬件设备。

图 44-11　ETSI NFV 架构

（2）virtualization layer：虚拟化层，主要完成对硬件资源的抽象，形成虚拟资源，如虚拟计算资源、虚拟存储资源、虚拟网络资源。

2. VNF（virtualized network function）

具体网络功能的软件实现，运行在 NFVI 上，包括 VNF 和 EMS 两部分。

（1）VNF 网络功能，提供类似于现有网络中网络设备的功能。例如，VSR（虚拟路由器）可提供业界领先的多业务路由器功能。

（2）EMS 单元管理系统，对 VNF 的功能进行配置和管理。一般情况下，EMS 和 VNF 是一一对应的。

（3）NFV M&O（NFV management & orchestrator）

NFV 架构的控制平面，是 NFV 的管理和编排系统，它的引入是要解决 NFV 多 CT/IT 厂家环境下的网络业务的发放问题，如分配物理/虚拟资源、垂直打通管理各层、快速适配对接新厂家新网元，包括以下 3 个部分。

（1）VIM：NFV 的基础资源管理系统，利用虚拟机进行物理资源和虚拟资源的管理、分配、和维护，基础信息监控。

（2）VNF manager：VNF 的生命周期管理，负责 VNF 从无到有的整个过程工作，包括创建、部署、配置、监控、弹性扩展、可靠性等。

（3）NFV orchestrator：对接现有的运营/运维支撑系统，实现资源编排和业务的生命周期管理。

OSS/BSS（operation support system/business support system），即运营支撑系统及业务支撑系统，它不属于 NFV 框架内的功能组件，但 MANO 和网元需要提供对 OSS/BSS 的接口支持。

44.5.6　H3C NFV 架构

如图 44-12 所示，H3C NFV 架构完全遵循 NFV 标准的体系框架，通过 REST API、NETCONF 等开放接口，既能以 H3C 主打商用产品组合使用，交付端到端的整体解决方案，也可以和第三方的 VIM、OSS/BSS 等系统实现对接，包括 OpenStack、CloudStack、第三方云管理平台。

图 44-12　H3C NFV 架构

H3C NFV 架构中,VIM 层由 H3C CloudOS 平台承担,可以实现计算资源、存储资源和网络资源的统一管理,形成虚拟化的池化资源,以供上层使用。VNFM 和 orchestrator 层分别由 H3C VNF manager 和 H3C NFV orchestrator 承载,可以实现 VNF 的全生命周期管理,以及上层业务编排。

H3C 基于 NFV 技术开发的 VNF 产品运行在标准的 x86 服务器或虚拟机上,提供和物理设备相同的功能和体验。目前,有广泛应用的 H3C VNF 产品有 vSR(虚拟路由器)、vFW(虚拟防火墙)、vLB(虚拟负载均衡)、vBRAS(虚拟宽带远程接入服务器)、vAC(虚拟无线控制器)等。

44.5.7　H3C VNF 产品

H3C 基于 NFV 技术开发的 VNF 产品运行在标准的 x86 服务器或虚拟机上,自带 Comware V7 操作系统,提供和物理设备相同的功能和体验,支持 ISO、OVA、IPE 等多种软件发布形式,所需硬件资源少,同时支持丰富的接口类型。

目前,有广泛应用的 H3C VNF 产品有 vSR(虚拟路由器)、vFW(虚拟防火墙)、vLB(虚拟负载均衡)、vBRAS(虚拟宽带远程接入服务器)、vAC(虚拟无线控制器)等,可作为单独的设备部署,与传统网络设备共同组网;也可以与 SDN 配合,借助于 NFV 易扩展的特性,形成弹性、敏捷的 SDN 网络。

(1) VSR:专业路由器软件,提供业界领先的多业务路由器功能,支持路由协议(IPv4/IPv6)、组播、MPLS、VPN、NAT、QoS、防火墙、负载均衡、WAN 优化、LISP、EVI、VXLAN、OpenFlow、VRRP、IRF 等特性。

(2) vFW:专业防火墙软件,提供灵活全面的 L4~L7 安全防护能力,支持包过滤、状态防火墙、丰富的攻击防范技术、安全域、VPN、NAT、ALG、IPS、AV、安全日志等特性。

(3) vLB:专业负载均衡软件,提供丰富完善的负载均衡算法和服务,支持丰富的调度算法、高效的健康检测算法、4 层服务器负载均衡、7 层服务器负载均衡、TCP 的连接复用功能、应用优化等特性。

(4) vBRAS:专业 BRAS 软件,提供多种方式的宽带接入认证服务,支持 PPPoE、IPoE、

Portal、AAA（和主流 AAA 系统对接）、QoS、NAT444、IPv4/IPv6 双栈、MPLS L2VPN、L2TP VPDN、专线接入、组播等特性。

（5）vAC：专业无线控制器软件，提供高容量 AP 的接入服务，支持 802.11 协议簇、分层 AC 组网、集中认证＋本地转发、VLAN 组、AP 组、AC 内漫游、AC 间漫游、AP 功率自动调整、信道智能切换、智能 AP 负载分担、安全与接入控制、QoS、无线频谱管理、WIPS、CAPWAP 标准管理协议等特性。

44.5.8 NFV 与 SDN 的区别

NFV 与 SDN 的概念有相似之处，但在技术细节和使用场景上仍旧有所不同，主要体现在以下几个方面。

（1）NFV 与 SDN 的起源和目标不同。SDN 由学术机构提出，革命性网络建构思维；NFV 由运营商主导提出，通过网元形态改变而实现网络发展。

（2）NFV 与 SDN 的关注点不同。NFV 关注 L3～L7 层，主要用在增值业务等领域使用；SDN 更关注 L1～L3 层，主要应用在网络这一层面。

需要注意的是，NFV 与 SDN 并非毫无关联，两者在某种意义上是可以形成优势互补的，网络功能可以在没有 SDN 的情况下进行虚拟化和部署。然而，这两个方案和理念结合使用可以产生潜在的、更大的价值，通过 SDN＋NFV 构建敏捷、高弹性、高可扩展性网络是未来网络的发展趋势之一。

44.6 SDN 与 NFV 的应用

如图 44-13 所示，在数据中心中，将 SDN 和 NFV 结合起来，实现数据中心数据流量东西互通、南北互通、安全防护等功能。

图 44-13　SDN 和 NFV 在数据中心的应用

（1）SDN 集群：SDN 控制器实现对于数据中心网络的总体控制，以及对 VNF 的生命周期管理。

（2）VXLAN GW：VXLAN GW 包括 vSwitch、S6805、VSR 等，实现虚拟机、服务器等各种终端接入 VXLAN 网络中。

（3）VXLAN IP GW：VXLAN IP GW 包括 S12500-X、VSR 等，实现 VXLAN 网络和经典网络之间的互通。

（4）云管理系统：负责计算、存储管理的云平台系统，包括 OpenStack、Vmware Vcenter 和 H3C CSM 等。

（5）虚拟化平台：vSwitch 和 VM 运行的 hypervisor 平台，包括 CAS、Vmware、KVM 和 XEN 等。

（6）service 安全设备：包括 VSR、VFW、VLB 和 M9000、安全插卡等设备，实现东西向和南北向服务链服务节点的功能。

44.7　本章总结

（1）传统网络是"分布控制，协同工作"架构。

（2）SDN 起源于 OpenFlow 协议。

（3）SDN 架构分为控制层、转发层和应用层。

（4）SDN 的显著特点有转控分离和开放的可编程接口，后者尤为重要。

（5）NFV 利用虚拟化技术，将现有的各类网络设备功能运行在工业标准硬件上。

（6）NFV 和 SDN 既有相似之处，又存在一定差异，两者相辅相成、优势互补。

44.8　习题和解答

44.8.1　习题

1. SDN 控制器支持的南向协议包括（　　）。
   A. OpenFlow　　　　B. OVSDB　　　　C. SNMP　　　　D. Netconf
2. SDN 控制器支持的北向协议是（　　）。
   A. OpenFlow　　　　B. RestFulAPI　　　C. SNMP　　　　D. RIP
3. SDN 网络价值包括（　　）。
   A. 快速上线　　　　B. 动态优化　　　　C. 统一管理　　　　D. 降低成本
4. ETSI NFV 架构的主要构件有（　　）。
   A. NFVI　　　　　　B. VNF　　　　　　C. NFV M&O　　　D. VCFC

44.8.2　习题答案

1. ABCD　2. B　3. ABCD　4. ABC

附 录

课程实验

以太网交换基础

11.1 实验内容与目标

完成本实验,应该能够达到以下目标。

(1)掌握以太网交换机 MAC 地址学习机制。

(2)掌握以太网交换机数据帧转发过程。

(3)理解以太网交换机 MAC 地址表。

11.2 实验组网图

本实验按照实验图 11-1 进行组网。

实验图 11-1　实验组网图

11.3 实验设备与版本

本实验所需的主要设备器材如实验表 11-1 所示。

实验表 11-1　实验设备器材

名称和型号	版　本	数量	描述
S5820V2	CMW 7.1	1	—
PC	Windows 系统均可	2	—
console 串口线	—	1	—
第 5 类 UTP 以太网连接线	—	2	—

11.4 实验过程

实验任务　MAC 地址学习

本实验的主要任务是掌握 MAC 地址学习机制并理解 MAC 地址表。

步骤 1:运行仿真终端并初始化交换机配置。

将 PC(或终端)的串口通过标准 console 线缆与交换机的 console 口连接。线缆的 RJ-45 头一端连接交换机的 console 口;9 针 RS-232 接口一端连接计算机的串行口。

目前 PC 上大多没有串行接口,通常需要一条 USB 转 DB9 连接线实现计算机 USB 接口到通用串口之间的转换，或者可以直接使用 USB 转 RJ45 网口的 console 线。

在 PC 桌面上运行仿真终端 PuTTY，选择 serial 连接，连接设备。

检查设备的软件版本及配置信息，确保各设备软件版本符合要求，所有配置为初始状态。
如果配置不符合要求，在用户视图下擦除设备中的配置文件，然后重启设备以使系统采用默认
的配置参数进行初始化。

步骤 2：连接 PC 并查看 MAC 地址表。

按照实验组网图先将 PCA、PCB 与交换机连接，配置两个终端 IP 地址为 192.168.1.0/24
网段，在 PCA 上 ping PCB 的 IP 地址。然后在交换机上通过 display mac-address 命令查看地
址表项，根据此输出结果补充实验表 11-2 内容。

实验表 11-2　MAC 地址表

MAC ADDR	VLAN ID	state	port/nickname	aging time(s)

从实验表 11-2 中可以看到，MAC 地址对应的 port index 表示＿＿＿＿＿＿＿＿＿
＿＿＿＿＿＿＿＿＿＿＿＿＿＿＿＿＿＿＿＿＿＿＿＿＿＿＿＿＿＿＿＿＿。

那么此时，如果 PCA 要给 PCB 发送一个数据包，其转发流程为＿＿＿＿＿＿＿＿
＿＿＿＿＿＿＿＿＿＿＿＿＿＿＿＿＿＿＿＿＿＿＿＿＿＿＿＿＿＿＿＿＿＿＿＿
＿＿＿＿＿＿＿＿＿＿＿＿＿＿＿＿＿＿＿＿＿＿＿＿＿＿＿＿＿＿＿＿＿＿。

步骤 3：配置静态 MAC 地址。

在交换机上将 PCA 的 MAC 地址配置为静态 MAC 地址表项，在下面的空格中补充完整
的配置命令。

＿＿＿＿＿＿＿＿＿＿＿＿＿＿＿＿＿＿＿＿＿＿＿＿＿＿＿＿＿＿＿＿＿＿＿＿＿＿

配置完成后，在 SWA 上查看 MAC 地址表项，可以看到 PCA 的 MAC 地址表项中 state
项为＿＿＿＿＿＿，aging time 项为＿＿＿＿＿＿，port/nickname 项为＿＿＿＿＿＿。

此时将 PCA 连接 SWA 的网线断开，将 PCA 连接到 SWA 的 GigabitEthernet 1/0/15 端
口上，然后再次在 SWA 上查看 MAC 地址表项，此时看到的地址表项 state 项为＿＿＿＿＿＿，
aging time 项为＿＿＿＿＿＿，port/nickname 项为＿＿＿＿＿＿；可以看到 PCA 的 MAC 地址没有学
习到端口 GigabitEthernet1/0/15 上，造成这种情况的原因是＿＿＿＿＿＿＿＿＿＿＿＿
＿＿＿＿＿＿＿＿＿＿＿＿＿＿＿＿＿＿＿＿＿＿＿＿＿＿＿＿＿＿＿＿＿＿＿＿＿＿
＿＿＿＿＿＿＿＿＿＿＿＿＿＿＿＿＿＿＿＿＿＿＿＿＿＿＿＿＿＿＿＿＿＿＿＿。

11.5　实验中的命令列表

本实验命令列表如实验表 11-3 所示。

实验表 11-3　命令列表

命　　令	描　　述
mac-address{**dynamic**|**static**} *mac-address* **vlan** *vlan-id*	接口模式下添加/修改 MAC 地址表项
mac-address{**dynamic**|**static**} *mac-address* **interface** *interface-type interface-number* **vlan** *vlan-id*	全局模式下添加/修改 MAC 地址表项

续表

命　令	描　述
mac-address timer⦃**aging** *seconds*｜**no-aging**⦄	配置动态 MAC 地址动态表的老化时间
display mac-address ［*mac-address*［**vlan** *vlan-id*］｜**dynamic**｜**static**］［**interface** *interface-type interface-number*］［**vlan** *vlan-id*］［**count**］］	显示 MAC 地址表信息
display mac-address aging-time	显示 MAC 地址表动态表项的老化时间

11.6　思考题

如果在 SWA 上配置了动态 MAC 地址表项的老化时间为 500s,那么此时将 PCA 连接 SWA 的网线断开,那么 SWA 上的 MAC 地址表项会如何变化?

答: SWA 的 MAC 地址表项会立即把 PCA 的 MAC 地址表项删除掉,而不是等待 500s, 因为 SWA 检测到端口物理层 down。

実验12

VLAN

12.1 实验内容与目标

完成本实验,应该能够达到以下目标。

(1) 掌握 VLAN 的基本工作原理。

(2) 掌握 access 链路端口的基本配置。

(3) 掌握 trunk 链路端口的基本配置。

(4) 掌握 hybrid 链路端口的基本配置。

12.2 实验组网图

本实验按照实验图 12-1 进行组网。

实验图 12-1 实验组网图

12.3 实验设备与版本

本实验所需的主要设备器材如实验表 12-1 所示。

实验表 12-1 实验设备器材

名称和型号	版 本	数量	描 述
S5820V2	CMW 7.1	2	—
PC	Windows 系统均可	4	安装 PuTTY 软件
console 串口线	—	—	—
第 5 类 UTP 以太网连接线	—	5	—

12.4 实验过程

实验任务 1 配置 access 链路端口

本实验任务通过在交换机上配置 access 链路端口使 PC 处于不同 VLAN,隔离 PC 间的访问,从而加深对 access 链路端口的理解。

步骤 1：建立物理连接并运行仿真终端。

将 PC(或终端)的串口通过标准 console 线缆与路由器的 console 口连接。运行 PC 上的 PuTTY 仿真终端,在 PC 上打开终端仿真软件 PuTTY,单击 session,选择连接方式为 serial,设置 PuTTY 连接的接口以及通信参数,确保成功登录到路由器设备。

检查设备的软件版本及配置信息,确保各设备软件版本符合要求,所有配置为初始状态。如果配置不符合要求,在用户视图下擦除设备中的配置文件,然后重启设备以使系统采用默认的配置参数进行初始化。

步骤 2：观察默认 VLAN。

可以在_____视图下通过_____命令查看交换机上的 VLAN 相关信息。

从以上输出可知,交换机上的默认 VLAN 是_____。

执行合适的命令以查看默认 VLAN 的信息,并在下面的空格中写出完整的命令。

_____

步骤 3：配置 VLAN 并添加端口。

分别在 SWA 和 SWB 上创建 VLAN 2,并将 PCA 和 PCC 所连接的端口 GigabitEthernet1/0/1 添加到 VLAN 2 中。

(1) 配置 SWA

执行合适的命令创建 VLAN 2 并将端口 GigabitEthernet1/0/1 添加到 VLAN 2 中,在下面的空格中写出完整的命令。

_____

(2) 配置 SWB

执行合适的命令创建 VLAN 2 并将端口 GigabitEthernet1/0/1 添加到 VLAN 2 中,在下面的空格中写出完整的命令。

_____

在交换机上查看有关 VLAN 以及 VLAN 2 的信息。

在 SWA 上查看配置的 VLAN 信息,在下面的空格中填写完整的命令。

_____

在 SWA 上查看 VLAN 2 的信息,在下面的空格中填写完整的命令。

_____

步骤 4：查看物理端口链路类型。

执行合适的命令查看交换机的物理端口 GigabitEthernet1/0/1 的信息,在下面的空格中写出完整命令。

_____

执行上述命令，从命令的输出信息中可以发现，端口 GigabitEthernet1/0/1 的 PVID 是
_____，端口 GigabitEthernet1/0/1 的链路类型是_____，该端口 tagged VLAN ID 是
_____，该端口 untagged VLAN ID 是_____。

步骤5：测试 VLAN 间的隔离。

在 PC 上配置 IP 地址，通过 ping 命令来测试处于不同 VLAN 间的 PC 能否互通。

按实验表 12-2 所示在 PC 上配置 IP 地址。

实验表 12-2　IP 地址列表

设备名称	IP 地址	网关
PCA	172.16.0.1/24	—
PCB	172.16.0.2/24	—
PCC	172.16.0.3/24	—
PCD	172.16.0.4/24	—

配置完成后，在 PCA 和 PCC 上用 ping 命令来测试与其他 PC 的互通性。其结果应该是
PCA 与 PCB _____（能/不能）互通，PCC 和 PCD _____（能/不能）互通。

实验任务2　配置 trunk 链路端口

本实验任务是在交换机间配置 trunk 链路端口，来使同一 VLAN 中的 PC 能够跨交换机
访问。通过本实验，应该能够掌握 trunk 链路端口的配置及作用。

步骤1：跨交换机 VLAN 互通测试。

在实验任务1中，PCA 和 PCC 表面上都属于 VLAN 2，从整个网络环境考虑，它们并不在
一个广播域，即本质上不在一个 VLAN 中，因为两个交换机上的 VLAN 目前只是各自在本机
起作用，还没有发生关联。在 PCA 上用 ping 命令来测试与 PCC 能否互通，其结果应该是不
能互通。

PCA 与 PCC 之间不能互通。因为交换机之间的端口 GigabitEthernet 1/0/24 是
_____链路端口，且属于 VLAN _____，不允许 VLAN _____ 的数据帧通过。

步骤2：配置 trunk 链路端口。

在 SWA 和 SWB 上配置端口 GigabitEthernet 1/0/24 为 trunk 链路端口并设置允许需要
的 VLAN 数据帧通过。

配置 SWA 上端口 GigabitEthernet 1/0/24 的 trunk 相关属性。

```
[SWA]interface GigabitEthernet 1/0/24
[SWA-GigabitEthernet1/0/24]port link-type _____
```

在上面的空格中补充完整的配置命令并在下面的空格中说明该配置命令的含义。

_____

```
[SWA-GigabitEthernet1/0/24]port trunk permit vlan all
```

在下面的空格中说明该配置命令的含义。

_____

完成 SWB 上端口 GigabitEthernet 1/0/24 的 trunk 相关配置,在下面的空格中填写完整的命令。

_____

_____

_____

步骤 3:查看 trunk 相关信息

在 SWA 上执行_____命令可以查看端口 GigabitEthernet 1/0/24 的信息,通过执行该命令后的输出的信息显示可以看到,端口的 PVID 值是_____,端口类型是_____,允许 VLAN_____(VLAN 号)通过。

在 SWA 上执行_____命令可以查看 VLAN 2 的相关信息,通过执行该命令后的输出的信息显示可以看到 VLAN 2 中包含了端口 GigabitEthernet 1/0/24,且数据帧是以_____(tagged/untagged)的形式通过端口的。

步骤 4:跨交换机 VLAN 互通测试。

在 PCA 上用 ping 命令来测试与 PCC 能否互通。其结果应该是_____。

实验任务3　配置 hybrid 链路端口

本实验任务是利用 hybrid 端口的特性——一个端口可以属于多个不同的 VLAN,来完成分属不同 VLAN 内的同网段 PC 机的访问需求。通过本实验,应该能够掌握 hybrid 链路端口的配置及作用。

步骤 1:配置 PC 属于不同的 VLAN。

保持实验任务 1 中配置的 PC 的 IP 地址不变,在实验任务 2 的基础上,修改 PCA、PCB、PCC、PCD 分别属于 VLAN 10、VLAN 20、VLAN 30、VLAN 40,同时保持设置端口 GigabitEthernet 1/0/24 为 trunk 链路端口并设置允许所有的 VLAN 数据帧通过。然后在 PC 上使用 ping 测试 PCA、PCB、PCC、PCD 之间的互通性,发现 4 台 PC 之间_____互通(能/不能)。

然后在 SWA、SWB 上增加以下配置:

```
[SWA]vlan 30
[SWA]vlan 40
[SWB]vlan 10
[SWB]vlan 20
```

如上配置命令的作用是为后面配置 hybrid 属性做准备,因为只有在本机存在的 VLAN,在配置端口 hybrid 属性时才能配置该 VLAN 的 tagged 或者 untagged 属性。

步骤 2:配置 hybrid 链路端口。

在 SWA 上配置 PCA 所连接的端口 GigabitEthernet 1/0/1 为 hybrid 端口,并允许 VLAN 30、VLAN 40 的报文以 untagged 方式通过,在下面的空格中填写完整的命令。

```
[SwitchA]interface GigabitEthernet 1/0/1
[SwitchA-GigabitEthernet1/0/1]port link-type _____
```

在下面的空格中说明该配置命令的含义。

_____

```
[SwitchA-GigabitEthernet1/0/1]port hybrid vlan _____ untagged
```

在下面的空格中说明该配置命令的含义。

_____

在 SWA 上配置 PCB 所连接的端口 GigabitEthernet 1/0/2 为 hybrid 端口,并允许
VLAN 30、VLAN 40 的报文以 untagged 方式通过,在下面的空格中填写完整的命令。

_____

_____

在 SWB 上配置 PCC 所连接的端口 GigabitEthernet 1/0/1 为 hybrid 端口,并允许 VLAN
10、VLAN 20、VLAN 40 的报文以 untagged 方式通过,在下面的空格中填写完整的命令。

_____

_____

在 SWB 上配置 PCD 所连接的端口 GigabitEthernet 1/0/2 为 hybrid 端口,并允许 VLAN
10、VLAN 20、VLAN 30 的报文以 untagged 方式通过,在下面的空格中填写完整的命令。

_____

_____

步骤 3:查看 hybrid 相关信息。

在 SWA 上执行_____命令可以查看 VLAN 10 的相关信息,通过执行该命令
后的输出的信息显示可以看到 VLAN 10 中 tagged 的端口为_____,untagged 的
端口为_____。

在 SWA 上执行_____命令可以查看 VLAN 20 的相关信息,通过执行该命令
后的输出的信息显示可以看到 VLAN 20 中 tagged 的端口为_____,untagged 的
端口为_____。

在 SWA 上执行_____命令可以查看 VLAN 30 的相关信息,通过执行该命令
后的输出的信息显示可以看到 VLAN 30 中 tagged 的端口为_____,untagged 的
端口为_____。

在 SWA 上执行_____命令可以查看 VLAN 40 的相关信息,通过执行该命令
后的输出的信息显示可以看到 VLAN 40 中 tagged 的端口为_____,untagged 的
端口为_____。

在 SWB 上执行如上同样的命令查看相关的 VLAN 信息。

在 SWA 上执行_____命令可以查看端口 GigabitEthernet 1/0/1 的信息,通
过执行该命令后的输出的信息显示可以看到,端口的 PVID 值是_____,端口类型是
_____,tagged VLAN ID 号是_____,untagged VLAN ID 号是_____。

在 SWA 上执行_____命令可以查看端口 GigabitEthernet 1/0/2 的信息,通
过执行该命令后的输出的信息显示可以看到,端口的 PVID 值是_____,端口类型是
_____,tagged VLAN ID 号是_____,untagged VLAN ID 号是_____。

在 SWB 上执行_____命令可以查看端口 GigabitEthernet 1/0/1 的信息,通
过执行该命令后的输出的信息显示可以看到,端口的 PVID 值是_____,端口类型是
_____,tagged VLAN ID 号是_____,untagged VLAN ID 号是_____。

在 SWB 上执行＿＿＿＿＿＿＿命令可以查看端口 GigabitEthernet 1/0/2 的信息,通过执行该命令后的输出的信息显示可以看到,端口的 PVID 值是＿＿＿＿,端口类型是＿＿＿＿,tagged VLAN ID 号是＿＿＿＿,untagged VLAN ID 号是＿＿＿＿。

步骤 4：检查不同 VLAN 之间的互通性。

完成步骤 3 的配置后,在 PC 上通过 ping 检测 PC 之间的互通性,检查发现:

PCA 和 PCB ＿＿＿＿＿互通。

PCA 和 PCC ＿＿＿＿＿互通。

PCA 和 PCD ＿＿＿＿＿互通。

PCB 和 PCC ＿＿＿＿＿互通。

PCB 和 PCD ＿＿＿＿＿互通。

PCC 和 PCD ＿＿＿＿＿互通。

12.5　实验中的命令列表

本实验命令列表如实验表 12-3 所示。

实验表 12-3　命令列表

命　令	描　述
vlan *vlan-id*	创建 VLAN 并进入 VLAN 视图
port *interface-list*	向 VLAN 中添加一个或一组 access 端口
port link-type〈**access**｜**hybrid**｜**trunk**〉	设置端口的链路类型
port trunk permit vlan　〈*vlan-id-list*｜**all**〉	允许指定的 VLAN 通过当前 trunk 端口
display vlan	显示交换机上的 VLAN 信息
display interface [*interface-type*[*interface-number*]]	显示指定接口当前的运行状态和相关信息
display vlan *vlan-id*	显示交换机上的指定 VLAN 信息

12.6　思考题

1. 在实验任务 2 中,还可以使用哪种链路端口类型而使交换机端口 GE1/0/24 允许 VLAN 2 的数据帧通过?

答：可以使用 hybrid 链路端口。

2. 在实验任务 2 中,如果配置 SWA 的端口 GE1/0/24 为 trunk 类型,PVID 为 1,SWB 的端口 GE1/0/24 为 access 类型,PVID 也为 1,则 PCB 与 PCD 能够互通吗?

答：可以。链路端口类型只定义了数据帧进入和离开端口时的行为。交换机并不知道也不关心对端端口的链路类型。

实验13

生成树协议

13.1　实验内容与目标

完成本实验,应该能够达到以下目标。

（1）了解 STP 的基本工作原理。

（2）掌握 STP 的基本配置方法。

13.2　实验组网图

本实验按照实验图 13-1 进行组网。

实验图 13-1　实验组网图

13.3　实验设备与版本

本实验所需的主要设备器材如实验表 13-1 所示。

实验表 13-1　实验设备器材

名称和型号	版　本	数量	描述
S5820V2	CMW 7.1	2	—
PC	Windows 系统均可	2	—
console 串口线	—	1	—
第 5 类 UTP 以太网连接线	—	4	—

13.4　实验过程

实验任务　STP 基本配置

本实验通过在交换机上配置 STP 根桥及边缘端口,掌握 STP 根桥及边缘端口的配置命令和查看方法。然后通过观察端口状态迁移,来加深了解 RSTP/MSTP 协议的快速收敛特性。

步骤 1:运行仿真终端并初始化路由器配置。

将 PC(或终端)的串口通过标准 console 线缆与路由器的 console 口连接。运行 PC 上的 PuTTY 仿真终端,在 PC 上打开终端仿真软件 PuTTY,单击 session,选择连接方式为 serial,设置 PuTTY 连接的接口以及通信参数,确保成功登录到路由器设备。

检查设备的软件版本及配置信息,确保各设备软件版本符合要求,所有配置为初始状态。如果配置不符合要求,在用户模式下擦除设备中的配置文件,然后重启设备以使系统采用默认的配置参数进行初始化。

步骤 2:配置 STP。

首先配置 SWA。在系统视图下启动 STP,并添加如下配置命令。

```
[SWA]stp priority 0
[SWA]interface GigabitEthernet 1/0/1
[SWA-GigabitEthernet1/0/1]stp edged-port
```

其中第一条配置命令的含义和作用是＿＿＿＿＿＿＿＿＿＿＿＿＿＿＿＿＿＿＿,第二、第三条配置命令的含义是＿＿＿＿＿＿＿＿＿＿＿＿＿＿＿＿＿＿＿＿＿＿。

然后配置 SWB。在 SWB 上启动 STP 并设置 SWB 的优先级为 4096;并且配置连接 PC 的端口为边缘端口。在下面的空格中写出完整的配置命令。

＿＿＿＿＿＿＿＿＿＿＿＿＿＿＿＿＿＿＿＿＿＿＿＿＿＿＿＿＿＿＿＿＿＿＿＿＿＿
＿＿＿＿＿＿＿＿＿＿＿＿＿＿＿＿＿＿＿＿＿＿＿＿＿＿＿＿＿＿＿＿＿＿＿＿＿＿
＿＿＿＿＿＿＿＿＿＿＿＿＿＿＿＿＿＿＿＿＿＿＿＿＿＿＿＿＿＿＿＿＿＿＿＿＿＿

步骤 3:查看 STP 信息。

在 SWA 上执行＿＿＿＿命令查看 STP 信息,执行＿＿＿＿命令查看 STP 简要信息,依据该命令输出的信息,可以看到 SWA 上所有端口的 STP 角色是＿＿＿＿,都处于＿＿＿＿状态。

在 SWB 上执行＿＿＿＿命令查看 STP 信息,执行＿＿＿＿命令查看 STP 简要信息,依据该命令输出的信息,可以看到 SWB 端口 GE1/0/23 的 STP 角色是＿＿＿＿端口,处于＿＿＿＿状态,端口 GE1/0/24 的 STP 角色是＿＿＿＿端口,处于＿＿＿＿状态;连接 PC 的端口 GE1/0/1 的 STP 角色是＿＿＿＿端口,处于＿＿＿＿状态。

从上可以得知,STP 能够发现网络中的环路,并有选择地对某些端口进行阻塞,最终将环路网络结构修剪成无环路的树型网络结构。

步骤 4:STP 冗余特性验证

分别配置 PCA、PCB 的 IP 地址为 172.16.0.1/24、172.16.0.2/24,配置完成后,在 PCA 上执行命令"ping 172.16.0.2-t",以使 PCA 向 PCB 不间断发送 ICMP 报文。

然后依据步骤 3 查看的 SWB 上看 STP 端口状态,确定交换机间端口＿＿＿＿处于转发状态。在 SWB 上将交换机之间处于 STP 转发状态端口的线缆断开,然后再次在 SWB 上查看 STP 端口状态,查看发现 SWB 端口＿＿＿＿转发状态。

通过如上操作以及显示信息可以看出,STP 不但能够阻断冗余链路,并且能够在活动链路断开时,通过激活被阻断的冗余链路而恢复网络的连通。

步骤 5：端口状态迁移查看。

在交换机 SWA 上断开端口 GE1/0/1 的线缆，再重新连接，并且在 SWA 上查看交换机输出信息。命令如下：

```
[SWA]
…
GigabitEthernet1/0/1: link status is UP
% Apr 26 14:04:53:880 2000 SWA MSTP/2/PFWD: Instance 0's GigabitEthernet1/0/1 has been set to
forwarding state!
```

可以看到，端口在连接线缆后马上成为转发状态。出现这种情况的原因是 ＿＿＿＿＿＿＿＿
＿＿。

为了清晰观察端口状态，在连接 PC 的端口 GE1/0/1 上取消边缘端口配置，在如下空格中填写完整的配置命令。

```
[SWA]interface GigabitEthernet 1/0/1
[SWA-GigabitEthernet1/0/1] ＿＿＿＿＿＿
```

配置完成后，断开端口 GE1/0/1 的线缆，再重新连接，并且在 SWA 上通过命令 display stp brief 查看端口 GE1/0/1 的状态。注意每隔几秒执行命令查看一次，以能准确看到端口状态的迁移过程。可知，端口 GE1/0/1 从 ＿＿＿＿ 状态先迁移到 ＿＿＿＿ 状态，最后到 ＿＿＿＿状态。从以上实验可知，取消边缘端口配置后，STP 收敛速度变 ＿＿＿＿（快/慢）了。

13.5　实验中的命令列表

本实验命令列表如实验表 13-2 所示。

实验表 13-2　命令列表

命　令	描　述
stp global{enable|disable}	开启或关闭全局或端口的 STP 特性
stp mode{stp|rstp|mstp }	设置 MSTP 的工作模式
stp [instance instance-id] priority priority	配置设备的优先级
stp edged-port	将当前的以太网端口配置为边缘端口
display stp [instance instance-id] [interface interface-list] [brief]	显示生成树的状态信息与统计信息

13.6　思考题

实验中，交换机 SWB 选择端口 GE1/0/23 作为根端口，转发数据。能否使交换机选择另外一个端口 GE1/0/24 作为根端口？

答：可以。默认情况下，端口的 cost 值是 200（100M 端口的默认值），如果调整端口 GE1/0/24 的 cost 值为 100，SWB 从端口 GE1/0/24 到达 SWA 的开销小于从端口 GE1/0/23 到达 SWA 的开销，则 STP 会选择端口 GE1/0/24 作为根端口。

链 路 聚 合

14.1 实验内容与目标

完成本实验,应该能够达到以下目标。

(1) 了解以太网交换机链路聚合的基本工作原理。

(2) 掌握以太网交换机静态链路聚合的基本配置方法。

14.2 实验组网图

本实验按照实验图 14-1 进行组网。

实验图 14-1 实验组网图

14.3 实验设备与版本

本实验所需的主要设备器材如实验表 14-1 所示。

实验表 14-1 实验设备器材

名称和型号	版 本	数量	描述
S5820V2	CMW 7.1	2	—
PC	Windows 系统均可	2	—
console 串口线	—	1	—
第 5 类 UTP 以太网连接线	—	4	—

14.4 实验过程

实验任务 交换机静态链路聚合配置

本实验通过在交换机上配置静态链路聚合,掌握静态链路聚合的配置命令和查看方法。然后通过断开聚合组中的某条链路并观察网络连接是否中断,来加深了解链路聚合所实现的可靠性。

步骤 1：连接配置线缆。

将 PC(或终端)的串口通过标准 console 线缆与路由器的 console 口连接。运行 PC 上的 PuTTY 仿真终端，在 PC 上打开终端仿真软件 PuTTY，单击 session，选择连接方式为 serial，设置 PuTTY 连接的接口以及通信参数，确保成功登录到路由器设备。

检查设备的软件版本及配置信息，确保各设备软件版本符合要求，所有配置为初始状态。如果配置不符合要求，在用户模式下擦除设备中的配置文件，然后重启设备以使系统采用默认的配置参数进行初始化。

步骤 2：配置静态聚合。

链路聚合可以分为静态聚合和动态聚合，本实验任务是验证静态聚合。

配置 SWA，在 SWA 上完成如下配置。

[SWA] interface bridge – aggregation 1

如上配置命令的含义是＿＿＿＿＿＿＿＿＿＿＿＿＿＿＿＿＿＿＿＿＿＿＿＿＿＿＿。

[SWA] interface GigabitEthernet 1/0/23
[SWA – GigabitEthernet1/0/23] port link – aggregation group ＿＿＿＿＿

补充如上空格中的配置命令并在下面的空格中说明该命令的含义。

＿＿＿＿＿＿＿＿＿＿＿＿＿＿＿＿＿＿＿＿＿＿＿＿＿＿＿＿＿＿＿＿＿＿＿＿＿＿

[SWA] interface GigabitEthernet 1/0/24
[SWA – GigabitEthernet1/0/24] port link – aggregation group ＿＿＿＿＿

配置 SWB，将端口 GE1/0/23 和端口 GE1/0/24 进行聚合，在下面的空格中补充完整的配置命令。

＿＿＿＿＿＿＿＿＿＿＿＿＿＿＿＿＿＿＿＿＿＿＿＿＿＿＿＿＿＿＿＿＿＿＿＿＿＿

＿＿＿＿＿＿＿＿＿＿＿＿＿＿＿＿＿＿＿＿＿＿＿＿＿＿＿＿＿＿＿＿＿＿＿＿＿＿

＿＿＿＿＿＿＿＿＿＿＿＿＿＿＿＿＿＿＿＿＿＿＿＿＿＿＿＿＿＿＿＿＿＿＿＿＿＿

＿＿＿＿＿＿＿＿＿＿＿＿＿＿＿＿＿＿＿＿＿＿＿＿＿＿＿＿＿＿＿＿＿＿＿＿＿＿

＿＿＿＿＿＿＿＿＿＿＿＿＿＿＿＿＿＿＿＿＿＿＿＿＿＿＿＿＿＿＿＿＿＿＿＿＿＿

步骤 3：查看聚合组信息。

分别在 SWA 和 SWB 上通过＿＿＿＿＿＿＿＿命令查看二层聚合端口所对应的聚合组摘要信息，通过＿＿＿＿＿＿＿＿命令查看二层聚合端口所对应聚合组的详细信息。

通过查看聚合组摘要信息，可以得知该聚合组聚合端口类型是＿＿＿＿＿，聚合模式是＿＿＿＿＿，负载分担类型是＿＿＿＿＿，select ports 数是＿＿＿＿＿，unselect ports 数是＿＿＿＿＿。

步骤 4：链路聚合组验证。

按实验表 14-2 所示在 PC 上配置 IP 地址。

实验表 14-2　IP 地址列表

设备名称	IP 地址	网　关
PCA	172.16.0.1/24	—
PCB	172.16.0.2/24	—

配置完成后,在 PCA 上执行 ping 命令,以使 PCA 向 PCB 不间断发送 ICMP 报文。

注意观察交换机面板上的端口 LED 显示灯,闪烁表明_____。将聚合组中 LED 显示灯闪烁的端口上线缆断开,观察 PCA 上发送的 ICMP 报文_____(有/无)丢失。

如上测试说明聚合组中的两个端口之间是_____的关系。

14.5 实验中的命令列表

本实验命令列表如实验表 14-3 所示。

实验表 14-3 命令列表

命 令	描 述
interface bridge-aggregation *interface-number*	创建聚合端口
port link-aggregation group *number*	将以太网端口加入聚合组中
display link-aggregation summary	查看链路聚合的概要信息

14.6 思考题

实验中,如果交换机间有物理环路产生广播风暴,除了断开交换机间链路外,还有什么处理办法?

答:可以在交换机上用命令 stp enable 来在交换机上启用生成树协议,用生成树协议来阻断物理环路。

直连路由和静态路由

15.1　实验内容与目标

完成本实验,应该能够达到以下目标。

(1) 掌握路由转发的基本原理。

(2) 掌握静态路由、默认路由的配置方法。

(3) 掌握查看路由表的基本命令。

15.2　实验组网图

本实验按照实验图 15-1 进行组网。

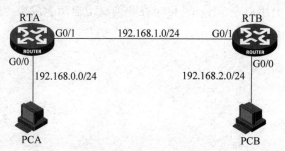

实验图 15-1　实验组网

15.3　实验设备与版本

本实验所需的主要设备器材如实验表 15-1 所示。

实验表 15-1　实验设备器材

名称和型号	版　本	数量	描述
MSR36-20	Version 7.1	2	—
PC	Windows 系统均可	2	—
console 串口线	—	1	—
第 5 类 UTP 以太网连接线	—	2	交叉线

15.4　实验过程

本实验主要是通过在路由器上查看路由表,观察路由表中的路由项。通过本次实验,能够掌握如何使用命令来查看路由表,以及了解路由项中各要素的含义。

实验任务 1　直连路由与路由表查看

步骤 1：建立物理连接并运行仿真终端。

将 PC(或终端)的串口通过标准 console 线缆与路由器的 console 口连接。运行 PC 上的 PuTTY 仿真终端,在 PC 上打开终端仿真软件 PuTTY,单击 session,选择连接方式为 serial,设置 PuTTY 连接的接口以及通信参数,确保成功登录到路由器设备。

检查设备的软件版本及配置信息,确保各设备软件版本符合要求,所有配置为初始状态。如果配置不符合要求,在用户视图下擦除设备中的配置文件,然后重启设备以使系统采用默认的配置参数进行初始化。

步骤 2：在路由器上查看路由表。

首先,在路由器的_____视图下通过执行_____命令查看路由器全局路由表,执行该命令,从输出信息可知,目前路由器共有 8 条路由,分别为_____、_____、_____、_____、_____、_____、_____、_____。

按实验表 15-2 所示在路由器接口上分别配置 IP 地址。

实验表 15-2　IP 地址列表

设备名称	接口	IP 地址	网　关
RTA	G0/1	192.168.1.1/24	—
	G0/0	192.168.0.1/24	—
RTB	G0/1	192.168.1.2/24	—
	G0/0	192.168.2.1/24	—
PCA	—	192.168.0.2/24	192.168.0.1
PCB	—	192.168.2.2/24	192.168.2.1

配置完成后,再次通过_____查看 RTA 路由表,从该命令的输出信息可以看出,路由表中的路由类型为_____,这种类型的路由是由链路层协议发现的路由,链路层协议 up 后,路由器会将其加入路由表中。如果关闭链路层协议,则_____。

在 RTA 上通过在_____视图下执行_____命令关闭接口 GigabitEthernet0/0,然后再次查看 RTA 路由表,可以看到与该接口网段相关的路由_____ (存在/消失)。

继续在 RTA 上在_____视图下执行_____命令开启接口 GigabitEthernet0/0,然后再次查看 RTA 路由表,可以看到与该接口网段相关的路由_____ (存在/消失)。

实验任务 2　静态路由配置

本实验主要是通过在路由器上配置静态路由,从而使 PC 之间能够互访。通过本次实验,能够掌握静态路由的配置,加深对路由环路产生原因的理解。

步骤 1：配置 PC IP 地址。

按实验表 15-2 所示在 PC 上配置 IP 地址和网关。配置完成后,在 PC 上用 ping 命令来测试可达性。

在 PCA 上测试到网关(192.168.0.1)的可达性,ping 的结果是_____。

在 PCA 上用 ping 命令测试到 PCB 的可达性，ping 的结果是_____，造成该结果的原因是_____。

步骤 2：静态路由配置规划。

要解决步骤 1 中出现的 PCA 与 PCB 之间可达性的问题，需要规划配置静态路由。

（1）规划 RTA 上的静态路由，RTA 上应该配置一条目的网段为_____，下一跳为_____的静态路由。

（2）规划 RTB 上的静态路由，RTB 上应该配置一条目的网段为_____，下一跳为_____的静态路由。

步骤 3：配置静态路由。

依据步骤 2 的规划，在 RTA 上配置以下静态路由。

_____

在 RTB 上配置如下静态路由。

_____

配置完成后，分别在 RTA 和 RTB 上查看路由表，可以看到路由表中有一条_____为 static _____为 60 的静态路由，表明路由配置成功。

再次测试 PC 之间的可达性，在 PCA 上用 Ping 命令测试到 PCB 的可达性，结果是_____。

要查看 PCA 到 PCB 的数据报文的传递路径，可以在 PCA 上通过_____命令来查看，查看结果是报文沿 PCA→_____→_____PCB 的路径被转发。

步骤 4：路由环路观察。

为了人为在 RTA 和 RTB 之间造成环路，可以在 RTA 和 RTB 上分别配置一条默认路由，该路由的下一跳互相指向对方。

在 RTA 上配置该路由。

［RTA］ip route-static _____ _____

在 RTB 上配置该路由。

［RTB］ip route-static _____ _____

配置完成后，在路由器上查看路由表。

在 RTA 上查看路由表，可以看到一条优先级为_____，协议类型为_____的默认路由。

在 RTB 上查看路由表，可以看到一条优先级为_____，协议类型为_____的默认路由。

可知，默认路由配置成功。

然后在 PCA 上用_____命令追踪到目的 IP 地址 3.3.3.3 的数据报文的转发路径，由以上输出可以看到，到目的地址 3.3.3.3 的报文匹配了_____路由，报文在_____和_____之间循环转发。造成该现象的原因是_____

_____

_____

_____。

15.5　实验中的命令列表

本实验命令列表如实验表 15-3 所示。

实验表 15-3　命令列表

命　　令	描　　述
interface GigabitEthernet x/y	进入到某个以太网接口视图
ip address $x.x.x.x$ n	配置某个接口 IP 地址及掩码
ip route-static $dest\text{-}address$ $\{mask\text{-}length \mid mask\}$ $\{inter face\text{-}type$ $interface\text{-}number$ $[next\text{-}hop\text{-}address] \mid next\text{-}hop\text{-}address\}$	配置静态路由目的网段(包括子网长度)及下一跳
display ip routing-table $ip\text{-}address[mask \mid mask\text{-}length]$	显示 IP 路由表摘要信息或显示匹配某个目的网段或地址的路由
ipconfig	在 Windows 系统上查看 IP 配置

15.6　思考题

1. 在实验任务 2 中,如果仅在 RTA 上配置静态路由,不在 RTB 上配置,那么 PCA 发出的数据报文能到达 PCB 吗? PCA 能够 ping 通 PCB 吗?

答:PCA 发出的数据报文能够到达 PCB。因为 RTA 有路由,从而转发到 RTB,而 RTB 上有直连路由到 PCB 所在网段,所以能够将报文转发到 PCB。但是 PCA 不能 ping 通 PCB,因为 RTB 上没有到 PCA 的回程路由,而 ping 报文是双向的,从 PCB 返回的 ping 报文在 RTB 被丢弃。

在实际应用中,从一个网段到另一个网段的单通意义不大。因为基本所有常用应用(HTTP、FTP、E-mail 等)都是基于 TCP 的,都需要三次握手,也就是需要互相可达才能建立连接。

2. 路由器和 PC 之间会形成路由环路吗?

答:不会,正常情况下 PC 不具备转发功能,因此当路由器将数据报文转发给 PC 时,如果目的地址不是该 PC,报文会被丢弃而不是继续转发。

OSPF

16.1 实验内容与目标

完成本实验,应该能够达到以下目标。

(1) 掌握单区域 OSPF 配置方法。

(2) 掌握 OSPF 优先级的配置方法。

(3) 掌握 OSPF cost 的配置方法。

(4) 掌握 OSPF 路由选择的方法。

(5) 掌握多区域 OSPF 的配置方法。

16.2 实验组网图

本实验按照实验图 16-1~实验图 16-3 进行组网。

实验图 16-1 实验任务 1 组网图

实验图 16-2 实验任务 2 组网图

实验任务 1 组网如实验图 16-1 所示。本组网模拟单区域 OSPF 的应用。RTA 和 RTB 分别是客户端 clientA 和 clientB 的网关。RTA 设置 loopback 口地址 1.1.1.1 为 RTA 的 router ID,RTB 设置 loopback 口地址 2.2.2.2 为 RTB 的 router ID,RTA 和 RTB 都属于同

实验图 16-3 实验任务 3 组网图

一个 OSPF 区域 0。RTA 和 RTB 之间的网络能互通,客户端 clientA 和 clientB 能互通。

实验任务 2 组网如实验图 16-2 所示,由两台 MSR36-20(RTA、RTB)路由器组成。本组网模拟实际组网中 OSPF 的路由选择。RTA 设置 loopback 口地址 1.1.1.1 为 RTA 的 router ID,RTB 设置 loopback 口地址 2.2.2.2 为 RTB 的 router ID,RTA 和 RTB 都属于同一个 OSPF 区域 0。RTA 和 RTB 之间有两条链路连接。

实验任务 3 组网如实验图 16-3 所示,由 3 台路由器(RTA、RTB、RTC)、2 台 PC(clientA、clientB)组成。本组网模拟实际组网中多区域 OSPF 的应用。RTA 和 RTC 分别是客户端 clientA 和 clientB 的网关。RTA 设置 loopback 口地址 1.1.1.1 为 RTA 的 router ID,RTB 设置 loopback 口地址 2.2.2.2 为 RTB 的 router ID,RTB 设置 loopback 口地址 3.3.3.3 为 RTB 的 router ID。RTA 和 RTB 的 G0/0 口属于同一个 OSPF 区域 0,RTB 的 G0/1 口和 RTC 属于同一个 OSPF 区域 1。RTA、RTB 和 RTC 之间的网络能互通,客户端 clientA 和 clientB 能互通。

16.3 实验设备与版本

本实验所需的主要设备器材如实验表 16-1 所示。

实验表 16-1 实验设备器材

名称和型号	版　本	数量	描　　述
MSR36-20	Version 7.1	3	也可用交换机代替
PC	Windows 系统均可	2	—
console 串口线	—	1	—
第 5 类 UTP 以太网连接线	—	4	—

16.4 实验过程

实验任务 1 单区域 OSPF 基本配置

步骤 1:搭建实验环境并完成基本配置。

首先,依照实验图 16-1 搭建实验环境。

将 PC（或终端）的串口通过标准 console 线缆与路由器的 console 口连接。运行 PC 上的 PuTTY 仿真终端，在 PC 上打开终端仿真软件 PuTTY，单击 session，选择连接方式为 serial，设置 PuTTY 连接的接口以及通信参数，确保成功登录到路由器设备。

检查设备的软件版本及配置信息，确保各设备软件版本符合要求，所有配置为初始状态。如果配置不符合要求，在用户视图下擦除设备中的配置文件，然后重启设备以使系统采用默认的配置参数进行初始化。

依据实验图配置路由器以及 client 的 IP 地址。

步骤 2：检查网络连通性和路由器路由表。

在 clientA 上 ping clientB（IP 地址为 10.1.0.1），结果是_____，导致这种结果的原因是_____。

步骤 3：配置 OSPF。

配置 OSPF 的基本命令如下。

（1）在_____视图下配置 router ID。

（2）再配置_____，该配置需要在_____视图下完成。

（3）需要在_____视图下配置 OSPF 区域。

（4）在_____视图下通过_____命令在相关网段使能 OSPF。

依据如上基本配置命令，分别在下面的空格中完成 RTA、RTB 的 OSPF 基本配置命令。

在 RTA 上完成 OSPF 如下配置。

```
[RTA]router id 1.1.1.1
[RTA]ospf 1                //其中数字 1 的含义是_____
[RTA - ospf - 1]area 0.0.0.0
[RTA - ospf - 1 - area - 0.0.0.0]network 1.1.1.1 _____
[RTA - ospf - 1 - area - 0.0.0.0]network 10.0.0.0 _____
[RTA - ospf - 1 - area - 0.0.0.0]network 20.0.0.0 _____
```

在 RTB 上配置 OSPF。

_____

_____

_____

_____

_____

步骤 4：检查路由器 OSPF 邻居状态及路由表。

在路由器上可以通过_____命令查看路由器 OSPF 邻居状态。

通过如上命令在 RTA 上查看路由器 OSPF 邻居状态，依据输出信息可以看到，RTA 与 router ID 为_____的路由器互为邻居，此时，邻居状态达到_____，说明 RTA 和 RTB 之间的链路状态数据库_____，RTA 具备到达 RTB 的路由信息。

在 RTA 上使用_____命令查看路由器的 OSPF 路由表。

在 RTA 上使用_____命令查看路由器全局路由表。依据此命令输出信息显示，可以看到，RTA 的路由表中有_____条 OSPF 路由，其优先级分别为_____，_____，cost 值分别为_____，_____。

在 RTB 上也执行以上操作,并完成如上信息的查看。

步骤 5:检查网络连通性。

在 clientA 上 ping clientB(IP 地址为 10.1.0.1),其结果是 ＿＿＿＿＿＿＿＿＿＿＿＿＿＿＿。

在 clientB 上 ping clientA(IP 地址为 10.0.0.1),其结果是 ＿＿＿＿＿＿＿＿＿＿＿＿＿＿＿。

实验任务 2　单区域 OSPF 增强配置

步骤 1:搭建实验环境并完成基本配置。

首先,依照实验图 16-2 所示搭建实验环境。

将 PC(或终端)的串口通过标准 console 线缆与路由器的 console 口连接。运行 PC 上的 PuTTY 仿真终端,在 PC 上打开终端仿真软件 PuTTY,单击 session,选择连接方式为 serial,设置 PuTTY 连接的接口以及通信参数,确保成功登录到路由器设备。

检查设备的软件版本及配置信息,确保各设备软件版本符合要求,所有配置为初始状态。如果配置不符合要求,在用户视图下擦除设备中的配置文件,然后重启设备以使系统采用默认的配置参数进行初始化。

依据实验图配置路由器以及 client 的 IP 地址。

步骤 2:OSPF 基本配置。

在路由器上完成基本 OSPF 配置,并在相关网段使能 OSPF。

(1) 在 RTA 上配置 OSPF。

＿＿

＿＿

＿＿

＿＿

＿＿

(2) 在 RTB 上配置 OSPF。

＿＿

＿＿

＿＿

＿＿

＿＿

步骤 3:检查路由器 OSPF 邻居状态及路由表。

在 RTA 上使用＿＿＿＿＿＿＿＿＿＿＿＿＿＿＿＿命令查看路由器 OSPF 邻居状态,根据输出信息可以看到:RTA 与 router ID 为＿＿＿＿＿＿(RTB)的路由器建立了两个邻居,RTA 的 GE0/0 接口与 RTB 配置 IP 地址为＿＿＿＿＿＿的接口建立一个邻居,该邻居所在的网段为＿＿＿＿＿＿;另外,RTA 的 G0/1 接口与 RTB 配置的 IP 地址为＿＿＿＿＿＿的接口建立一个邻居,该邻居所在的网段为＿＿＿＿＿＿＿＿＿。

在 RTA 上使用＿＿＿＿＿＿查看路由器 OSPF 路由表,根据输出信息可以看到＿＿＿＿＿＿＿。

在 RTA 的 OSPF 路由表上有＿＿＿＿＿＿条到达 RTB 的 2.2.2.2/32 网段的路由,分别是邻居＿＿＿＿＿＿＿＿＿＿＿＿发布的,这几条路由的＿＿＿＿＿＿相同。

在 RTA 上使用_____查看路由器全局路由表,根据输出信息可以看到,在 TA 路由器全局路由表内,有_____条到达 RTB 的 2.2.2.2/32 网段的等价 OSPF 路由。

在 RTB 上也执行以上的操作,查看相关信息。

步骤 4:修改路由器 OSPF 接口开销。

配置修改路由器 OSPF 接口开销需要在_____视图下通过_____命令完成。

修改 RTA 的 GE0/0 接口的 OSPF 开销为 150,在如下空格中填写完整的配置命令。

_____

_____

步骤 5:检查路由器路由表。

在 RTA 上使用命令_____查看路由器 OSPF 路由表,并通过_____命令查看路由器全局路由表,根据输出信息可以看到,在 RTA 的 OSPF 路由表上有_____条到达 RTB 的 2.2.2.2/32 网段的路由,导致这种结果的原因是_____。

步骤 6:修改路由器 OSPF 接口优先级。

修改路由器 OSPF 接口优先级需要在_____视图下通过_____命令完成。

修改 RTA 的 G0/0 接口的 OSPF 优先级为 0,在如下空格中填写完整的配置命令。

_____

_____

步骤 7:在路由器上重启 OSPF 进程。

在路由器上重启 OSPF 进程需要在_____视图下通过_____命令完成。

将 RTA 的 OSPF 进程重启,具体配置命令为_____。

将 RTB 的 OSPF 进程重启,具体配置命令为_____。

步骤 8:查看路由器 OSPF 邻居状态。

OSPF 进程重新启动后,在 RTA、RTB 上使用命令_____查看路由器的 OSPF 邻居状态,依据输出信息可以看到,_____成为网段 20.0.0.0/24 的 DR,_____成为网段 20.0.0.0/24 的 DRother,这是因为_____

_____

_____。

实验任务 3 多区域 OSPF 基本配置

步骤 1:搭建实验环境并完成基本配置。

首先,依照实验图 16-3 所示搭建实验环境。

将 PC(或终端)的串口通过标准 console 线缆与路由器的 console 口连接。运行 PC 上的 PuTTY 仿真终端,在 PC 上打开终端仿真软件 PuTTY,单击 session,选择连接方式为 serial,设置 PuTTY 连接的接口以及通信参数,确保成功登录到路由器设备。

检查设备的软件版本及配置信息,确保各设备软件版本符合要求,所有配置为初始状态。如果配置不符合要求,在用户视图下擦除设备中的配置文件,然后重启设备以使系统采用默认的配置参数进行初始化。

依据实验图配置路由器以及 client 的 IP 地址。

步骤 2：OSPF 基本配置。

RTA 的两个接口都属于 OSPF 区域_____，RTB 的两个接口分别属于 OSPF 区域_____和区域_____，RTC 的两个接口都属于 OSPF 区域_____。

在 RTA 上完成基本 OSPF 配置，并在相关网段使能 OSPF，其完整命令为_____

_____

_____

_____

_____

_____。

在 RTB 上完成基本 OSPF 配置，并配置正确的区域以及在相关网段使能 OSPF，其完整命令为_____

_____

_____

_____

_____

_____。

在 RTC 上完成基本 OSPF 配置，并在相关网段使能 OSPF，其完整命令为_____

_____

_____

_____

_____

_____。

步骤 3：检查路由器 OSPF 邻居状态及路由表。

在 RTB 上使用_____查看路由器 OSPF 邻居状态，根据输出信息可以得知，在 area 0.0.0.0 内，RTB 的_____接口与 RTA 配置 IP 地址为 20.0.0.1 的接口建立邻居关系，该邻居所在的网段为_____，_____接口为该网段的 DR 路由器；在 area 0.0.0.1 内，RTB 的_____接口与 RTC 配置 IP 地址为 30.0.0.1 的接口建立邻居关系，该邻居所在的网段为_____，_____接口为该网段的 DR 路由器。

在 RTB 上使用_____命令查看路由器 OSPF 路由表，使用_____命令查看路由器全局路由表。

步骤 4：检查网络连通性。

在 clientA 上 ping clientB(IP 地址为 10.1.0.1)，其结果是_____。

在 clientB 上 ping clientA(IP 地址为 10.0.0.1)，其结果是_____。

16.5　实验中的命令列表

本实验命令列表如实验表 16-2 所示。

实验表 16-2　命令列表

命　　令	描　　述
router id *router-id*	配置 router ID
ospf *process-id*	启动 OSPF 进程
area *area-id*	配置区域
network *network ip-address wildcard-mask*	指定网段接口上启动 OSPF
ospf dr-priority *priority*	配置 OSPF 接口优先级
ospf cost *value*	配置 OSPF 接口 cost

16.6　思考题

1. 在本实验任务 2 的步骤 4 里修改了 RTA 的 G0/0 接口 cost 值，那么在步骤 5 里，如果在 RTB 上查看路由表，会有几条到达 RTA 的 1.1.1.1/32 网段的路由？为什么？

答：2 条等价路由，修改 RTA 的 G0/0 接口 cost 值，只能影响 RTA 到 RTB 的路由计算，不能影响 RTB 到 RTA 的路由计算。

2. 在 OSPF 区域内指定网段接口上启动 OSPF 时，是否必须包含 router ID 的地址？为什么配置时往往会将 Router ID 的地址包含在内？

答：不需要。在 OSPF 区域内指定网段接口上启动 OSPF 时，配置 router ID 地址其实是发布路由器的 loopback 接口地址。

3. 如何通过配置 OSPF 接口 cost 来实现路由器路由备份？

答：将备份接口的接口 cost 通过命令 ospf cost 配置为较大值，只有当主接口失效的情况下，OSPF 路由才会选择备份接口。

ACL 包 过 滤

17.1 实验内容与目标

完成本实验,应该能够达到以下目标。

(1) 理解访问控制列表的工作原理。

(2) 掌握访问控制列表的基本配置方法。

(3) 掌握访问控制列表的常用配置命令。

17.2 实验组网图

本实验按照实验图 17-1 进行组网。

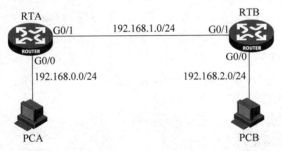

实验图 17-1　实验组网图

17.3 实验设备与版本

本实验所需的主要设备器材如实验表 17-1 所示。

实验表 17-1　实验设备器材

名称和型号	版　本	数量	描　　　述
MSR36-20	CMW7.1	2	—
PC	Windows 系统均可	2	一台 PC 安装有 FTP 服务器软件
console 串口线	—	1	—
第 5 类 UTP 以太网连接线	—	2	交叉线

17.4 实验过程

实验任务 1　配置基本 ACL

本实验任务通过在路由器上实施基本 ACL 来禁止 PCA 访问 PCB。

步骤 1：建立物理连接并初始化路由器配置。

按实验组网图进行物理连接并检查设备的软件版本及配置信息,确保各设备软件版本符合要求,所有配置为初始状态。如果配置不符合要求,在用户视图下擦除设备中的配置文件,然后重启设备以使系统采用默认的配置参数进行初始化。

步骤 2：配置 IP 地址及路由。

按实验表 17-2 所示在 PC 上配置 IP 地址和网关。配置完成后,在 Windows 操作系统桌面左下角搜索框中输入 CMD,在弹出的"命令提示符"下用 ipconfig 命令来查看所配置的 IP 地址和网关是否正确。

实验表 17-2　IP 地址列表

设备名称	接口	IP 地址	网　关
RTA	G0/1	192.168.1.1/24	—
	G0/0	192.168.0.1/24	—
RTB	G0/1	192.168.1.2/24	—
	G0/0	192.168.2.1/24	—
PCA	—	192.168.0.2/24	192.168.0.1
PCB	—	192.168.2.2/24	192.168.2.1

可在路由器上配置静态路由或任一种动态路由,来达到全网互通。

配置完成后,在 PCA 上通过 ping 命令来验证 PCA 与路由器、PCA 与 PCB 之间的可达性。其结果应该可达。如果不可达,可参考本教材相关章节来检查路由协议是否设置正确。

步骤 3：ACL 应用规划。

本实验的目的是使 PCA 不能访问 PCB,也就是 PC 之间不可达。考虑以下问题。

(1) 需要使用何种 ACL?

(2) ACL 规则的动作是 deny 还是 permit?

(3) ACL 规则中的反掩码应该是什么?

(4) ACL 包过滤应该应用在路由器的哪个接口的哪个方向上?

步骤 4：配置基本 ACL 并应用。

首先,要在 RTA 上配置包过滤功能,包过滤功能默认动作为_____(permit or deny)。

其次,配置基本 ACL,基本 ACL 的编号范围是_____,在下面的空格中补充完整的命令。

```
[RTA]acl basic 2001
[RTA - acl - ipv4 - basic - 2001]_____
```

最后,要在 RTA 的接口上应用 ACL 才能确保 ACL 生效。在下面的空格中写出完整的命令,在正确的接口正确的方向上应用该 ACL。

_____

_____

步骤 5：验证包过滤作用及查看。

在 PCA 上使用 ping 命令来测试从 PCA 到 PCB 的可达性,结果是_____。

同时在 RTA 上通过命令 display acl 2001 查看 ACL 的统计,从其输出信息中可以看到。

```
Rule 0 _____ times matched
```

根据该显示可以得知有数据包命中了 ACL 中定义的规则。

在 RTA 上通过_____命令查看所有的包过滤的统计信息,依据该命令输出的信息可以看到。

```
[H3C-GigabitEthernet0/0]dis packet-filter statistics interface GigabitEthernet 0
/0 inbound
Interface:
 Inbound policy:
  IPv4 ACL 2001
```

实验任务 2 配置高级 ACL

本实验任务通过在路由器上实施高级 ACL 来禁止从 PCA 到网络 192.168.2.0/24 的 FTP 数据流。

步骤 1:建立物理连接并初始化路由器配置。

按实验组网图进行物理连接并检查设备的软件版本及配置信息,确保各设备软件版本符合要求,所有配置为初始状态。如果配置不符合要求,在用户视图下擦除设备中的配置文件,然后重启设备以使系统采用默认的配置参数进行初始化。

步骤 2:ACL 应用规划。

本实验的目的是禁止从 PCA 到网络 192.168.2.0/24 的 FTP 数据流,但允许其他数据流通过。考虑以下问题。

(1)需要使用何种 ACL?

(2)ACL 规则的动作是 deny 还是 permit?

(3)ACL 规则中的反掩码应该是什么?

(4)ACL 包过滤应该应用在路由器的哪个接口的哪个方向上?

步骤 3:配置高级 ACL 并应用。

首先,要在 RTA 上配置包过滤功能,包过滤功能默认动作为_____(permit or deny)。

其次,配置高级 ACL,高级 ACL 的编号范围是_____,在下面的空格中补充完整的命令。

```
[RTA]acl advanced 3002
[RTA-acl-ipv4-adv-3002]_____
[RTA-acl-ipv4-adv-3002]_____
```

最后,要在 RTA 的接口上应用 ACL 才能确保 ACL 生效,在下面的空格中写出完整的命令,在正确的接口正确的方向上应用该 ACL。

步骤 4:验证包过滤作用及查看。

在 PCA 上使用 ping 命令来测试从 PCA 到 PCB 的可达性,结果是_____。

在 PCB 上开启 FTP 服务,然后在 PCA 上使用 FTP 客户端软件连接到 PCB,结果应该是 FTP 请求被_____。

```
[RTA-acl-basic-2001]rule permit source any
```

答：不需要,因为包过滤的默认过滤方式是 permit,也就意味着系统将转发没有命中
ACL 匹配规则的数据报文。

2. 在实验任务 2 中,可以把 ACL 应用在 RTB 上吗?

答：可以,起到的效果是一样的。但在 RTA 上应用可以减少不必要的流量处理与转发。

网络地址转换

18.1　实验内容与目标

完成本实验,应该能够达到以下目标。

(1) 掌握 basic NAT 的配置方法。

(2) 掌握 NAPT 的配置方法。

(3) 掌握 easy IP 的配置方法。

(4) 掌握 NAT server 的配置方法。

18.2　实验组网图

本实验按照实验图 18-1 进行组网。

实验图 18-1　实验组网图

实验组网以及 IP 地址分配如实验图 18-1 所示,由 2 台路由器(RTA、RTB)、2 台交换机(SW1、SW2)、3 台 PC(clientA、clientB、server)组成。

clientA、ClientB 位于私网,网关为 RTA,RTA 同时为 NAT 设备,有 1 个私网接口(G0/0)和 1 个公网接口(G0/1),公网接口与公网路由器 RTB 互连。server 位于公网,网关为 RTB。

本组网模拟了实际组网中涉及的几种 NAT 主要应用。easy IP 配置最为简单,一般用于拨号接入互联网的场合;basic NAT 不如 NAPT 普及;NAPT 可以提高公网 IP 的利用效率,适用于私网作为客户端访问公网服务器的场合;NAT server 则用于私网需要对公网提供服务的场合。

18.3 实验设备与版本

本实验所需的主要设备器材如实验表 18-1 所示。

实验表 18-1 实验设备器材

名称和型号	版 本	数量	描述
MSR30-20	CMW7.1	2	
S5820V2	CMW 7.1	2	—
PC	Windows 系统均可	3	—
console 串口线	—	1	—
第 5 类 UTP 以太网连接线	—	6	—

18.4 实验过程

实验任务 1 配置 basic NAT

本实验中,私网客户端 clientA、clientB 需要访问公网服务器 server,而 RTB 上不能保有私网路由,因此,将在 RTA 上配置 basic NAT,动态地为 clientA、clientB 分配公网地址。

步骤 1:建立物理连接并初始化路由器配置。

按实验组网图进行物理连接并检查设备的软件版本及配置信息,确保各设备软件版本符合要求,所有配置为初始状态。如果配置不符合要求,在用户视图下擦除设备中的配置文件,然后重启设备以使系统采用默认的配置参数进行初始化。

步骤 2:基本 IP 地址和路由配置。

依据实验组网图,完成路由器和 PC 接口 IP 地址的配置。

需要在 RTA 上配置默认路由去往公网路由器 RTB,在下面的空格中补充完整的路由配置。

[RTA]ip route – static 0.0.0.0 _____ _____

交换机采用出厂默认配置即可。

步骤 3:检查连通性。

分别在 clientA 和 clientB 上 ping server(IP 地址为 198.76.29.4),其结果为_____。
产生这种结果的原因是_____。

步骤 4:配置 basic NAT。

在 RTA 上配置 basic NAT。

首先,通过 ACL 定义允许源地址属于 10.0.0.0/24 网段的流做 NAT 转换,在下面的空格中填写完整的 ACL 配置命令。

[RTA]acl basic 2000
[RTA – acl – ipv4 – basic – 2000]_____

其次,配置 NAT 地址池,设置地址池中用于地址转换的地址范围为 198.76.28.1～198.76.28.20,在下面的空格中填写完整的 NAT 地址池配置命令。

[RTA]nat address – group 1
[RTA – address – group – 1]_____

在该命令中,数字 1 的含义是 _____

_____。

最后,将地址池与 ACL 关联,并在正确接口的正确方向上应用,在下面的空格中填写完整的命令。

```
[RTA] interface _____
[RTA - _____ ] _____ no - pat
```

在该命令中,参数 no-pat 的含义是 _____

_____。

步骤 5：检查连通性。

从 client_A、client_B 分别 ping server,其结果是 _____。

步骤 6：检查 NAT 表项。

完成步骤 5 后立即在 RTA 上通过 _____ 命令查看 NAT 会话信息,依据该信息输出,可以看到该 ICMP 报文的源地址 10.0.0.1 已经转换成公网地址 _____,目的端口号和源端口号均为 _____。源地址 10.0.0.2 已经转换成公网地址 _____,目的端口号和源端口号均为 _____。5min 后再次通过该命令查看表项,发现 _____,产生这种现象的原因是 _____。

可以通过 _____ 命令查看路由器的 NAT 默认老化时间。

实验任务 2　NAPT 配置

私网客户端 clientA、clientB 需要访问公网服务器 server,但由于公网地址有限,在 RTA 上配置的公网地址池范围为 198.76.28.11～198.76.28.11（即只有一个 IP 地址）,因此配置 NAPT,动态地为 clientA、clientB 分配公网地址和协议端口。

步骤 1：建立物理连接并初始化路由器配置。

按实验组网图进行物理连接并检查设备的软件版本及配置信息,确保各设备软件版本符合要求,所有配置为初始状态。如果配置不符合要求,在用户视图下擦除设备中的配置文件,然后重启设备以使系统采用默认的配置参数进行初始化。

步骤 2：基本 IP 地址和路由配置。

与实验任务 1 一样,配置 RTA 和 RTB 相关接口的 IP 地址以及路由。

SW1 同样采用出厂默认配置即可。

步骤 3：检查连通性。

从 clientA、clientB ping server（IP 地址为 198.76.29.4）,其结果是 _____。

步骤 4：配置 NAPT。

在 RTA 上配置 NAPT。

首先,通过 ACL 定义允许源地址属于 10.0.0.0/24 网段的流做 NAT 转换,在下面的空格中填写完整的 ACL 配置命令。

```
[RTA]acl basic 2000
[RTA - acl - ipv4 - basic - 2000] _____
```

其次,配置 NAT 地址池 1,设置地址池中用于地址转换的地址为 198.76.28.11。

```
[RTA - address - group - 1] _____
```

在_____视图下将 NAT 地址池与 ACL 绑定并下发,在配置命令中_____(需要/不需要)携带 no-pat 参数,意味着_____,在下面的空格中填写完整的命令。

```
[RTA] interface _____
[RTA - _____]  _____
```

步骤 5:检查连通性。

从 clientA、clientB 上分别 ping server,其结果是_____。

步骤 6:检查 NAT 表项。

完成步骤 5 后立即在 RTA 上通过_____命令查看 NAT 会话信息,依据该信息输出,可以看到源地址 10.0.0.1 和 10.0.0.2 转换成的公网地址分别为_____和_____,10.0.0.1 转换后的端口为_____,10.0.0.2 转换后的端口为_____。当 RTA 出接口收到目的地址为 198.76.28.11 的回程流量时,正是用当初转换时赋予的不同的端口来分辨该流量是转发给 10.0.0.1 还是 10.0.0.2。NAPT 正是靠这种方式,对数据包的 IP 层和传输层信息同时进行转换,显著地提高公有 IP 地址的利用效率。

实验任务 3 easy IP 配置

私网客户端 clientA、clientB 需要访问公网服务器 server,使用公网接口 IP 地址动态为 clientA、clientB 分配公网地址和协议端口。

步骤 1:建立物理连接并初始化路由器配置。

按实验组网图进行物理连接并检查设备的软件版本及配置信息,确保各设备软件版本符合要求,所有配置为初始状态。如果配置不符合要求,在用户视图下擦除设备中的配置文件,然后重启设备以使系统采用默认的配置参数进行初始化。

步骤 2:基本 IP 地址和路由配置。

与实验任务 1 一样,配置路由器和 PC 相关接口的 IP 地址以及路由。

交换机同样采用出厂默认配置即可。

步骤 3:检查连通性。

从 clientA、clientB ping server(IP 地址为 198.76.29.4),其结果是_____。

步骤 4:配置 easy IP。

在 RTA 上配置 easy IP。

首先,通过 ACL 定义允许源地址属于 10.0.0.0/24 网段的流做 NAT 转换,在下面的空格中填写完整的 ACL 配置命令。

```
[RTA]acl basic 2000
[RTA - acl - ipv4 - basic - 2000]  _____
```

然后,在_____视图下将 ACL 与接口关联并下发 NAT,在下面的空格中填写完整的配置命令。

```
[RTA] interface _____
[RTA - _____]  _____
```

步骤 5:检查连通性。

从 clientA、clientB 分别 ping server,其结果是_____。

步骤 6：检查 NAT 表项。

完成步骤 5 后立即在 RTA 上通过_____命令查看 NAT 会话信息，依据该信息输出，可以看到源地址 10.0.0.1 和 10.0.0.2 转换成的公网地址分别为_____和_____。

思考一个问题：在步骤 5 中，从 clientA 能够 ping 通 server，但是如果从 server 端 ping client_A 呢？其结果是_____。导致这种情况的原因是_____

_____

_____

_____

_____。

实验任务 4   NAT server 配置

想让 server 端能够 ping 通 clientA，以便 clientA 对外提供 ICMP 服务，在 RTA 上为 clientA 静态映射公网地址和协议端口，公网地址为 198.76.28.11。

在实验任务 3 的基础上继续如下实验。

步骤 1：检查连通性。

从 server ping clientA 的私网地址 10.0.0.1，其结果是_____。

步骤 2：配置 NAT server。

在 RTA 上完成 NAT server 配置，允许 clientA 对外提供 ICMP 服务。在下面的空格中完成完整的配置命令。

```
[RTA] interface _____
[RTA - _____] _____
```

步骤 3：检查连通性并查看 NAT 表项。

从 server 主动 ping clientA 的公网地址 198.76.28.11，其结果是_____。

在 RTA 上通过 display nat server 命令查看 NAT server 表项，表项信息中显示出地址_____和地址_____的一对一的映射关系。

18.5   实验中的命令列表

本实验命令列表如实验表 18-2 所示。

实验表 18-2   命令列表

命　　令	描　　述
nat address-group *group-number* **address** *start-addr end-addr*	配置地址池
nat outbound *acl-number* **address-group** *group-number* **no-pat**	配置地址转换
nat server protocol *pro-type* **global** *global-addr* [*global-port*] **inside** *host-addr* [*host-port*]	配置 NAT server
display nat session [**source**{**global** *global-address*|**inside** *inside-address*}] [**destination** *dst-address*][**verbose**]	查看 NAT 会话信息

18.6 思考题

1. 在本实验中公网地址池使用公网接口地址段,如果使用其他地址段,需要在 RTB 上增加哪些配置?

答:需要在 RTB 上添加指向公网地址池的静态路由。

2. **nat server** 命令中的 global-address 一定是 Internet 地址吗?

答:不一定,其实 global、inside 是相对的,配置了 **nat server** 命令的接口所连接的网络就是 global。

AAA/SSH

19.1　实验内容与目标

完成本实验,应该能够达到以下目标。

(1) 掌握 AAA 的配置。

(2) 通过 RADIUS 服务器控制 telnet 用户登录。

(3) 掌握 SSH 登录配置。

19.2　实验组网图

本实验按照实验图 19-1～实验图 19-3 进行组网。

实验图 19-1　实验任务 1 组网图

实验图 19-2　实验任务 2 组网图

实验图 19-3　实验任务 3 组网图

19.3　实验设备与版本

本实验所需的主要设备器材如实验表 19-1 所示。

实验表 19-1 实验设备器材

名称和型号	版　本	数量	描　述
MSR36-20	CMW 7.1	1	也可用交换机代替
PC	Windows 系统均可	2	—
console 串口线	—	1	—
第 5 类 UTP 以太网连接线	—	2	交叉线

19.4 实验过程

实验任务 1 telnet 用户本地认证、授权、计费配置

本实验的主要任务是练习 telnet 用户通过本地认证、授权、计费而登录路由器,从而实现对路由器的管理和操作。

步骤 1:建立物理连接并运行仿真终端。

将 PC(或终端)的串口通过标准 console 线缆与路由器的 console 口连接。运行 PC 上的 PuTTY 仿真终端,在 PC 上打开终端仿真软件 PuTTY,单击 session,选择连接方式为 serial,设置 PuTTY 连接的接口以及通信参数,确保成功登录到路由器设备。

检查设备的软件版本及配置信息,确保各设备软件版本符合要求,所有配置为初始状态。如果配置不符合要求,在用户视图下擦除设备中的配置文件,然后重启设备以使系统采用默认的配置参数进行初始化。

步骤 2:配置相关 IP 地址并验证互通性。

按照实验图 19-1 配置 PC 以及路由器的 IP 地址,配置完成后在 PC 上 ping 路由器 G0/0 的接口地址,应当能 ping 通。

步骤 3:配置 telnet。

首先,要在路由器上开启设备的 telnet 服务器功能,在下面的空格中填写完整的配置命令。

_____

其次,在路由器上完成了如下配置。

[RTA] line vty 0 4
[RTA - line - vty0 - 4] authentication - mode scheme

如上配置命令的含义和作用是_____。

最后,在路由器上创建本地 telnet 用户,用户名为 telnet,明文密码为 aabbcc,并设置用户的服务类型。在如下的空格中填写完整的配置命令。

_____

_____

在配置 telnet 用户时同时配置如下命令。

[RTA - luser - manage - telnet]authorization - attribute user - role network - admin

该命令的含义是_____。

步骤 4:配置 AAA。

在路由器上配置相关的 AAA 方案为本地认证、授权和计费,在下面的空格中补充完整的

配置命令。

```
[RTA] domain data
```

如上配置命令的含义是＿＿＿＿＿＿＿＿＿＿＿＿＿＿＿＿＿＿＿＿＿＿＿＿＿＿＿＿＿＿＿。

```
[RTA - isp - data] ＿＿＿＿＿＿＿
[RTA - isp - data] ＿＿＿＿＿＿＿
[RTA - isp - data] ＿＿＿＿＿＿＿
```

步骤5：验证。

在 PCA 上使用 telnet 登录时输入用户名为 telnet@data，其结果是＿＿＿＿＿＿＿。

实验任务2　telnet 用户通过 RADIUS 服务器认证、授权、计费的应用配置

本实验的主要任务是练习以 telnet 用户通过 RADIUS 服务器认证、授权、计费而登录路由器，从而实现对路由器的管理和操作。

步骤1：建立物理连接并运行仿真终端。

将 PC(或终端)的串口通过标准 console 线缆与路由器的 console 口连接。运行 PC 上的 PuTTY 仿真终端，在 PC 上打开终端仿真软件 PuTTY，单击 session，选择连接方式为 serial，设置 PuTTY 连接的接口以及通信参数，确保成功登录到路由器设备。

检查设备的软件版本及配置信息，确保各设备软件版本符合要求，所有配置为初始状态。如果配置不符合要求，在用户视图下擦除设备中的配置文件，然后重启设备以使系统采用默认的配置参数进行初始化。

步骤2：配置相关 IP 地址并验证互通性。

按照实验图 19-2 配置 PC、RADIUS server 以及路由器的 IP 地址，配置完成后在 PCA 应当能与 RADIUS server 互相 ping 通。

步骤3：配置 telnet。

首先要在路由器上开启设备的 telnet 服务器功能，在下面的空格中填写完整的配置命令。

＿＿＿

接下来在路由器上配置 telnet 用户登录采用 AAA 认证方式，在下面的空格中补充完整的配置命令。

＿＿＿

```
[RTA] ＿＿＿＿＿＿＿＿＿＿＿＿＿＿＿＿＿＿＿
```

步骤4：配置 RADIUS 方案。

在 RTA 上完成如下配置。

```
[RTA] radius scheme rad
```

该配置命令的含义是＿＿＿＿＿＿＿＿＿＿＿＿＿＿＿＿＿＿＿＿＿＿＿＿＿＿＿＿＿＿＿。

接下来配置主 RADIUS 认证/授权和计费服务器，其端口号分别为 1812、1813，在下面的空格中补充正确的完整的配置命令。

＿＿＿

＿＿＿

然后配置指定 RADIUS 认证/授权报文/计费报文的共享密钥均为 expert，在下面的空格

中补充正确的完整的配置命令。

_____

_____

由于通过 RADIUS 服务器对 MSR 路由器的 telnet 用户进行验证、授权和计费要使用私有的 RADIUS 协议的规程和报文格式进行交互,因此,需要配置指定 extended 类型的 RADIUS 服务器,在下面的空格中补充正确的配置命令。

_____

最后在路由器上配置了如下命令。

[RTA - radius - rad] user - name - format with - domain

如上配置命令的含义是 _____。

在路由器上配置 NAS 的 IP 地址,也即指定发送 RADIUS 报文使用的源地址,在下面的空格中补充正确的配置命令。

[RTA - radius - rad] _____

步骤 5:配置 ISP 域的 AAA 方案。

在 ISP 域 AAA 下为 login 用户配置认证、授权和计费方案为 RADIUS 的方案,方案名为 rad,在下面的空格中补充完整的配置命令。

_____

_____

_____

_____

步骤 6:配置 RADIUS 服务器。

需要在 RADIUS 服务器上配置 telnet 登录用户名,并设定其管理权限,同时还要设置与交换机交互 RADIUS 报文的共享密钥等。

本实验中,设定 telnet 用户名为 123,密码为 456,管理权限为 3,也即具有管理员权限。

步骤 7:验证。

在 telnet 客户端按照提示输入用户名及密码,其结果是_____。

实验任务 3 SSH password 认证配置

本实验通过将路由器作为 SSH 服务器,配置客户端采用 password 认证方式登录。

步骤 1:建立物理连接并初始化路由器配置。

按实验图 19-3 进行物理连接并检查设备的软件版本及配置信息,确保各设备软件版本符合要求,所有配置为初始状态。如果配置不符合要求,在用户视图下擦除设备中的配置文件,然后重启设备以使系统采用默认的配置参数进行初始化。

步骤 2:配置基本 IP 地址。

将路由器连接 PC 的接口 G0/0 配置 IP 地址 192.168.1.1/30,那么在这种情况下,PC 的 IP 地址应该正确配置为 _____。

步骤 3:创建本地 SSH 登录用户。

在路由器上创建本地用户 client,密码使用明文 pwdpwd,如果要确保该用户在通过 SSH 认证登录后具有管理员的权限,那么该用户的访问命令级别为_____,在下面的空格中补充完整的本地用户配置命令。

_____

_____

_____

步骤 4：配置登录用户界面的 AAA 认证方式。

配置 SSH 客户端登录用户界面的认证方式为 AAA 认证同时设置路由器上远程用户登录协议为 SSH，在下面的空格中补充完整的配置命令。

```
[RTB]line vty 0 4
[RTB - line - vty0 - 4]authentication - mode _____
[RTB - line - vty0 - 4]_____
```

步骤 5：配置生成 DSA 或 RSA 密钥。

服务器端的 DSA 或 RSA 密钥对，用于在密钥和算法协商阶段生成会话 ID，以及客户端认证服务器，在正确的视图下配置服务器端生成 DSA 以及 RSA 密钥。

配置生成 RSA 密钥对。

_____

配置生成 DSA 密钥对。

_____

配置使能 SSH 服务器功能。

步骤 6：SSH 登录验证。

使用 SSH client 软件 PuTTY，打开 PuTTY.exe 程序，出现如实验图 19-4 所示的客户端配置界面。在"Host Name(or IP address)"文本框中输入 SSH 服务器的 IP 地址为 192.168.1.1。然后单击 Open 按钮。按提示输入登录用户名及密码，其结果是_____

_____

_____ 。

实验图 19-4 PuTTY 配置

19.5 实验中的命令列表

本实验命令列表如实验表 19-2 所示。

实验表 19-2　命令列表

命　　令	描　　述
radius scheme *radius-scheme-name*	创建 RADIUS 方案并进入其视图
primary accounting *ip-address*〔*port-number*〕	配置主 RADIUS 计费服务器
primary authentication *ip-address*〔*port-number*〕	配置主 RADIUS 认证/授权服务器
key〔accounting｜authentication〕*string*	配置 RADIUS 认证/授权或计费报文的共享密钥
server-type〔extended｜standard〕	设置支持何种类型的 RADIUS 服务器
user-name-format〔keep-original｜with-domain｜without-domain〕	设置发送给 RADIUS 服务器的用户名格式
nas-ip *ip-address*	设置设备发送 RADIUS 报文使用的源地址
domain *isp-name*	创建 ISP 域并进入其视图
authentication login〔hwtacacs-scheme *hwtacacs-scheme-name*〔local〕｜ldap-scheme *ldap-scheme-name*〔local〕｜local｜none｜radius-scheme *radius-scheme-name*〔local〕〕	为 login 用户配置认证方案
authorization login〔hwtacacs-scheme *hwtacacs-scheme-name*〔local〕｜ldap-scheme *ldap-scheme-name*〔local〕｜local｜none｜radius-scheme *radius-scheme-name*〔local〕〕	为 login 用户配置授权方案
accounting login〔hwtacacs-scheme *hwtacacs-scheme-name*〔local〕｜local｜none｜radius-scheme *radius-scheme-name*〔local〕〕	为 login 用户配置计费方案
public-key local create〔dsa｜rsa〕	生成本地 DSA 或 RSA 密钥对
ssh server enable	使能 SSH 服务器功能
authentication-mode scheme	设置登录用户界面的认证方式为 scheme
service-type〔ssh｜telnet｜terminal〕	设置用户可以使用的服务类型
protocol inbound〔all｜pad｜ssh｜telnet〕	设置所在用户界面支持的协议
display ssh server〔status｜session〕	在 SSH 服务器端显示该服务器的状态信息或会话信息
display ssh server-info	在 SSH 客户端显示客户端保存的服务器端的主机公钥和服务器的对应关系
display ssh user-information〔username〕	在 SSH 服务器端显示 SSH 用户信息

19.6 思考题

在实验任务 1 中,如果 telnet 用户输入的用户名 telnet 不带有域名,能否登录到路由器?为什么?

答:在 PCA 上通过用户名 telnet 密码 aabbcc 可以登录路由器,而且登录后具有管理员权限,这是因为路由器默认时启动了 domain system,而且该域的状态是 active 的。如果要不允许不带域名的 telnet 用户登录路由器,那么需要将系统默认的 system 域的状态去激活,也即在 domain system 下配置 state block,那么在 PCA 上通过用户名 telnet 密码 aabbcc 就无法登录路由器了。

交换机端口安全技术

20.1 实验内容与目标

完成本实验,应该能够达到以下目标。

(1)掌握 802.1x 的基本配置。

(2)掌握端口隔离基本配置。

(3)掌握端口绑定技术基本配置。

20.2 实验组网图

本实验按照实验图 20-1 进行组网。

实验图 20-1 实验组网图

20.3 实验设备与版本

本实验所需的主要设备器材如实验表 20-1 所示。

实验表 20-1 实验设备器材

名称和型号	版　本	数量	描　　述
S5820V2	CMW 7.1	1	—
PC	Windows 系统均可	2	安装 iNode 软件
console 串口线	—	1	—
第 5 类 UTP 以太网连接线	—	2	—

20.4 实验过程

实验任务 1 配置 802.1x

本实验通过在交换机上配置 802.1x 协议,使接入交换机的 PC 经过认证后才能访问网络资源。通过本实验,能够掌握 802.1x 认证的基本原理和 802.1x 本地认证的基本配置。

步骤 1:建立物理连接并初始化交换机配置。

按实验组网图进行物理连接并检查设备的软件版本及配置信息,确保各设备软件版本符合要求,所有配置为初始状态。如果配置不符合要求,在用户视图下擦除设备中的配置文件,然后重启设备以使系统采用默认的配置参数进行初始化。

步骤 2:检查互通性。

分别配置 PCA、PCB 的 IP 地址为 172.16.0.1/24、172.16.0.2/24。配置完成后,在 PCA 上用 ping 命令来测试到 PCB 的互通性,其结果是_____。

步骤 3:配置 802.1x 协议。

实现在交换机 SWA 上启动 802.1x 协议。

首先,需要分别在_____和_____开启 802.1x 认证功能,在下面的空格中补充完整的命令。

```
[SWA]_____
[SWA-_____]_____
```

其次,在 SWA 上创建本地 802.1x 用户,用户名为 abcde,密码为明文格式的 12345,该用户的服务类型 service-type 是_____,在下面的空格中完成该本地用户的配置命令。

_____

_____

_____

步骤 4:802.1x 验证。

配置完成后,再次在 PCA 上用 ping 命令来测试到 PCB 的互通性,其结果是_____

_____。

导致如上结果的原因是交换机上开启了 802.1x 认证,需要在客户端配置 802.1x 认证相关属性。

PC 可以使用 802.1x 客户端软件或 Windows 系统自带客户端接入交换机。本实验以 iNode 终端接入软件为例说明如何进行设置。

iNode 软件:iNode 是 H3C 公司的一款认证客户端软件,支持 802.1x 认证,可以在不同版本及类型的操作系统上安装。iNode 软件可以从 H3C 官方网站上下载。

第 1 步:安装 iNode 客户端。

首先在官网下载或者联系管理员获取 iNode 客户端安装程序。并在 Windows 终端以管理员权限运行该安装程序,按照提示完成 iNode 客户端安装,并重新启动计算机。

第 2 步:启动 iNode 客户端。

双击启动 iNode 客户端,成功启动后的界面如实验图 20-2 所示。

第 3 步:新建场景。

默认提供的场景中包含当前 iNode 客户端所定制的所有功能,如需调整场景设置可以在

设置中新建场景,配置方法如下:在如实验图 20-2 所示单击右下角的设置(齿轮状),进入
iNode 设置界面。系统弹出如实验图 20-3 所示的对话框,单击"下一步"按钮以选择认证协议。

实验图 20-2　iNode 客户端启动界面

实验图 20-3　新建场景

第 4 步:选择 802.1x 协议。

iNode 智能客户端为多种协议提供了统一的认证平台。在如实验图 20-4 所示的界面中单
击 802.1x 连接所对应的"＋"以选择 802.1x 协议。

第 5 步:选择连接类型。

802.1x 协议可以支持普通连接、快速认证连接、单点登录连接等几种连接类型。在如实
验图 20-5 所示中选择"普通连接"后,单击"下一步"按钮。

实验图 20-4 选择 802.1x 协议

实验图 20-5 选择连接类型

第 6 步：新建账户信息。

在如实验图 20-6 所示的新建账户信息界面中输入在交换机上所配置的用户名和密码。连接名可以自己定义，也可以选择默认的"802.1x 连接"。选择默认的网卡，然后单击"完成"按钮，再单击"下一步"按钮继续。

第 7 步：完成 802.1x 连接属性配置。

在连接属性界面中，如实验图 20-7 所示的 802.1x 连接属性，去掉勾选"上传客户端版本号"，若无其他特殊需求，则其余参数保持默认，然后单击"完成"按钮，完成 802.1x 属性的配置。

此时，PC 机完成 iNode 客户端的安装和 802.1x 连接的创建。

实验图 20-6　802.1x 连接的账户信息

实验图 20-7　802.1x 连接属性

第 8 步：802.1x 验证。

此时，在 iNode 智能客户端中已经有了创建好的"802.1x 连接"，如实验图 20-8 所示。

在 802.1x 连接对话框中输入用户名"abcde"和密码"12345"，然后单击"连接"，以发起 802.1x 连接。如果提示"您的身份认证成功"并连接状态显示"已连接"，则表明 802.1x 认证已经通过，如实验图 20-9 所示。

实验图 20-8 创建完成的 802.1x 连接

实验图 20-9 802.1x 认证信息

在 PCA 与 PCB 都通过验证后,在 PCA 上用 ping 命令来测试到 PCB 的互通性。结果是

_____。

注意:如果 Windows 系统长时间没有自动弹出要求认证提示,或认证失败需要重新认证,可以将线缆断开再连接,以重新触发 802.1x 认证过程。

实验任务 2 配置端口隔离

本实验通过在交换机上配置端口隔离,使处于隔离组内的两台 PC 不能互相访问,但 PC 能够访问上行端口的 PC。通过本实验,能够掌握端口隔离的基本原理和配置。

步骤 1:建立物理连接并初始化交换机配置。

按实验组网图进行物理连接并检查设备的软件版本及配置信息,确保各设备软件版本符合要求,所有配置为初始状态。如果配置不符合要求,在用户视图下擦除设备中的配置文件,然后重启设备以使系统采用默认的配置参数进行初始化。

步骤 2:检查互通性。

分别配置 PCA、PCB 的 IP 地址为 172.16.0.1/24、172.16.0.2/24。配置完成后,在 PCA 上用 ping 命令来测试到 PCB 的互通性,其结果是_____。

步骤 3:配置端口隔离。

在交换机上启用端口隔离,设置端口 GigabitEthernet1/0/1、GigabitEthernet1/0/2 为隔离组的普通端口,端口 GigabitEthernet1/0/24 不加入隔离组,作为交换机的上行端口。

配置 SWA 如下。

```
[SWA]_____
[SWA] interface GigabitEthernet 1/0/1
[SWA - GigabitEthernet1/0/1] _____
[SWA] interface GigabitEthernet 1/0/2
```

[SWA - GigabitEthernet1/0/2] _____

配置完成后,通过_____命令查看隔离组的信息。

步骤 4:端口隔离验证。

在 PCA 上用 ping 命令测试到 PCB 得互通性,其结果是_____。

然后将 PCB 从端口 GigabitEthernet1/0/2 断开,把 PCB 连接到隔离组的上行端口 GigabitEthernet1/0/24 上,再用 ping 命令测试,其结果是_____。

20.5 实验中的命令列表

本实验命令列表如实验表 20-2 所示。

实验表 20-2 命令列表

命 令	描 述
dot1x	开启全局的 802.1x 特性
dot1x	开启端口的 802.1x 特性
port-isolate group *group-number*	创建隔离组
port-isolate enable *group-number*	将指定端口加入隔离组中作为隔离组的普通端口
display port-isolate group	显示端口隔离组信息

20.6 思考题

在实验任务 1 中,使用交换机内置本地服务器对用户进行了本地认证。可不可以不在交换机上配置用户名、密码等信息,而对用户进行认证?

答:可以,但需要在网络中增加一台远程认证服务器。通过交换机与远程认证服务器协同工作,由交换机把用户名、密码等信息发送到远程服务器而完成认证过程。

IPSec

21.1 实验内容与目标

完成本实验,应该能够达到以下目标。

（1）理解 IPSec 基本原理。

（2）理解 IKE 基本原理。

（3）掌握 IPSec 基本配置。

21.2 实验组网图

本实验按照实验图 21-1 进行组网。

实验图 21-1 实验组网图

21.3 实验设备与版本

本实验所需的主要设备器材如实验表 21-1 所示。

实验表 21-1 实验设备器材

名称和型号	版 本	数量	描述
MSR36-20	CMW7.1	3	—
PC	Windows 系统均可	2	—
console 串口线	—	1	—
第 5 类 UTP 以太网连接线	—	4	交叉线

21.4 实验过程

实验任务 配置采用 IKE 方式建立 IPSec SA

在 RTA 和 RTB 之间采用 IKE 方式建立 IPSec SA 对 PCA 代表的子网与 PCB 代表的子网之间的数据流进行安全保护。

步骤 1：建立物理连接并初始化路由器配置。

按实验组网图进行物理连接并检查设备的软件版本及配置信息，确保各设备软件版本符合要求，所有配置为初始状态。如果配置不符合要求，在用户视图下擦除设备中的配置文件，然后重启设备以使系统采用默认的配置参数进行初始化。

步骤 2：基本 IP 地址和路由配置。

依据实验组网图完成 RTA、RTB、RTC、PCA、PCB 的 IP 地址配置。

在 RTA 上要配置去往 PCB 的静态路由，在下面的空格中补充完整的配置。

[RTA]ip route - static 0.0.0.0 0.0.0.0 _____

在 RTB 上要配置去往 PCA 的静态路由，在下面的空格中补充完整的配置。

[RTB]ip route - static 0.0.0.0 0.0.0.0 _____

在 RTC 上需要配置两条静态路由才能确保网络互通，在下面的空格中补充完整的配置。

[RTC] ip route - static _____
[RTC] ip route - static _____

配置完成后，在 PCA 和 PCB 上使用 ping 测试它们之间的互通性，其结果是_____。

步骤 3：定义访问控制列表。

要对 PCA 代表的子网与 PCB 代表的子网之间的数据流进行安全保护，那么需要定义访问控制列表识别 PCA 与 PCB 之间的数据流。

在 RTA 和 RTB 上配置_____（基本/高级）访问控制列表，定义子网 192.168.1.0/24 与 192.168.2.0/24 子网之间的数据流。

配置 RTA 访问控制列表，在下面的空格中补充完整配置。

[RTA] acl advanced 3101
[RTA - acl - ipv4 - adv - 3101] _____

配置 RTB 访问控制列表，在下面的空格中补充完整配置。

[RTB] acl advanced 3101
[RTB - acl - ipv4 - adv - 3101] _____

步骤 4：定义安全提议。

安全提议保存 IPSec 需要使用的特定安全协议、加密/认证算法以及封装模式，为 IPSec 协商 SA 提供各种安全参数。

在 RTA 上配置定义安全提议，在下面的空格中补充完整的配置命令。

创建名为 tran1 的安全提议
[RTA] _____
定义报文封装形式采用隧道模式

[RTA - ipsec - transform - set - tran1] _____
#定义安全协议采用 ESP 协议
[RTA - ipsec - transform - set - tran1] _____
#定义加密算法采用 DES,认证算法采用 ase - cbc - 128
[RTA - ipsec - transform - set - tran1] _____
[RTA - ipsec - transform - set - tran1] _____

在 RTB 上完成如上同样的安全参数配置,除_____配置可以不同,其他参数配置均应和 RTA 配置一致。

步骤 5:配置 IKE 对等体。

(1) 在 RTA 上创建名为 test 的 keychain,在下面的空格中补充完整的配置。

[RTA] _____

指定对端网关设备的 IP 地址并配置预共享密钥为 abcde。

[RTA - ike - keychain - test] _____

(2) 在 RTB 上创建名为 test 的 ike profile,在下面的空格中补充完整的配置。

[RTB] _____

引用 keychain test。

[RTB - ike - profile - test] _____

匹配对端网关设备的 IP 地址。

[RTB - ike - profile - test] _____

步骤 6:创建安全策略。
安全策略规定了对什么样的数据流采用什么样的安全提议。
(1) 在 RTA 上创建安全策略。

[RTA] ipsec policy RT 10 isakmp

如上配置命令中 RT、10、isakmp 的含义分别为_____
_____。

定义安全策略引用访问控制列表,在下面的空格中补充完整的配置。

[RTA - ipsec - policy - isakmp - RT - 10] _____

定义安全策略引用安全提议,在下面的空格中补充完整的配置。

[RTA - ipsec - policy - isakmp - RT - 10] transform - set _____

定义安全策略引用 IKE 对等体,在下面的空格中补充完整的配置。

[RTA - ipsec - policy - isakmp - RT - 10] ike - profile _____
[RTA - ipsec - policy - isakmp - RT - 10] remote - address _____

(2) 在 RTB 上完成同样如上配置。
步骤 7:在接口上引用安全策略组。
在 RTA 的_____接口上引用安全策略组才能使 IPSec 配置生效,在下面的空格中补充完整的配置。

```
[RTA] interface _____
[RTA-GigabitEthernet]_____
```

在 RTB 的相应接口上引用安全策略组。

```
[RTB] interface _____
[RTB-GigabitEthernet]_____
```

步骤 8：验证 IPSec 加密。

在 RTB 上执行 ping -a 192.168.2.1 192.168.1.1，其结果是_____。

然后在 RTB 上使用_____命令查看安全联盟的相关信息，根据输出信息补充如下空格。

```
IPsec policy name: _____
sequence number: 10
mode:_____
    ----------------------------.
  connection id: 3
  encapsulation mode: _____
  perfect forward secrecy: None
  tunnel:                    `
      local address: _____
      remote address: _____
  Flow :
      sour addr: _____  port: 0 protocol: IP
      dest addr: _____  port: 0 protocol: IP
```

可以在 RTB 上通过命令_____查看 IKE SA 的详细信息，根据该命令的输出信息可以看到：peer 的 IP 地址为_____，结果显示中 phase 1 和 phase 2 的 flag 标识为_____。通过如上命令输出信息表明数据流已经匹配 IPSec 安全隧道。

可以在 RTB 上执行_____来查看 IPSec 处理报文的统计信息，执行该命令后，记录下输出信息中的 input/output security packets、input/output security bytes 项目数值，然后再次在 RTB 上执行 ping -a 192.168.2.1 192.168.1.1，待该 ping 操作结束后，再次查看输出信息中的 input/output security packets、input/output security bytes 项目数值，发现数值_____。说明已经匹配 IPSec 安全隧道。

可以通过执行_____命令来查看 IPSec 隧道的信息。

21.5　实验中的命令列表

本实验命令列表如实验表 21-2 所示。

实验表 21-2　命令列表

命　　　令	描　　　述
ipsec transform-set *transform-set-name*	创建安全提议，并进入安全提议视图
protocol〈**ah**｜**ah-esp**｜**esp**〉	配置安全提议采用的安全协议
esp encryption-algorithm〈**3des**｜｜**aes**［*key-length*］｜**des**〉	配置 ESP 协议采用的加密算法
esp authentication-algorithm〈**md5**｜**sha1**〉	配置 ESP 协议采用的认证算法

续表

命　　令	描　　述
ah authentication-algorithm〔**md5**｜**sha1**〕	配置 AH 协议采用的认证算法
encapsulation-mode〔**transport**｜**tunnel**〕	配置安全协议对 IP 报文的封装形式
ipsec policy *policy-nameseq-number* **isakmp**	创建一条安全策略,并进入安全策略视图
security acl *acl-number*	配置安全策略引用的访问控制列表
transform-set *transform-set-name*&〈1-6〉	配置安全策略所引用的安全提议
Ike keychain *keychain-name*	在安全策略中引用 IKE 对等体
pre-shared-key address *address* **key simple** *password*	配置采用预共享密钥认证时,所使用的预共享密钥
ike profile *profile-name*	配置 ike profile
match remote identity address *address*	配置 ike profile 中匹配对端的地址
ipsec policy *policy-name*	应用指定的安全策略组
display ipsec policy〔**brief**｜**name** *policy-name*〔*seq-number*〕〕	显示安全策略的信息
display ipsec proposal〔*proposal-name*〕	显示安全提议的信息
display ipsec sa〔**brief**｜**duration**｜**policy** *policy-name*〔*seq-number*〕｜**remote** *ip-address*〕	显示安全联盟的相关信息
display ike sa〔**verbose**〔**connection-id** *connection-id*｜**remote-address** *remote-address*〕〕	显示当前 IKE SA 的信息
display ipsec statistics	显示 IPSec 处理报文的统计信息
display ipsec tunnel	显示 IPSec 隧道的信息

21.6　思考题

在实验任务 2 步骤 8 中,为何要在 RTB 上执行 ping -a 192.168.2.1 192.168.1.1 而不是 ping 192.168.1.1?

答:执行 ping -a 192.168.2.1 192.168.1.1,那么 ICMP 数据包的源地址是 192.168.2.1,目的地址是 192.168.1.1,该数据包符合定义的 IPSec 保护的数据流。而如果执行 ping 192.168.1.1,那么该 ICMP 数据包的源地址是 3.3.3.1,该数据包就不会匹配所定义的 ACL,那么也就不会被 IPSec 加密保护。

VRRP

22.1 实验内容与目标

完成本实验,应该能够达到以下目标。

(1)掌握配置 VRRP 的基本命令。

(2)掌握 VRRP 协议基本原理。

22.2 实验组网图

本实验按照实验图 22-1 进行组网。

实验图 22-1 实验组网图

22.3 实验设备与版本

本实验所需的主要设备器材如实验表 22-1 所示。

实验表 22-1 实验设备器材

名称和型号	版 本	数量	描 述
MSR3620	CMW7.1	3	—
S5820V2		1	任意一台二层交换机均可
PC	Windows 系统均可	2	—
console 串口线	—	1	—
第 5 类 UTP 以太网连接线	—	4	—

22.4　实验过程

实验任务 1　VRRP 单备份组配置

本实验的主要任务是通过在 RTA 和 RTB 上配置 VRRP 单备份组,实现初始情况下业务转发任务仅由 master 路由器 RTA 承担,当 RTA 路由器出现故障时,备份组内处于 backup 状态的 RTB 成为新的 master 路由器继续为网络内的主机提供转发任务。

步骤 1:建立物理连接并初始化路由器与交换机配置。

按实验组网图进行物理连接并检查设备的软件版本及配置信息,确保各设备软件版本符合要求,所有配置为初始状态。如果配置不符合要求,在用户视图下擦除设备中的配置文件,然后重启设备以使系统采用默认的配置参数进行初始化。

步骤 2:基本 IP 地址和路由配置。

依据实验组网图的标识完成 RTA、RTB、RTC、PCA、PCB 的 IP 地址配置,其中 PCA 的网关地址应设置为_____,PCB 的网关地址应设置为_____。

为了配置简单,在 RTA、RTB、RTC 上运行 OSPF,所有接口网段都在 OSPF area 0 中发布。

SWA 采取出厂默认配置。

完成如上配置后,用 ping 命令检查互通性。

PCA ping RTA 上 G0/0 接口 IP 地址,其结果是_____。

PCA ping RTB 上 G0/0 接口 IP 地址,其结果是_____。

步骤 3:配置 VRRP。

创建 VRRP 备份组的同时,需要在_____视图下配置备份组的虚拟 IP 地址,并且保证配置的虚拟 IP 地址与 RTA 和 RTB _____接口的 IP 地址_____(在/不在)同一网段,在下面的空格中补充完整的配置虚拟 IP 地址的命令。

配置 RTA 虚拟 IP 地址。

_____

配置 RTB 虚拟 IP 地址。

_____

PCA ping 自己的网关地址,其结果是_____,产生这种结果的原因是_____,要改变这种结果,需要在 RTA、RTB 上增加配置命令,在下面的空格中填写完整的配置命令。

_____

_____

接下来配置备份组优先级以确保在初始情况下,RTA 为 master 路由器承担业务转发,在 MSR 路由器上 VRRP 备份组的默认优先级是_____,要确保 RTA 为 VRRP 备份组 master 路由器,那么 RTA 在该备份组中的优先级应该_____(大于/小于)RTB 在该备份组中的优先级,在下面的空格中补充完整的命令配置路由器备份组优先级。

配置 RTA 备份组优先级为 120。

_____

配置 RTB 备份组优先级为 100。

步骤 4：验证 VRRP。

在 PCA 上用 ping 检测到 PCB 的可达性，其结果是_____。

在 RTA 上通过命令_____查看 VRRP 备份组的状态摘要，通过命令 display vrrp verbose 可以查看_____，根据该命令输出，可以看出 RTA 的 VRRP 状态是_____。

在 RTB 上执行同样的命令，可以看到 RTB 的 VRRP 状态是_____。

此时将 RTA 关机，再次在 PCA 上用 ping 检测到 PCB 的可达性，其结果是_____，此时在 RTB 上查看 VRRP 状态，可以看到 RTB 的 VRRP 状态是_____。

实验任务 2　VRRP 监视接口配置

实验的主要任务是通过在 RTA 和 RTB 上配置 VRRP 单备份组监视其上行连接 RTC 的接口，实现初始情况下业务转发任务仅由 master 路由器 RTA 承担，当 RTA 连接 RTC 的端口 S1/0 不可用时，备份组内处于 backup 状态的 RTB 成为新的 master 路由器继续为网络内的主机提供转发任务。

本实验可以在实验任务 1 的基础上直接完成，如下的实验步骤 1～步骤 3 与实验任务 1 一致。

步骤 1：建立物理连接并初始化路由器与交换机配置。

按实验组网图进行物理连接并检查设备的软件版本及配置信息，确保各设备软件版本符合要求，所有配置为初始状态。如果配置不符合要求，在用户视图下擦除设备中的配置文件，然后重启设备以使系统采用默认的配置参数进行初始化。

步骤 2：基本 IP 地址和路由配置。

依据实验组网图的标识完成 RTA、RTB、RTC、PCA、PCB 的 IP 地址配置，其中 PCA 的网关地址应设置为_____，PCB 的网关地址应设置为_____。

为了配置简单，在 RTA、RTB、RTC 上运行 OSPF，所有接口网段都在 OSPF area 0 中发布。

SWA 采取出厂默认配置。

完成如上配置后，用 ping 命令检查互通性。

PCB ping RTA 上 G0/0 接口 IP 地址，其结果是_____。

PCB ping RTB 上 G0/0 接口 IP 地址，其结果是_____。

步骤 3：配置 VRRP。

创建 VRRP 备份组的同时，需要在_____视图下配置备份组的虚拟 IP 地址，并且保证配置的虚拟 IP 地址与 RTA 和 RTB_____接口的 IP 地址_____(在/不在)同一网段，在下面的空格中补充完整的配置虚拟 IP 地址的命令。

配置 RTA 虚拟 IP 地址。

配置 RTB 虚拟 IP 地址。

PCA ping 自己的网关地址，其结果是_____，产生这种结果的原因是

_____，要改变这种结果，需要在 RTA、RTB 上增加配置命令，在下面的空格中填写完整的配置命令。

_____

_____

接下来配置备份组优先级确保在初始情况下，RTA 为 master 路由器承担业务转发，在 MSR 路由器上 VRRP 备份组的默认优先级时_____，要确保 RTA 为 VRRP 备份组 master 路由器，那么 RTA 在该备份组中的优先级应该_____（大于/小于）默认优先级，在下面的空格中补充完整的命令配置路由器备份组优先级。

配置 RTA 备份组优先级为 120。

_____

配置 RTB 备份组优先级为 100。

_____

步骤 4：配置 VRRP 指定被监视的接口。

在 RTA 和 RTB 上的_____接口下配置 VRRP 监视上行出口 G0/1，当上行出口 G0/1 出现故障时，路由器的优先级自动降低 30，以低于处于备份组的路由器优先级，从而实现主备倒换。在下面的空格中补充完整的命令。

配置 RTA 过程如下。

_____

配置 RTB 过程如下。

_____

然后在 RTA、RTB 上做如下的配置。

```
[RTA - GigabitEthernet0/0] vrrp vrid 1 timer advertise 5
[RTB - GigabitEthernet0/0] vrrp vrid 1 timer advertise 5
```

该配置命令的含义是_____。

```
[RTA - GigabitEthernet0/0] vrrp vrid 1 preempt - mode timer delay 5
[RTB - GigabitEthernet0/0] vrrp vrid 1 preempt - mode timer delay 5
```

该配置命令的含义是_____。

步骤 5：验证 VRRP。

在 PCA 上用 ping 检测到 PCB 的可达性，其结果是_____。

在 RTA 上通过命令_____查看 VRRP 备份组的状态摘要信息，通过命令 display vrrp verbose 可以查看_____，根据该命令输出，可以看出 RTA 的 VRRP 状态是_____，路由器优先级是_____。

在 RTB 上执行同样的命令，可以看到 RTB 的 VRRP 状态是_____，路由器优先级是_____。

此时，将 RTA 连接 RTC 的接口 G0/1 的线缆断开，再次在 PCA 上用 ping 检测到 PCB 的可达性，其结果是_____。在 RTA 上查看 VRRP 状态，可以看到 RTA 的 VRRP 状态是_____，路由器优先级是_____；在 RTB 上查看 VRRP 状态，可以看到 RTB 的 VRRP 状态是_____，路由器优先级是_____。

从如上显示信息可以看出，由于上行接口 G0/1 出现故障，VRRP 备份组进行了主备倒换。

22.5　实验中的命令列表

本实验命令列表如实验表 22-2 所示。

实验表 22-2　命令列表

命　　令	描　　述
vrrp **vrid** *virtual-router-id* *virtual-ip* *virtual-address*	创建备份组，并配置备份组的虚拟 IP 地址
vrrp vrid *virtual-router-id* **priority** *priority-value*	配置路由器在备份组中的优先级
vrrp vrid *virtual-router-id* **preempt-mode**[**delay** *delay-value*]	配置备份组中的路由器工作在抢占方式，并配置抢占延迟时间
track *track-entry-number* **interface** *interface-type interface-number*	配置 track 项
vrrp **vrid** *virtual-router-id* track *track-entry-number* {forwarder-switchover member-ip *ip-address* | priority reduced [*priority-reduced*]|switchover|weight reduced [*weight-reduced*]}	配置监视指定的 track 项
vrrp **vrid** *virtual-router-id* authentication-mode {*md5*|*simple*} *key*	配置备份组发送和接收 VRRP 报文的认证方式和认证字
vrrp **vrid** *virtual-router-id* timer advertise *adver-interval*	配置备份组中 master 路由器发送 VRRP 通告报文的时间间隔
display vrrp [*verbose*] [*interface interface-type interface-number*[*vrid virtual-router-id*]]	显示 VRRP 备份组的状态信息

22.6　思考题

在实验任务 2 的步骤 4 中，在路由器上配置 VRRP 抢占延迟时间的作用是什么？

答：在性能不够稳定的网络中，backup 路由器可能因为网络堵塞而无法正常收到 master 路由器的报文，导致备份组内的成员频繁地进行主备状态转换。在设置了延迟时间后，backup 路由器没有按时收到来自 master 路由器的报文，会等待一段时间，如果在这段时间内 backup 路由器还没有收到来自 master 路由器的报文，backup 路由器才会转换为 master 路由器，从而避免因网络的瞬时故障而导致备份组内路由器的状态频繁转换。

链路备份和路由备份

23.1 实验内容与目标

完成本实验,应该能够达到以下目标。

(1)掌握链路备份的配置。

(2)掌握路由备份的配置。

23.2 实验组网图

本实验按照实验图 23-1 和实验图 23-2 进行组网。

实验图 23-1 链路备份实验组网图

实验图 23-2 路由备份实验组网图

23.3　实验设备与版本

本实验所需的主要设备器材如实验表 23-1 所示。

实验表 23-1　实验设备器材

名称和型号	版　本	数量	描　述
MSR3620	CMW7.1	3	—
PC	Windows 系统均可	2	—
console 串口线	—	1	—
V.35 DTE 串口线	—	2	—
V.35 DCE 串口线	—	2	—
第 5 类 UTP 以太网连接线	—	3	—

23.4　实验过程

实验任务 1　配置链路备份

本实验主要任务是实现 PCA 与 PCB 通过 RTA 和 RTB 互通,同时把 RTA 的接口 serial2/1 和 G0/0 配置为主接口 serial2/0 的备份接口,并优先使用备份接口 serial2/1。而且设置主接口与备份接口相互切换的延时。

步骤 1：建立物理连接并初始化路由器配置。

按实验图 23-1 进行物理连接,并检查设备的软件版本及配置信息,确保各设备软件版本符合要求,所有配置为初始状态。如果配置不符合要求,在用户视图下擦除设备中的配置文件,然后重启设备以使系统采用默认的配置参数进行初始化。

步骤 2：基本 IP 地址和路由配置。

依据实验组网图的标识完成 RTA、RTB、PCA、PCB 的 IP 地址配置,其中 PCA 的网关地址应设置为_____,PCB 的网关地址应设置为_____。

配置 RTA 和 RTB 的路由,依据组网图,在 RTA 和 RTB 上需要配置_____条下一跳_____（相同/不相同）的静态路由,在下面的空格中补充完整的 RTA 和 RTB 的静态路由配置。

配置 RTA 静态路由。

_____

_____

_____

配置 RTB 静态路由。

_____

_____

_____

_____

配置完成后,在 PCA 上 ping PCB,其结果应该是可达。

步骤 3：配置链路备份。

要在 RTA 上实现链路备份配置，需要在＿＿＿＿＿＿＿视图下通过＿＿＿＿命令完成；而要实现优先使用备份接口 serial2/1，那么在配置如上命令时需要加入＿＿＿＿参数。在下面的空格中补充完整的配置命令实现 RTA 的接口 serial2/1 和 G0/0 配置为主接口 serial2/0 的备份接口，并优先使用备份接口 serial2/1。

[RTA]＿＿＿＿＿＿＿＿＿＿＿＿＿＿＿＿＿＿＿＿＿＿＿＿＿＿＿＿＿＿＿＿

＿＿＿＿＿＿＿＿＿＿＿＿＿＿＿＿＿＿＿＿＿＿＿＿＿＿＿＿＿＿＿＿＿＿

＿＿＿＿＿＿＿＿＿＿＿＿＿＿＿＿＿＿＿＿＿＿＿＿＿＿＿＿＿＿＿＿＿＿

同时在 RTA 上做了以下配置。

[RTA－Serial2/0] backup timer delay 10 10

如上配置命令的含义是＿＿＿＿＿＿＿＿＿＿＿＿＿＿＿＿＿＿＿＿＿＿＿＿

＿＿＿＿＿＿＿＿＿＿＿＿＿＿＿＿＿＿＿＿＿＿＿＿＿＿＿＿＿＿＿＿＿＿。

步骤 4：验证链路备份。

完成步骤 3 后，在 PCA 上 ping PCB，其结果是＿＿＿＿＿＿＿。

在 PCA 上可以通过＿＿＿＿＿＿＿＿命令查看主接口与备份接口的状态，根据该命令的输出信息补充实验表 23-2 空格中的信息。

实验表 23-2　状态表 1

interface	interfacestate	standbystate	pri
serial2/0			
serial2/1			
GigabitEthernet0/0			

此时，在 RTA 上通过＿＿＿＿命令将端口 serial2/0 手工关闭，然后 10s 后，继续查看主接口与备份接口的状态，根据该命令的输出信息补充实验表 23-3 空格中的信息。

实验表 23-3　状态表 2

interface	interfacestate	standbystate	pri
serial2/0			
serial2/1			
GigabitEthernet0/0			

此时，在 PCA 上 ping PCB，其结果是＿＿＿＿＿＿＿＿＿。

然后在保持端口 serial2/0 关闭，将端口 serial2/1 手动关闭，然后 10s 后，继续查看主接口与备份接口的状态，根据该命令的输出信息补充实验表 23-4 空格中的信息。

实验表 23-4　状态表 3

interface	interfacestate	standbystate	pri
serial2/0			
serial2/1			
GigabitEthernet0/0			

此时，在 PCA 上 ping PCB，其结果是_____。

实验任务 2　配置路由备份

本实验主要任务是通过适当地配置 RIP 路由协议和静态路由协议，使 PCA 访问 PCB 优先选择静态路由路径，其次选择 RIP 路由路径。

步骤 1：建立物理连接并初始化路由器配置。

按实验图 23-2 进行物理连接并检查设备的软件版本及配置信息，确保各设备软件版本符合要求，所有配置为初始状态。如果配置不符合要求，在用户视图下擦除设备中的配置文件，然后重启设备以使系统采用默认的配置参数进行初始化。

步骤 2：基本 IP 地址配置。

依据实验组网图的标识完成各设备的 IP 地址配置，其中 PCA 的网关地址应设置为_____，PCB 的网关地址应设置为_____。

配置完成后，在 PCA 上通过 ping 检测到 PCB 的可达性，其结果是_____。

步骤 3：配置 RIP。

在 RTA-RTC-RTB 的串口以及 RTA 和 RTB 的 G0/1 接口上运行 RIPv2。在下面的空格中完成 RTA 上 RIPv2 的配置。

_____

_____

_____

在下面的空格中完成 RTB 上 RIPv2 的配置。

_____

_____

_____

在下面的空格中完成 RTC 上 RIPv2 的配置。

_____

_____

_____

配置完成后，在 RTA 上查看全局路由表，可以看到 RTA 的路由表中，有目的网段为 192.168.2.0/24 的路由，其协议优先级为_____，cost 值为_____。在 RTB 上查看全局路由表，可以看到目的网段为 192.168.1.0/24 的 RIP 路由。

PCA 通过 ping 命令检测与 PCB 的互通，其结果是可以 ping 通。

步骤 4：配置静态路由。

RTA 与 RTB 之间通过 G0/0 互联，在 RTA 与 RTB 上配置静态路由。

要实现 PCA 访问 PCB 优先选择该静态路由，那么应当配置同一目的网段的静态路由的优先级数值_____ RIP 路由协议的优先级值。MSR 上静态路由的优先级默认是_____，因此该静态路由优先级需重新配置以便满足要求。

[RTA]ip route - static 192.168.2.0 24 _____

[RTB]ip route - static 192.168.1.0 24 _____

配置完成后在 RTA 上查看全局路由表,可以看到目的网段为 192.168.2.0/24 的路由有 _____ 条,是 _____ 路由,其优先级是 _____;在 RTB 上查看全局路由表,可以看到目的网段为 192.168.1.0/24 的路由有 _____ 条,是 _____ 路由,其优先级是 _____。

PCA 通过 ping 命令检测与 PCB 的互通,其结果是可以 ping 通。

步骤 5:路由备份验证。

步骤 4 中,PCA 可以 ping 通 PCB 是通过静态路由实现的,因为 _____
_____。

断开 PCA 与 PCB 之间的 G0/0 的链路,然后在 RTA 上查看全局路由表,可以看到目的网段为 192.168.2.0/24 的路由是一条 _____ 路由,在 RTB 上查看全局路由表,可以看到目的网段为 192.168.1.0/24 的路由也是一条 _____ 路由。然后 PCA 通过 ping 命令检测与 PCB 的可达性,其结果是 _____。

然后再次连接 RTA 与 RTB 之间的 G0/0 链路,然后在 RTA 上查看全局路由表,可以看到目的网段为 192.168.2.0/24 的路由是一条 _____ 路由,在 RTB 上查看全局路由表,可以看到目的网段为 192.168.1.0/24 的路由也是一条 _____ 路由。然后 PCA 通过 ping 命令检测与 PCB 的可达性,其结果是 _____。

23.5　实验中的命令列表

本实验命令列表如实验表 23-5 所示。

实验表 23-5　命令列表

命　　令	描　　述
backup interface *interface-type interface-number*[*priority*]	配置主接口的备份接口
backup timer delay *enable-delay disable-delay*	配置主备接口切换的延时
display interface-backup state	查看主接口与备份接口的状态
ip route-static *dest-address* {**mask** | **mask-length**} {*next-hop-address* [**preference** *preference-value*]	配置单播静态路由

23.6　思考题

1. 在实验任务 1 的步骤 2 中,PCA 与 PCB 实现互通,这种情况下 PCA 与 PCB 之间的数据流如何选择三条链路?

答:此时三条链路是负载分担的方式来分配数据流。

2. 在实验任务 2 中,如果 RTA 和 RTB 上运行的都是 RIP 协议,那么如何实现 RIP 协议的备份?

答:可以修改不同链路的 RIP cost 值来实现 RIP 路由备份。

3. 在实验任务 2 的步骤 4 中,为什么配置了静态路由后,路由表中看不到步骤 3 中学习到的 PCA、PCB 所在网段的 RIP 路由?

答:对于同一目的网段不同路由协议学习到的路由,路由器会比较这两条路由的优先级,把优先级数值小(也即优先级高)的路由写入自己的全局路由表。

网络管理基本操作

24.1 实验内容与目标

完成本实验,应该能够达到以下目标。

(1) 使用 iMC 添加设备。

(2) 使用 iMC 查看设备告警。

(3) 使用 iMC 对设备的 CPU 和内存性能进行监控。

(4) 使用 iMC 查看网络拓扑结构。

24.2 实验组网图

本实验按照实验图 24-1 进行组网。

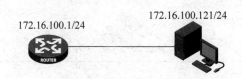

172.16.100.1/24   172.16.100.121/24

实验图 24-1   实验组网图

24.3 实验设备与版本

本实验所需的主要设备器材如实验表 24-1 所示。

实验表 24-1   实验设备器材

名称和型号	版 本	数量	描 述
iMC 服务器	iMC PLAT 7.3(E0705P12)或更高版本	1	使用 Windows Server 2012 R2 服务器
MSR3620	CMW7.1	1	也可用交换机代替
PC	Windows 系统均可	1	—
console 串口线	—	1	—
第 5 类 UTP 以太网连接线	—	1	交叉线

24.4 实验过程

实验任务 1   通过 iMC 添加设备

步骤 1:配置设备的 SNMP 命令。

将 PC(或终端)的串口通过标准 console 线缆与路由器的 console 口连接。线缆的 RJ-45

头一端连接路由器的 console 口；9 针 RS-232 接口一端连接计算机的串行口。实验中 iMC 服务器的 IP 地址为 172.16.100.121，路由器的 IP 地址为 172.16.100.1。

设备的 SNMP 命令如下。

```
[H3C]snmp-agent
[H3C]snmp-agent community read public
[H3C]snmp-agent community write private
[H3C]snmp-agent sys-info version all
[H3C]snmp-agent target-host trap address udp-domain 172.16.100.121 params securityname public
```

步骤 2：进入 iMC 服务器 Web 界面，添加设备。

在 iMC Web 界面上运行"资源"→"资源管理"→"增加设备"命令。输入要添加设备的 IP 地址，设置 SNMP 参数，并单击"确定"按钮。

添加成功后，在 iMC"设备视图"中该设备被归类为路由器，看图回答以下内容。

设备标签显示为＿＿＿＿＿＿＿＿＿＿＿＿＿＿＿＿＿。

设备型号显示为＿＿＿＿＿＿＿＿＿＿＿＿＿＿＿＿＿。

实验任务 2　使用 iMC 查看设备告警

步骤 1：将设备和 iMC 服务器之间的网线拔掉。

不到 1min，在 iMC 的"告警"→"告警浏览"→"实时告警"列表中会看到一条来自路由器的告警信息。

告警信息为＿＿＿＿＿＿＿＿＿＿＿＿＿。

单击该告警信息，进入"告警详细信息"界面，看图回答。

告警级别为＿＿＿＿＿＿＿＿＿＿＿＿＿＿＿＿＿。

告警原因为＿＿＿＿＿＿＿＿＿＿＿＿＿＿＿＿＿。

修复建议为＿＿＿＿＿＿＿＿＿＿＿＿＿＿＿＿＿。

步骤 2：将拔掉的网线重新连接好。

结束实验任务 2。

实验任务 3　使用 iMC 查看设备的 CPU 和内存性能数据

步骤 1：15min 以后，选择 Web 界面的"资源"命令。

如实验图 24-2 所示，在界面的最后会列出设备的性能监视数据。如"CPU 利用率""内存利用率""设备响应时间"等。看图回答。

该设备 CPU 利用率最新数据为＿＿＿＿＿＿＿＿＿＿＿＿。

单击"内存利用率"命令，进入内存利用率界面，看图回答。

该设备内存利用率最新数据为＿＿＿＿＿＿＿＿＿＿＿＿。

步骤 2：查看设备性能数据。

在内存利用率界面，单击如实验图 24-2 所示的实例中的内容链接。

PC 会重新弹出一个"性能历史数据"窗口。在"查询条件"里，将时间范围设置为"最近一小时"后查询。看图回答。

该设备内存利用率最小值为＿＿＿＿＿＿，最小值时间为＿＿＿＿＿＿。

该设备内存利用率最大值为＿＿＿＿＿＿，最大值时间为＿＿＿＿＿＿。

实验图 24-2　资源界面

同时在页面会看到,该报表数据可以导出为各种格式,依次选择"另存为 excel""另存为 pdf""导出为 html"和"导出为 txt"命令查看其效果。

实验任务 4　使用 iMC 查看网络拓扑

步骤 1:将 iMC 服务器地址加入 iMC。

按照实验任务 1 的步骤 2 的方式,将 172.16.100.121(即 iMC 服务器)自身加入 iMC 服务器中(无须配置 SNMP 参数,只需填入 IP 地址即可)。

步骤 2:进入"资源",单击"网络拓扑",进入网络拓扑界面。

当单击"资源"里的 网络拓扑后,选择"IP 拓扑",将看到的拓扑通过截图方式获取。

步骤 3:重复实验任务 2,将设备和 iMC 服务器之间的网线拔掉。

此时,观察拓扑中该设备的颜色状态变化,设备图标颜色变为_____。

插上网线,1min 后,刷新拓扑重新观察,此时设备图标颜色变为_____。

步骤 4:从拓扑中观察设备的运行状态。

在拓扑上,单击路由器,选择"浏览告警"和"性能数据一览"命令。以此学会从拓扑中观察设备的运行状态。

24.5　实验中的命令列表

本实验命令列表如实验表 24-2 所示。

实验表 24-2　命令列表

命　　　令	描　　　述
snmp-agent	使能设备 SNMP
snmp-agent community read *XXX*	设置 SNMP 读团体字
snmp-agent community write *XXX*	设置 SNMP 写团体字

命　　　令	描　　述
snmp-agent sys-info version	设置 SNMP 版本
snmp-agent target-host trap address udp-domain *X.X.X.X* params securityname *XXX*	设置设备 trap 告警发送的主机

24.6　思考题

1. 在实验任务 1 的步骤 1 中,如果在设备 SNMP 配置里设置同样的 read 团字体和 write 团体字,例如,都设置为 public,则在命令行下执行 display current-configuration,关于 SNMP 的配置中为什么只显示 snmp-agent community write public,却不显示 read 部分的配置?

答:设备 SNMP 的 read 参数和 write 参数一致时,只显示 write 参数。因为 write 参数的含义实际是读写团体字,包含了 read。

2. 在实验任务 3 的步骤 2 中,比较性能数据导出为 excel、pdf、html 和 txt 四种类型文件的不同点。

答:4 种方式都可以将当前性能监控显示的历史数据明细保存成文件,但是只有 excel 和 pdf 格式的文件可以将性能数据的报表图也导出,html 和 txt 则不会保留报表图。

実验25

综合组网

25.1 实验内容与目标

本实验通过模拟一个真实的网络工程,加强对网络技术的理解,提高对网络技术的实际应用能力,建立对网络工程的初步认识。

完成本综合实训,应该能够达到以下目标。

(1) 了解中小型路由交换网络建设流程。

(2) 掌握中小型路由交换的各种技术,为虚拟化网络技术打基础。

(3) 独立部署中小型路由交换网络。

25.2 项目背景

××公司是一个高新技术企业,以研发、销售汽车零部件为主,其生产环节采用 OEM (original equipment manufacture,定牌生产合作,俗称"代工")方式。公司总部设在北京,在深圳设有一个办事处,在上海设有研究所。总部负责公司运营管理,深圳办事处主要负责珠三角、港澳地区的产品销售及渠道拓展,上海研究所负责公司产品市场调研、产品研发等工作。

该公司在 2003 年的时候组建了网络,如实验图 25-1 所示。北京总部、深圳办事处、上海研究所都各自组建了办公网络,都采用 ADSL 方式直接将内部网络同 Internet 连接起来,通过 Internet 将总部和异地办事处连接起来;各 PC 机及内部的服务器用百兆交换机连接。

实验图 25-1 ××公司总部及办事处组网图

在网络建设初期,网络的速度还可以满足需要。随着公司的发展,人员越来越多,网络速度越来越低。除此以外,还有下列一些问题。

(1) 网络故障不断,时常出现网络瘫痪现象。这一点深圳办事处表现得最为突出,一到夏季雷雨季节,往往下一次雨,ADSL 路由器就会被雷电击坏一次。一旦发生故障,短则几小时、长则几天,都无法正常办公。

(2) 病毒泛滥,攻击不断。特别是从 2006 年 ARP 病毒暴发以来,总部及分支机构的网络就没有消停过。不仅是病毒,各种木马也很猖狂,一些账号密码常被盗取,使研发的服务器基本不敢连接内网。

(3) 总部同办事处发送信息不安全。总部同分支机构之间发送的信息不够安全,时常出现机密信息被窃取的现象。为此,总部和分支机构之间的机密信息全部使用 EMS 方式快递,不但费用高,而且速度也慢。

(4) 一些员工使用 P2P 工具,不能监管。自从有了 P2P 应用以后,采用 P2P 应用的多媒体资源越来越多,内部员工使用 BT、迅雷等工具下载文件的事情时有发生,一旦有人下载,原本就速度缓慢的网络变得更慢,基本无法使用。

(5) 公司的一些服务器只能托管,不能放在公司内部。公司有自己的 OA 及 WWW 服务器,但因为内网存在安全隐患,且无固定 IP 地址,这些服务器只能托管在运营商的 IDC 机房,不能放在公司内部,给管理和维护带来极大不便。

以上是××公司网络目前出现的一些问题。对这些问题及网络的重要性,公司的领导层也是深有认识。为了提高工作效率,降低公司运营成本,公司领导层决定对目前公司的网络进行升级改造。

25.3　网络规划设计

1. 网络建设目标

××公司决定对当前的总部及办事处的办公网络进行升级改造,彻底解决当前网络存在的各种问题,提高公司的办公效率,降低公司的运营成本。为此公司召开了各部门负责人会议,讨论网络的建设目标及其他一些细节。经过深入的讨论,得出了以下建设目标。

(1) 网络带宽升级,达到万兆骨干,千兆到桌面。目前内部网络采用是百兆交换机互联,带宽较小,升级之后变为千兆独享到桌面,总部网络骨干升级为万兆。

(2) 增强网络的可靠性及可用性。升级之后的整个网络要具备高可用性。网络不会因为单点故障而导致全网瘫痪;设备、拓扑等要有可靠性保障,不会因雷击而出现故障。

(3) 网络要易于管理、升级和扩展。升级之后的网络要易于管理,要提供图形化的管理界面和故障自动告警措施。另外考虑到公司以后的发展,网络要易于升级和扩展,要满足 3～5 年内因人员增加、机构增加而扩展网络的需求。

(4) 确保内网安全及同办事处之间交互数据的安全。升级之后的网络要确保总部和分支机构的内网安全,能够彻底解决 ARP 欺骗问题,防止外部对内网的攻击,同时要保证总部和办事处之间传递数据的安全性和可靠性。另外,要能监控和过滤员工发往外部的邮件及员工访问的网站等。

(5) 服务器管理及访问权限控制,并能监管网络中的 P2P 应用。网络升级之后,要将托管在运营商 IDC 机房的 OA 及 WWW 服务器搬回公司,自行管理和维护。深圳办事处及上海研究所只能访问总部,深圳办事处和上海研究所之间不能互相访问。应能监控网络中的 P2P 应用，应能对 P2P 应用进行限制，防止网络带宽资源的占用。

2．网络规划

1）拓扑规划

根据现有网络拓扑结构，结合建设目标及实际需求，新规划的拓扑结构如实验图 25-2 所示。

实验图 25-2 　××公司新网络拓扑图

在此拓扑结构中，北京总部的 1 台核心交换连接 3 台接入层交换机和 1 台服务器区交换机，构成了北京总部内部 LAN；北京总部 1 台路由器通过租用 ISP VPN 专线将深圳办事处、上海研究所连接起来；北京总部的出口通过互连路由器连接到 Internet。

在深圳办事处的路由器下挂 1 台 48 口的交换机构成办事处的内部网络。

2）设备选型

根据网络建设目标，结合前述的拓扑结构以及 H3C 目前的设备型号，北京总部、深圳办事处及上海研究所具体设备明细如实验表 25-1 所示（以下设备型号及配置仅供参考，满足要求即可）。

实验表 25-1　总部及分支机构设备明细表

办事处	设备型号	描 　述	数量
北京总部	H3C MSR3620-X1	6 SFP＋端口	1
	S6520XE-54QC-HI	48 SFP＋端口/2 QSFP＋端口	1
	S5560X-30F-HI	18GE SFP 端口/ 4SFP＋端口/2QSFP＋端口	1
	S5130-54C-HI	48GE Base-T 端口/ 4 SFP＋端口	3
深圳办事处	H3C MSR3620-X1	6 SFP＋端口	1
	S5130-54C-HI	48GE Base-T 端口/ 4 SFP＋端口	1
上海研究所	H3C MSR3620-X1	6 SFP＋端口	1
	S5130-54C-HI	48GE Base-T 端口/ 4 SFP＋端口	1

3）设备命名及端口描述

为了方便统一管理,需要对所有设备进行统一命名。本次项目设备命名采用以下格式。

AA-BB-CC

其中,AA 表示设备所处的地点,如北京简写为 BJ,上海简写为 SH;BB 表示设备的型号,如 MSR 36-20 表示为 MSR3620,S5560X-30F-HI 表示为 S5560X;CC 表示同型号设备的数量,如第一台设备表示为 0,第二台设备表示为 1。

根据上述规则,北京总部的第一台路由器命名为 BJ-0,其余依次类推。所有设备的命名明细如实验表 25-2 所示。

实验表 25-2　设备命名明细表

办事处	设备型号	设备名称
北京总部	H3C MSR3620-X1	BJ-MSR3620-0
	S6520XE-54QC-HI	BJ-S6520XE-0
	S5560X-30F-HI	BJ-S5560X-0
	S5130-54C-HI	BJ-S5130-0
	S5130-54C-HI	BJ-S5130-1
	S5130-54C-HI	BJ-S5130-2
深圳办事处	H3C MSR3620-X1	SZ-MSR3620-0
	S5130-54C-HI	SZ-S5130-0
上海研究所	H3C MSR3620-X1	SH-MSR3620-0
	S5130-54C-HI	SH-S5130-0

为了方便在配置文件中能清晰地看明白设备的实际连接关系,需要对设备的连接端口添加描述。本次项目的端口描述格式如下。

Link-To-AAA-BBB

其中,AAA 表示为对端设备的名称,采用统一名称格式表示;BBB 表示为对端设备的端口,如 G1/0/1 口。

例如,若总部的接入交换机连接到核心交换机的 G1/0/1 口,则端口描述如下。

Link-To-BJS6520XE-0-G1/0/1

4）WAN 规划

根据前面的需求分析,在总部及分支机构之间使用专线连接,可以选择 ISP 提供的基于 IP 网络的 VPN 专线,如实验图 25-3 所示。

实验图 25-3　总部及分支机构互连图

(1) 分支和总部之间起 IPSec。

(2) 分支之间不直接建立 IPSec,经由总部 IPSec VPN 实现分支互通。

注意:因 VPN 技术知识尚未涉及,本实验中仅以 IPSec VPN 为例展示下配置过程,想了解 IPSec VPN 的更多内容,可自行学习 H3CSE-RS＋或者 H3CNE-Security 认证课程内容。

5) LAN 规划

局域网规划包含 VLAN 规划、端口聚合规划以及端口隔离、地址捆绑规划几个部分。

深圳办事处及上海研究所因员工数量较少,不会出现广播风暴现象,所以不划分 VLAN。北京总部员工数量多,而且部门之间需要访问控制,所以要进行 VLAN 划分。

人事行政部、财务商务部人数相对较少,而且业务比较密切,划分在 1 个 VLAN 内即可。产品研发部和技术支持部在业务上相对独立,而且产品研发部还有访问控制要求,故将两个部门各自划分一个 VLAN。为了便于服务器区的管理,也将服务器区划分为一个 VLAN。部门、VLAN 号、交换机端口之间的关系如实验表 25-3 所示。

实验表 25-3　VLAN 规划明细表

部　门	VLAN 号	所在设备	端口明细
人事行政部	VLAN 10	BJ-S5130-0	GE1/0/1-GE1/0/10
财务商务部	VLAN 10	BJ-S5130-0	GE1/0/11-GE1/0/30
产品研发部	VLAN 20	BJ-S5130-0	GE1/0/31-GE1/0/48
		BJ-S5130-1	GE1/0/1-GE1/0/20
技术支持部	VLAN 30	BJ-S5130-1	GE1/0/21-GE1/0/48
		BJ-S5130-2	GE1/0/1-GE1/0/48
服务器区	VLAN 40	BJ-S5560X-0	G1/0/1-G1/0/18
互连 VLAN	VLAN 50	BJ-MSR3620-0 与 BJ-S6520XE-0 之间互连
管理 VLAN	VLAN 1	交换机的管理 VLAN,用于 telnet 及 SNMP

为了便于 IP 地址分配和管理,采用 DHCP 地址分配方式。使用核心交换机 S6520XE 作为 DHCP 服务器。

6) IP 地址规划

在××公司的原有网络中,每个地方使用的都是 192.168.0.0/24 网段,在新的网络中需要对 IP 地址重新进行规划。

在新的网络中需要如下三类 IP 地址——业务地址、设备互连地址和设备管理地址。根据因特网的相关规定,决定使用 C 类私有地址,在总部和分支机构使用多个 C 类地址段。其中总部使用 192.168.0.0/20 网段,每个 VLAN 使用一个 C 类网段。深圳办事处使用 192.168.16.0/24,上海研究所使用 192.168.17.0/24 网段。设备的互联地址及管理地址用 192.168.0.0/24 网段。具体规划如下。

(1) 业务地址:根据实际需要,并结合未来的需求数量,规划业务地址如实验表 25-4 所示。

实验表 25-4　业务地址分配表

地　点	VLAN 号	网络号	IP 地址范围	网关地址
北京总部	VLAN 10	192.168.1.0/24	192.168.1.1 to 192.168.1.254	192.168.1.254
	VLAN 20	192.168.2.0/24	192.168.2.1 to 192.168.2.254	192.168.2.254
	VLAN 30	192.168.3.0/24	192.168.3.1 to 192.168.3.254	192.168.3.254
	VLAN 40	192.168.4.0/24	192.168.4.1 to 192.168.4.254	192.168.4.254
	VLAN 100	192.168.0.1/30	192.168.0.1 to 192.168.0.2	路由器互联地址

续表

地　点	VLAN号	网　络　号	IP地址范围	网关地址
深圳办事处	—	192.168.16.0/24	192.168.5.1 to 192.168.16.254	192.168.16.254
上海研究所	—	192.168.17.0/24	192.168.6.1 to 192.168.17.254	192.168.17.254

（2）互联地址：互联地址主要用于设备的互联，在××公司网络中设备的互联地址主要有总部核心交换机与路由器互连、总部路由器与分支路由器互连等。共需要3对互联地址，如实验表25-5所示。

实验表25-5　设备的互联地址

本端设备	本端IP地址	对端设备	对端IP地址
BJ-S6520XE-0	192.168.0.1/30	BJ-MSR3620-0	192.168.0.2/30
BJ-MSR3620-0	1.1.1.1/30	SZ-MSR3620-0	2.2.2.1/30
BJ-MSR3620-0	1.1.1.1/30	SH-MSR3620-0	3.3.3.1/30

（3）管理地址：用于设备的管理，各设备管理地址如实验表25-6所示。

实验表25-6　设备的管理地址

办事处	设备名称	管理VLAN/loopback	管理地址
北京总部	BJ-MSR3620-0	loopback 0	192.168.0.17/32
	BJ-S6520XE-0	VLAN 1	192.168.0.25/29
	BJ-S5560X-0	VLAN1	192.168.0.26/29
	BJ-S5130-0	VLAN 1	192.168.0.27/29
	BJ-S5130-1	VLAN 1	192.168.0.28/29
	BJ-S5130-2	VLAN 1	192.168.0.29/29
深圳办事处	SZ-MSR3620-0	loopback 0	192.168.0.18/32
	SZ-S5130-0	VLAN 1	192.168.16.250/24
上海研究所	SH-MSR3620-0	loopback 0	192.168.0.19/32
	SH-S5130-0	VLAN 1	192.168.17.250/24

7）路由规划

××公司的网络架构比较简单，目前只有一个总部和两个异地分支机构。如果只考虑现状，在这样的网络里，只需要部署静态路由就可使全网互通。但××公司的网络并不会止于现状，随着公司业务的发展，公司的规模也会逐渐壮大，发展出更多的办事处。如果使用静态路由，当公司扩大到一定规模的时候，就必须要将静态路由更改为动态路由，需要对网络重新进行规划，不利于扩展。而如果现在采用动态路由协议，在网络规模扩展时就不会出现这种现象。所以建议使用动态路由协议。

在动态路由协议里，用得最多的莫过于OSPF协议。在××公司的网络里就使用OSPF。考虑到以后网络的扩展，对OSPF做以下规划，如实验图25-4所示。

将北京总部路由器的下行接口和分支路由器的上行接口规划为area 0，北京总部的局域网规划为area 1，深圳办事处规划为area 2，上海研究所规划为area 3；如果再增加分支机构，则可规划为area 4、area 5、…、area N。如果分支机构本身的规模增加，则不用更改区域。

在网络的出口配置默认路由，以便访问外网，该路由下一跳为运营商路由器的接口地址。

实验图 25-4　OSPF 规划示意图

8）安全规划

安全规划主要包含有访问控制、攻击防范和 P2P 监控 3 块内容。访问控制可以在路由器上通过 ACL 来实现。攻击防范可以通过在出口路由器上启动攻击防范功能来实现，这样就可以有效地阻止外部对内网的各种攻击。P2P 监控可以通过启用路由器上的 ASPF 功能来实现，发现问题可以及时阻止。

通过在出口路由器上部署 NAT，可以允许总部及分支机构访问 Internet。通过部署 NAT server，可以允许总部的服务器对外提供服务。

北京总部与各分支间广域网链路通过 IPSec VPN 隧道来保障数据交互安全。

25.4　网络配置实施

实验任务 1　内网部署

步骤 1：总部内网部署。

总部网络的拓扑结构及端口连接如实验图 25-5 所示。在内部部署中主要涉及设备的命名、端口连接描述、核心交换机与服务器区交换机的链路聚合、VLAN 配置、VLAN 路由以及交换机管理地址的配置等。

第 1 步：按照前期的命名规划及端口描述个给每台设备命名并添加端口描述，以 MSR3620 为例为设备命名及添加端口描述。

进入互连端口，按照设计要求添加端口描述，并配置端口 IP 地址。

```
[H3C] sysname BJ - MSR3620 - 0
[BJ - MSR3620 - 0] interface Ten - GigabitEthernet 0/0
[BJ - MSR3620 - 0 - Ten - GigabitEthernet0/0] description Link - To - BJ - S6520XE - 0 - XG0/0/1
[BJ - MSR3620 - 0 - Ten - GigabitEthernet0/0] ip address 192.168.0.2 30
```

实验图 25-5　总部拓扑结构

第 2 步：配置核心交换机与服务器区交换机的端口聚合，参与聚合的端口为 XG1/0/1 与 XG1/0/2，使用基于手工方式的链路聚合。在下面的空格中填写端口聚合命令。

核心交换机 BJ-S6520XE-0 配置。

创建手工聚合组 1，将 XG1/0/1 和 XG1/0/2 加入聚合组 1。

```
[BJ - S6520XE - 0] _____
[BJ - S6520XE - 0] interface Ten - GigabitEthernet 1/0/1
[BJ - S6520XE - 0 - Ten - GigabitEthernet1/0/1] _____
[BJ - S6520XE - 0 - Ten - GigabitEthernet1/0/1] interface Ten - GigabitEthernet 1/0/2
[BJ - S6520XE - 0 - Ten - GigabitEthernet1/0/2] _____
```

服务器区交换机 BJ-S5560X-0 配置。

创建手工聚合组 1，将 XG1/0/19 和 XG1/0/20 加入聚合组 1。

```
[BJ - S5560X - 0] _____
[BJ - S5560X - 0] interface Ten - GigabitEthernet 1/0/19
[BJ - S5560X - 0 - Ten - GigabitEthernet1/0/19] _____
[BJ - S5560X - 0 - Ten - GigabitEthernet1/0/19] interface Ten - GigabitEthernet 1/0/20
[BJ - S5560X - 0 - Ten - GigabitEthernet1/0/20] _____
```

注意：如果在 H3C HCL 中使用 DIY 设备进行实验，DIY 设备端口及协议端口默认处于 down 的状态，不会自动启动，需要进入接口视图，使用 undo shutdown 命令将端口状态设置为 up。

为了验证聚合是否成功，可以在交换机上执行一条命令来查看，在下面的空格中填写出所使用的命令（通过此命令可以得出如下的结果）。

```
< BJ - S5560X - 0 > display link - aggregation summary

Aggregation Interface Type:
BAGG -- Bridge - Aggregation, BLAGG -- Blade - Aggregation, RAGG -- Route - Aggregation, SCH - B --
Schannel - Bundle
Aggregation Mode: S -- Static, D -- Dynamic
Loadsharing Type: Shar -- Loadsharing, NonS -- Non - Loadsharing
Actor System ID: 0x8000, 9a69 - 3286 - 0600

AGG       AGG      Partner ID         Selected  Unselected  Individual  Share
Interface Mode                        Ports     Ports       Ports       Type
----------------------------------------------------------------------------------
```

```
BAGG1        S        None                    2          0          0        Shar
```

第 3 步：根据前期的 VLAN 及端口分配规划，在各接入交换机上配置 VLAN，并将上行接口配置为 trunk 链路，允许相关 VLAN 通过。以 BJ-S5130-0 为例，其他接入交换机可参考以下配置。

创建 VLAN 10 和 20，将 G1/0/1 到 G1/0/30 端口分配给 VLAN 10，将 G1/0/31 到 G1/0/48 端口分配给 VLAN 20。

```
[BJ - S5130 - 0] vlan 10
[BJ - S5130 - 0 - vlan10] _____
[BJ - S5130 - 0 - vlan10] vlan 20
[BJ - S5130 - 0 - vlan20] _____
```

通常为了减少 STP 流量的泛洪，拓扑变化导致收敛频繁，会把直连终端的交换机端口设置为边缘端口，便于提高网络质量。

```
[BJ - S5130 - 0] interface range GigabitEthernet 1/0/1 to GigabitEthernet 1/0/48
[BJ - S5130 - 0 - if - range] _____
```

设置上行端口类型 G1/0/49 为 trunk，允许 VLAN 10、VLAN 20 通过。

```
[BJ - S5130 - 0] interface Ten - GigabitEthernet 1/0/49
[BJ - S5130 - 0 - Ten - GigabitEthernet1/0/49] _____
[BJ - S5130 - 0 - GigabitEthernet1/1/1] _____
```

第 4 步：为了让 VLAN 之间能够通信，在核心交换机 BJ-S6520XE-0 上为每个 VLAN 配置 IP 地址，启动 VLAN 间路由功能，具体 IP 地址见前期规划。

创建 VLAN10，进入 VLAN 10 的三层虚接口，为 VLAN 10 三层接口配置 IP 地址。

```
[BJ - S6520XE - 0] vlan 10
[BJ - S6520XE - 0 - vlan10] interface vlan 10
[BJ - S6520XE - 0 - Vlan - interface10] ip address 192.168.1.254 24
```

创建 VLAN20，进入 VLAN 20 的三层虚接口，为 VLAN 20 三层接口配置 IP 地址。

```
[BJ - S6520XE - 0] vlan 20
[BJ - S6520XE - 0 - vlan20] interface vlan 20
[BJ - S6520XE - 0 - Vlan - interface20] ip address 192.168.2.254 24
```

创建 VLAN30，进入 VLAN 30 的三层虚接口，为 VLAN 30 三层接口配置 IP 地址。

```
[BJ - S6520XE - 0 - Vlan - interface20] vlan 30
[BJ - S6520XE - 0 - vlan30] interface vlan 30
[BJ - S6520XE - 0 - Vlan - interface30] ip address 192.168.3.254 24
```

创建 VLAN40，进入 VLAN 40 的三层虚接口，为 VLAN 40 三层接口配置 IP 地址。

```
[BJ - S6520XE - 0 - Vlan - interface30] vlan 40
[BJ - S6520XE - 0 - vlan40] interface vlan 40
[BJ - S6520XE - 0 - Vlan - interface40] ip address 192.168.4.254 24
```

创建 VLAN100，进入 VLAN 100 的三层虚接口，为 VLAN 100 三层接口配置 IP 地址。

```
[BJ - S6520XE - 0 - Vlan - interface40] vlan 100
[BJ - S6520XE - 0 - vlan100] port Ten - GigabitEthernet 1/0/49
[BJ - S6520XE - 0 - vlan100] interface vlan 100
[BJ - S6520XE - 0 - Vlan - interface40] ip address 192.168.0.1 30
```

注意：如果在 H3C HCL 中使用 DIY 设备进行实验，DIY 设备 VLAN 端口默认处于 down 的状态，需要进入 VLAN 接口视图，使用 undo shutdown 命令将端口状态设置为 up。

配置核心交换机与接入交换机连接的下行端口 XG1/0/3，XG1/0/5，XG1/0/7 以及端口聚合组 1 类型为 trunk，VLAN 按照规划好的进行配置。

```
[BJ - S6520XE - 0] interface Ten - GigabitEthernet 1/0/3
[BJ - S6520XE - 0 - Ten - GigabitEthernet1/0/3] _____
[BJ - S6520XE - 0 - Ten - GigabitEthernet1/0/3] _____
[BJ - S6520XE - 0] interface Ten - GigabitEthernet 1/0/5
[BJ - S6520XE - 0 - Ten - GigabitEthernet1/0/5] _____
[BJ - S6520XE - 0 - Ten - GigabitEthernet1/0/5] _____
[BJ - S6520XE - 0] interface Ten - GigabitEthernet 1/0/7
[BJ - S6520XE - 0 - Ten - GigabitEthernet1/0/7] _____
[BJ - S6520XE - 0 - Ten - GigabitEthernet1/0/7] _____
[BJ - S6520XE - 0] interface Bridge - Aggregation 1
[BJ - S6520XE - 0 - Bridge - Aggregation1] _____
[BJ - S6520XE - 0 - Bridge - Aggregation1] _____
```

以上配置完成之后，可以通过 ping 命令验证前期的配置是否正确，验证的方法是将 PC 机接入任意一个 VLAN，将 PC 机的 IP 地址修改为所在 VLAN 的 IP 地址。

第 5 步：根据前期的规划，要在核心交换机上配置 DHCP 协议，为各 PC 机分配 IP 地址，配置命令如下。

开启 DHCP 功能。

```
[BJ - S6520XE - 0] dhcp enable
```

创建 VLAN 10 对应的 DHCP 地址池，指定网关地址及 DNS 服务器地址。

```
[BJ - S6520XE - 0] _____
[BJ - S6520XE - 0 - dhcp - pool - vlan10] _____
[BJ - S6520XE - 0 - dhcp - pool - vlan10] _____
[BJ - S6520XE - 0 - dhcp - pool - vlan10] dns - list 202.102.99.68
```

参照以下配置分别创建 VLAN 20、VLAN30 对应的 DHCP 地址池，指定网关地址及 DNS 服务器地址。

配置 DHCP 地址池中不参与自动分配的 IP 地址（网关地址）。

```
[BJ - S6520XE - 0] _____
[BJ - S6520XE - 0] _____
[BJ - S6520XE - 0] _____
```

如果要在 PC 上测试 DHCP 配置是否成功，需在 PC 机的"开始"→"运行"处输入 cmd 命令进入命令行模式，在此模式下输入 ipconfig 命令可以查看本机 IP 地址的详细情况。

第 6 步：配置交换机的管理地址，在本例中使用 VLAN 1 作为管理 VLAN，接入交换机以 BJ-S5560X-0 为例，其他交换机本部分配置与此相同。

BJ-S6520XE-0 交换机。

进入 VLAN 1 的三层虚接口，为 VLAN 1 三层接口配置 IP 地址。

```
[BJ-S6520XE-0] interface vlan 1
[BJ-S6520XE-0-Vlan-interface1] ip address 192.168.0.25 29
```

BJ-S5560X-0 交换机。

为 VLAN 1 三层接口配置 IP 地址，配置到达上层交换机的路由，下一跳指向核心交换机的管理地址。

```
[BJ-S5560X-0] interface vlan 1
[BJ-S5560X-0-Vlan-interface1] ip address 192.168.0.26 29
[BJ-S5560X-0-Vlan-interface1] quit
[BJ-S5560X-0] ip route-static 0.0.0.0 0 192.168.0.25
```

其他 S5130 交换机可以参考上述 BJ-S5560X-0 交换机对管理 IP 地址进行配置。

步骤 2：深圳办事处内网部署。

深圳办事处的网络结构如实验图 25-6 所示，此部分内网的部署主要由设备命名、DHCP 配置、管理地址配置三部分组成。

第 1 步：给设备命名并添加端口描述。

进入 MSR3620 各互连端口，按照设计要求添加端口描述。

实验图 25-6　深圳办事处网络结构

```
[H3C] sysname SZ-MSR3620-0
[SZ-MSR3620-0] interface Ten-GigabitEthernet 0/0
[SZ-MSR3620-0-Ten-GigabitEthernet0/0] description Link-
To-SZ-S5130-0-XGE1/0/49
```

进入交换机各互连端口，按照设计要求添加端口描述。

```
[H3C] sysname SZ-S5130-0
[SZ-S5130-0] interface Ten-GigabitEthernet 1/0/49
[SZ-S5130-0-Ten-GigabitEthernet1/0/49] description Link-To-SZ-MSR3620-0-G0/0
```

第 2 步：DHCP 配置。

在深圳办事处，也使用 DHCP 方式为接入 PC 机分配 IP 地址，DHCP 服务器为 MSR3620 路由器，具体 DHCP 的配置在下面的空格中填出。

为 XG0/0 接口配置 IP 地址，此地址为内网所有 PC 机的网关。

```
[SZ-MSR3620-0] interface Ten-GigabitEthernet 0/0
[SZ-MSR3620-0-Ten-GigabitEthernet0/0]ip address 192.168.16.254 24
[SZ-MSR3620-0-Ten-GigabitEthernet0/0] quit
```

开启 DHCP 功能，创建 DHCP 地址池 pool1，指定网关地址和 DNS 服务器。

配置 DHCP 地址池中不参与自动分配的 IP 地址。

第 3 步：交换机管理地址配置。

进入 VLAN 1 的三层虚接口，为 VLAN 1 三层接口配置 IP 地址。

```
[SZ-S5130-0] interface vlan 1
[SZ-S5130-0-Vlan-interface1] ip address 192.168.16.250 24
[SZ-S5130-0-Vlan-interface1] quit
```

步骤 3：上海研究所内网部署。

上海研究所的网络结构同深圳办事处，如实验图 25-7 所示，此部分内网的部署主要由设备命名、DHCP 配置、管理地址配置 3 部分组成。

第 1 步：给设备命名并添加端口描述。

SH-MSR3620-0 路由器。

进入各互连端口，按照设计要求添加端口描述。

```
[H3C] sysname SH-MSR3620-0
[SH-MSR3620-0] interface Ten-GigabitEthernet 0/0
[SH-MSR3620-0-Ten-GigabitEthernet0/0] description
Link-To-SH-S5130-0-XGE1/0/49
```

SH-S5130-0 交换机。

进入各互连端口，按照设计要求添加端口描述。

实验图 25-7　上海研究所网络结构

```
[H3C] sysname SH-S5130-0
[SH-S5130-0] interface Ten-GigabitEthernet 1/0/49
[SH-S5130-0-Ten-GigabitEthernet1/0/49] description Link-To-SH-XGE0/0
```

第 2 步：DHCP 配置。

在上海研究所，也使用 DHCP 方式为接入 PC 机分配 IP 地址，DHCP 服务器为 MSR3620 路由器，具体 DHCP 的配置在下面的空格中填出。

为 XG0/0 接口配置 IP 地址，此地址为内网所有 PC 机的网关。

```
[SH-MSR3620-0] interface Ten-GigabitEthernet 0/0
    [SH-MSR3620-0-Ten-GigabitEthernet0/0] ip address 192.168.17.254 24
    [SH-MSR3620-0-Ten-GigabitEthernet0/0] quit
```

开启 DHCP 功能，创建 DHCP 地址池 pool1，指定网关地址和 DNS 服务器地址。

_____

_____

_____

_____

配置 DHCP 地址池中不参与自动分配的 IP 地址。

_____

第 3 步：交换机管理地址配置。

进入 VLAN 1 的三层虚接口，为 VLAN 1 三层接口配置 IP 地址。

```
[SH-S5130-0] interface vlan 1
```

```
[SH - S5130 - 0 - Vlan - interface1] ip address 192.168.6.250 24
[SH - S5130 - 0 - Vlan - interface1] quit
```

实验任务 2　广域网部署

为了保障总部与分支机构之间传输数据的安全，在总部与分支机构之间采用专线连接，ISP 可以根据客户需求提供各种类型的专线，比较常见的有裸光纤，二层专线（SDH 等），三层专线（VPN 等），在数据传输上有很高的安全性。目前对于中小型企业来说一般都采用价格相对比较实惠的 VPN 专线。

如实验图 25-8 所示，SWA 用来模拟 ISP 网络，北京总部分别与深圳办事处和上海研究所建立 IPSec VPN 隧道。

实验图 25-8　总部与办事处广域网连接示意图

SWA 的 IP 地址按照实验表 25-7 进行配置，其他设备端口按照网络规划的 IP 地址进行配置即可。

实验表 25-7　SWA 的 IP 地址（模拟 ISP）

设备	接口	地址
SWA	VLAN 1	1.1.1.2/24
	VLAN 2	2.2.2.2/24
	VLAN3	3.3.3.2/24

步骤 1：配置 BJ-MSR3620-0。

按照规划为 G0/2，G0/3 接口添加描述，配置 IP 地址。

```
[BJ - MSR3620 - 0] interface GigabitEthernet 0/2
[BJ - MSR3620 - 0 - GigabitEthernet0/2] description Link - To - Branches
[BJ - MSR3620 - 0 - GigabitEthernet0/2] ip address 1.1.1.1 30
```

步骤 2：配置 SZ-MSR3620-0。

按照规划为 G0/2 接口添加描述，给 G0/2 接口配置 IP 地址。

```
[SZ - MSR3620 - 0] interface GigabitEthernet 0/2
[SZ - MSR3620 - 0 - GigabitEthernet0/2] description Link - To - BJ - MSR3620 - 0 - G0/2
[SZ - MSR3620 - 0 - GigabitEthernet0/2] ip address 2.2.2.1 30
```

步骤 3：配置 SH-MSR3620-0。

按照规划为 G0/2 接口添加描述，给 G0/2 接口配置 IP 地址。

```
[SH-MSR3620-0] interface GigabitEthernet 0/2
[SH-MSR3620-0-GigabitEthernet0/2] description Link-To-BJ-MSR3620-0-G0/2
[SH-MSR3620-0-GigabitEthernet0/2] ip address 3.3.3.1 30
```

步骤 4：配置 SWA。

按照规划为 VLAN2、VLAN3 接口添加描述，对 SWA 进行初步配置。

```
[SWA] vlan 2
[SWA-vlan2] port GigabitEthernet 1/0/2
[SWA-vlan2] vlan 3
[SWA-vlan3] port GigabitEthernet 1/0/3
[SWA] interface vlan 1
[SWA-Vlan-interface2] ip add 1.1.1.2 30
[SWA] interface vlan 2
[SWA-Vlan-interface2] ip add 2.2.2.2 30
[SWA] interface vlan 3
[SWA-Vlan-interface2] ip add 3.3.3.2 30
```

实验任务 3 路由部署

考虑到××公司未来的发展战略规划，在部署路由时，全网采用动态的 OSPF 协议，并规划每个办事处为一个 area，这样如果以后网络规模扩大，也不需要对整网重新规划，而只需增加 area 即可；为了方便对各办事处访问外网的控制，规划这个网络的公网出口设在北京总部，由北京总部统一出口访问外网，在北京总部和外网之间使用默认路由。

具体网络规划如实验图 25-9 所示。

实验图 25-9 路由规划

步骤 1：根据前期的路由规划，完成 BJ-S6520XE-0 交换机的 OSPF 路由协议配置。

手工指定 router ID 为 VLAN 1 的接口地址。

```
[BJ-S6520XE-0] router id 192.168.0.25
```

在区域里发布网段，后面跟的是反掩码，但有些地址很难口算出它的反掩码，CMW 提供了这样一个特性：可以将掩码自动转化为反掩码；为此演示一下，发布网段时使用掩码，并验证是否能自动转换。

```
[BJ-S6520XE-0] ospf
[BJ-S6520XE-0-ospf-1] area 1
[BJ-S6520XE-0-ospf-1-area-0.0.0.1] network 192.168.1.0 255.255.255.0
```

验证是否能自动将掩码转换成反掩码。

```
[BJ-S6520XE-0-ospf-1-area-0.0.0.1]display this
#
area 0.0.0.1
network 192.168.1.0 0.0.0.255
#
return
```

继续发布 VLAN 20、VLAN 30、VLAN 40 所在的网段。

```
[BJ-S6520XE-0-ospf-1-area-0.0.0.1]
[BJ-S6520XE-0-ospf-1-area-0.0.0.1]
[BJ-S6520XE-0-ospf-1-area-0.0.0.1]
```

发布同 BJ-路由器互连接口地址。

```
[BJ-S6520XE-0-ospf-1-area-0.0.0.1]
```

发布交换机管理 VLAN 地址网段。

```
[BJ-S6520XE-0-ospf-1-area-0.0.0.1]
```

步骤 2：根据前期的路由规划，完成 BJ-MSR3620-0 路由器的 OSPF 路由配置。

创建并进入 loopback 0 接口，为 loopback 0 接口配置 IP 地址，注意掩码为 32b，并手工指定 router ID。

```
[BJ-MSR3620-0] interface loopback 0
[BJ-MSR3620-0-LoopBack0] ip address 192.168.0.17 32
[BJ-MSR3620-0] router id 192.168.0.17
```

创建并进入 area 1，发布同 BJ-S6520XE-0 的互联网段。

```
[BJ-MSR3620-0] ospf
[BJ-MSR3620-0-ospf-1] area 1
[BJ-MSR3620-0-ospf-1-area-0.0.0.1]
```

为了便于管理，发布 loopback 接口地址（作为网管地址）。

```
[BJ-MSR3620-0-ospf-1-area-0.0.0.1]
```

创建并进入 area 0，发布同 SZ-MSR3620-0 及 SH-MSR3620-0 的互联网段。

```
[BJ-MSR3620-0-ospf-1] area 0
[BJ-MSR3620-0-ospf-1-area-0.0.0.0]
```

步骤 3：根据前期的路由规划，完成 SZ-MSR3620-0 的 OSPF 协议配置。

创建并进入 loopback 0 接口，为 loopback 0 接口配置 IP 地址，注意掩码为 32b，手工指定 router ID。

```
[SZ-MSR3620-0] interface loop 0
[SZ-MSR3620-0-LoopBack0] ip address 192.168.0.18 32
[SZ-MSR3620-0] router id 192.168.0.18
```

进入 area 0，发布同 BJ-MSR3620-0 的互联网段。

```
[SZ-MSR3620-0] ospf
[SZ-MSR3620-0-ospf-1] area 0
[SZ-MSR3620-0-ospf-1-area-0.0.0.0]
```

进入 area 2，发布深圳办事处内网网段地址。

```
[SZ-MSR3620-0-ospf-1] area 2
[SZ-MSR3620-0-ospf-1-area-0.0.0.2]
```

发布 loopback 地址（作为网管地址）。

```
[SZ-MSR3620-0-ospf-1-area-0.0.0.2]
```

步骤 4：根据前期的路由规划，完成 SH-MSR3620-0 的 OSPF 协议配置。

创建并进入 loopback 0 接口，为 loopback 0 接口配置 IP 地址，注意掩码为 32b，手工指定 router ID。

```
[SH-MSR3620-0] interface loop 0
[SH-MSR3620-0-LoopBack0] ip address 192.168.0.19 32
[SH-MSR3620-0] router id 192.168.0.19
```

进入 area 0，发布同 BJ-MSR3620-0 的互联网段。

```
[SH-MSR3620-0] ospf
[SH-MSR3620-0-ospf-1] area 0
[SH-MSR3620-0-ospf-1-area-0.0.0.0]
```

进入 area 3，发布上海研究所内网网段地址。

```
[SH-MSR3620-0-ospf-1] area 3
[SH-MSR3620-0-ospf-1-area-0.0.0.3]
```

发布 loopback 地址（作为网管地址）。

```
[SH-MSR3620-0-ospf-1-area-0.0.0.3]
```

步骤 5：配置 SWA。

完成 SWA 的 OSPF 协议配置，为简化模型，创建并进入 area 0，直接发布同 BJ-MSR3620-0、SZ-MSR3620-0 及 SH-MSR3620-0 的互联网段，实现网络互联互通。

```
[SWA] ospf
[SWA-ospf-1] area 0
```

```
[SWA - ospf - 1 - area - 0.0.0.0] network 1.1.1.0 0.0.0.3
[SWA - ospf - 1 - area - 0.0.0.0] network 2.2.2.0 0.0.0.3
[SWA - ospf - 1 - area - 0.0.0.0] network 3.3.3.0 0.0.0.3
```

上述配置完成后，北京总部、深圳办事处和上海研究所的主机能够互相访问。但此时数据是没有加密的。

步骤6：为了让总部及分支机构能访问 Internet，需要在出口路由器上配置访问 Internet 的路由。

配置一条默认路由，下一跳指向 ISP 给的网关地址，并将默认路由发布到 OSPF 中。

```
[BJ - MSR3620 - 0 - GigabitEthernet0/1] ip address 202.38.160.2 30
[BJ - MSR3620 - 0] ip route - static 0.0.0.0 0 202.38.160.1
[BJ - MSR3620 - 0] ospf
[BJ - MSR3620 - 0 - ospf - 1]_____
```

实验任务4　网络安全部署

步骤1：IPSec VPN 隧道部署。

第1步：配置 IKE proposal。

创建一条 IKE 提议 zongbu，指定 IKE 提议使用的认证算法为 MD5，加密算法为 3des-cbc，验证方法为预共享密钥。

BJ-MSR3620-0。

```
[BJ - MSR3620 - 0]ike proposal zongbu
[BJ - MSR3620 - 0 - ike - proposal - zongbu]_____
[BJ - MSR3620 - 0 - ike - proposal - zongbu]_____
[BJ - MSR3620 - 0 - ike - proposal - zongbu]_____
```

深圳办事处及上海研究所路由器按照北京总部路由器配置一致即可。

第2步：配置 IKE keychain。

BJ-MSR3620-0。

配置与分支之间协商采用的预共享密钥，这里配置深圳办事处采用 keychain1，上海研究所采用 keychain2，使用的预共享密钥为明文 h3c。

```
[BJ - MSR3620 - 0]ike keychain keychain1
[BJ - MSR3620 - 0 - ike - keychain - keychain1]_____
[BJ - MSR3620 - 0]ike keychain keychain2
[BJ - MSR3620 - 0 - ike - keychain - keychain2]_____
```

SZ-MSR3620-0。

```
[SZ - MSR3620 - 0]ike keychain keychain1
[SZ - MSR3620 - 0 - ike - keychain - keychain1]_____
```

SH-MSR3620-0。

```
[SH - MSR3620 - 0]ike keychain keychain2
[SH - MSR3620 - 0 - ike - keychain - keychain2]_____
```

第 3 步：配置 IKE profile。

采用预共享密钥方式。

BJ-MSR3620-0。

创建并配置 IKE profile，名称分别为 profile1（深圳办事处）和 profile2（上海研究所），引用上面配置的 keychain，引用之前配置 IKE 提议 zongbu。

```
[BJ－MSR3620－0]ike profile profile1
[BJ－MSR3620－0－ike－profile－profile1]_____
[BJ－MSR3620－0－ike－profile－profile1]_____
[BJ－MSR3620－0－ike－profile－profile1]_____
[BJ－MSR3620－0－ike－profile－profile1]_____

[BJ－MSR3620－0]ike profile profile2
[BJ－MSR3620－0－ike－profile－profile2]_____
[BJ－MSR3620－0－ike－profile－profile2]_____
[BJ－MSR3620－0－ike－profile－profile2]_____
[BJ－MSR3620－0－ike－profile－profile2]_____
```

SZ-MSR3620-0。

```
[SZ－MSR3620－0]ike profile profile1
[SZ－MSR3620－0－ike－profile－profile1]_____
[SZ－MSR3620－0－ike－profile－profile1]_____
[SZ－MSR3620－0－ike－profile－profile1]_____
[SZ－MSR3620－0－ike－profile－profile1]_____
```

SH-MSR3620-0。

```
[SH－MSR3620－0]ike profile profile2
[SH－MSR3620－0－ike－profile－profile2]_____
[SH－MSR3620－0－ike－profile－profile2]_____
[SH－MSR3620－0－ike－profile－profile2]_____
[SH－MSR3620－0－ike－profile－profile2]_____
```

第 4 步：配置安全 ACL。

BJ-MSR3620-0。

配置一个访问控制列表 3000，定义由总部子网 192.168.0.0/20 去深圳办事处子网 192.168.16.0/24 和上海研究所子网 192.168.17.0/24 去深圳办事处子网 192.168.16.0/24 的数据流。

```
[BJ－MSR3620－0]acl advanced 3000
[BJ－MSR3620－0－acl－ipv4－adv－3000]_____
[BJ－MSR3620－0－acl－ipv4－adv－3000]_____
```

配置一个访问控制列表 3001，定义由总部子网 192.168.0.0/20 去上海研究所子网 192.168.17.0/24 和深圳办事处子网 192.168.16.0/24 去上海研究所子网 192.168.17.0/24 的数据流。

```
[BJ－MSR3620－0]acl advanced 3001
[BJ－MSR3620－0－acl－ipv4－adv－3001]_____
[BJ－MSR3620－0－acl－ipv4－adv－3001]_____
```

SZ-MSR3620-0。

配置一个访问控制列表，定义由深圳办事处子网 192.168.16.0/24 去北京总部子网和上海研究所子网的数据流。

```
[SZ - MSR3620 - 0]acl advanced 3000
[SZ - MSR3620 - 0 - acl - ipv4 - adv - 3000]_____
[SZ - MSR3620 - 0 - acl - ipv4 - adv - 3000]_____
```

SH-MSR3620-0。

配置一个访问控制列表，定义由上海研究所子网 192.168.17.0/24 去北京总部子网和深圳办事处子网的数据流。

```
[SH - MSR3620 - 0]acl advanced 3001
[SH - MSR3620 - 0 - acl - ipv4 - adv - 3001]_____
[SH - MSR3620 - 0 - acl - ipv4 - adv - 3001]_____
```

第 5 步：配置 IPSec 安全提议。

BJ-MSR3620-0。

配置 IPSec 安全提议 1，ESP 协议采用的加密算法为 aes-cbc-128，认证算法为 sha1。

```
[BJ - MSR3620 - 0]ipsec transform - set tran1
[BJ - MSR3620 - 0 - ipsec - transform - set - tran1]_____
[BJ - MSR3620 - 0 - ipsec - transform - set - tran1]_____
```

深圳办事处及上海研究所路由器按照北京总部路由器配置一致即可。

第 6 步：配置并应用 IPSec 安全策略。

BJ-MSR3620-0。

创建策略 policy1，顺序号为 1（深圳办事处）和 2（上海研究所）的安全策略，分别引用之前创建的 ACL3000 和 3001，引用之前创建的 IKE profile，引用之前的 IPSec 安全提议，并将其应用于通往对方的物理接口上。

```
[BJ - MSR3620 - 0]ipsec policy policy1 1 isakmp
[BJ - MSR3620 - 0 - ipsec - policy - isakmp - policy1 - 1]remote - address 2.2.2.1
[BJ - MSR3620 - 0 - ipsec - policy - isakmp - policy1 - 1]_____
[BJ - MSR3620 - 0 - ipsec - policy - isakmp - policy1 - 1]transform - set tran1
[BJ - MSR3620 - 0 - ipsec - policy - isakmp - policy1 - 1]_____

[BJ - MSR3620 - 0]ipsec policy policy1 2 isakmp
[BJ - MSR3620 - 0 - ipsec - policy - isakmp - policy1 - 2]remote - address 3.3.3.1
[BJ - MSR3620 - 0 - ipsec - policy - isakmp - policy1 - 2]_____
[BJ - MSR3620 - 0 - ipsec - policy - isakmp - policy1 - 2]transform - set tran1
[BJ - MSR3620 - 0 - ipsec - policy - isakmp - policy1 - 2]_____

[BJ - MSR3620 - 0]interface GigabitEthernet 0/2
[BJ - MSR3620 - 0 - GigabitEthernet0/2]_____
```

SZ-MSR3620-0。

```
[SZ - MSR3620 - 0]ipsec policy policy1 1 isakmp
[SZ - MSR3620 - 0 - ipsec - policy - isakmp - policy1 - 1]_____
[SZ - MSR3620 - 0 - ipsec - policy - isakmp - policy1 - 1]_____
```

```
[SZ-MSR3620-0-ipsec-policy-isakmp-policy1-1]_____
[SZ-MSR3620-0-ipsec-policy-isakmp-policy1-1]_____
[SZ-MSR3620-0]interface GigabitEthernet 0/2
[SZ-MSR3620-0-GigabitEthernet0/2]_____
```

SH-MSR3620-0。

```
[SH-MSR3620-0]ipsec policy policy1 2 isakmp
[SH-MSR3620-0-ipsec-policy-isakmp-policy1-1]_____
[SH-MSR3620-0-ipsec-policy-isakmp-policy1-1]_____
[SH-MSR3620-0-ipsec-policy-isakmp-policy1-1]_____
[SH-MSR3620-0-ipsec-policy-isakmp-policy1-1]_____
[SH-MSR3620-0]interface GigabitEthernet 0/2
[SH-MSR3620-0-GigabitEthernet0/2]_____
```

此时可以检查北京总部与分支之间,分支与分支之间的网络连通性,通过 display ike sa,
display ipsec sa 等命令查看 IPSec VPN 工作情况。

步骤 2:网络访问需求配置。

内网全部使用的是私有地址,如需访问 Internet 还需要进行地址转换,同时可以将内网中
的服务器发布到 Internet,在下面的空格中填写 NAT 的具体命令。

创建 ACL 2000,进入连接 Internet 的接口,使用 easy IP 方式使能 NAT。

_____

_____

_____

在公司总部有 WWW 及 OA 服务器需要发布,WWW 服务器地址为 192.168.4.131,OA
服务器地址为 192.168.4.130,端口号为 8080。

_____

_____

_____

_____

步骤 3:攻击防范配置。

创建并配置 ACL 3001。

`[BJ-MSR3620-0]acl advanced 3101`

常见的病毒及攻击端口如下所示,可全部配置到 ACL 3101 中,以下配置为一些现网常用
的配置命令,仅供参考。

```
rule  0  deny  tcp  source-port      eq  3127
rule  1  deny  tcp  source-port      eq  1025
rule  2  deny  tcp  source-port      eq  5554
rule  3  deny  tcp  source-port      eq  9996
rule  4  deny  tcp  source-port      eq  1068
rule  5  deny  tcp  source-port      eq  135
rule  6  deny  udp  source-port      eq  135
rule  7  deny  tcp  source-port      eq  137
rule  8  deny  udp  source-port      eq  netbios-ns
```

```
rule 9  deny tcp source - port      eq 138
rule 10 deny udp source - port      eq netbios - dgm
rule 11 deny tcp source - port      eq 139
rule 12 deny udp source - port      eq netbios - ssn
rule 13 deny tcp source - port      eq 593
rule 14 deny tcp source - port      eq 4444
rule 15 deny tcp source - port      eq 5800
rule 16 deny tcp source - port      eq 5900
rule 18 deny tcp source - port      eq 8998
rule 19 deny tcp source - port      eq 445
rule 20 deny udp source - port      eq 445
rule 21 deny udp source - port      eq 1434
rule 30 deny tcp destination - port eq 3127
rule 31 deny tcp destination - port eq 1025
rule 32 deny tcp destination - port eq 5554
rule 33 deny tcp destination - port eq 9996
rule 34 deny tcp destination - port eq 1068
rule 35 deny tcp destination - port eq 135
rule 36 deny udp destination - port eq 135
rule 37 deny tcp destination - port eq 137
rule 38 deny udp destination - port eq netbios - ns
rule 39 deny tcp destination - port eq 138
rule 40 deny udp destination - port eq netbios - dgm
rule 41 deny tcp destination - port eq 139
rule 42 deny udp destination - port eq netbios - ssn
rule 43 deny tcp destination - port eq 593
rule 44 deny tcp destination - port eq 4444
rule 45 deny tcp destination - port eq 5800
rule 46 deny tcp destination - port eq 5900
rule 48 deny tcp destination - port eq 8998
rule 49 deny tcp destination - port eq 445
rule 50 deny udp destination - port eq 445
rule 51 deny udp destination - port eq 1434
```

将 ACL3101 应用与连接外网接口的 in 方向,阻止外网的入侵。

参 考 文 献

[1] 新华三认证,https://www.h3c.com/cn/.

[2] 新华三人才研学中心,https://www.h3c.com/cn/Training/.

[3] 产品文档中心-新华三集团-H3C,https://www.h3c.com/cn/Service/Document_Software/Document_Center/.

[4] HCLHub 社区,http://hclhub.h3c.com/home.